国家出版基金项目
NATIONAL PUBLICATION FOUNDATION

# 中国传统建筑
# 解析与传承

黑龙江卷

Heilongjiang Volume

THE INTERPRETATION AND INHERITANCE OF TRADITIONAL CHINESE ARCHITECTURE

Editorial Committee of the Interpretation and Inheritance of Traditional Chinese Architecture: Heilongjiang Volume

《中国传统建筑解析与传承 黑龙江卷》编委会 编

中国建筑工业出版社

图书在版编目（CIP）数据

中国传统建筑解析与传承. 黑龙江卷／《中国传统建筑解析与传承·黑龙江卷》编委会编. —北京：中国建筑工业出版社，2019.12
ISBN 978-7-112-24385-3

Ⅰ. ①中… Ⅱ. ①中… Ⅲ. ①古建筑–建筑艺术–黑龙江省 Ⅳ. ①TU-092.2

中国版本图书馆CIP数据核字（2019）第245930号

责任编辑：唐 旭 胡永旭 吴 绫 张 华
文字编辑：李东禧 孙 硕
责任校对：赵听雨

中国传统建筑解析与传承 黑龙江卷

《中国传统建筑解析与传承 黑龙江卷》编委会 编

＊

中国建筑工业出版社出版、发行（北京海淀三里河路9号）
各地新华书店、建筑书店经销
北京锋尚制版有限公司制版
北京富诚彩色印刷有限公司印刷

＊

开本：880×1230毫米 1／16 印张：14¾ 字数：435千字
2020年9月第一版 2020年9月第一次印刷
定价：168.00元
ISBN 978-7-112-24385-3
　　　　（34887）

# 本卷编委会

# Editorial Committee

主　　　编：周立军

主　　　审：徐洪澎

副　主　编：殷　青、李同予、董健菲、刘　洋、周天夫

编　　　委：（以姓氏笔画为序）

马本和、王建伟、王　艳、王赫智、王　蕾、刘一臻、刘　洋、

李同予、杨雪薇、吴健梅、张　明、周天夫、周立军、徐洪澎、

殷　青、郭丽萍、崔馨心、董健菲、程龙飞、潘　曦

顾　　　问：徐东锋、王海明、王　芳

参 编 单 位：哈尔滨工业大学

黑龙江省住房和城乡建设厅

上海大学

齐齐哈尔大学

黑龙江国光建筑装饰设计研究院有限公司

# 目　录

Contents

## 下篇：当代传统建筑的传承策略

### 第五章　黑龙江近代传统建筑的历史文化转型历程

第六章　黑龙江现当代建筑传承发展综述

第七章　传统建筑气候适应性在现当代的传承特征

第八章　传统建筑文化多元性在现当代的传承特征

第九章　传统建筑材料创新性在现当代的传承特征

第十章　结语

附　录

参考文献

后　记

# 前　言

Preface

　　黑龙江省地处中国北疆，位于边境地区，与俄罗斯接壤，气候寒冷，历史上长期以来人口稀少，居住于此的多为少数民族。从这里兴起的女真人南下创建了两个王朝，金朝和清朝，在中国历史上留下了浓墨重彩的一笔。这片土地上孕育的文化具有鲜明的特性，其影响力直到今天仍然可见，是中国传统建筑文化不可或缺的重要组成部分。

　　改革开放后的中国城市建设迅猛发展，逐步与国际接轨，同时受到西方建筑文化的冲击。在这种冲击下，建筑设计中呈现出越来越多的"国际化"。相应的是，"民族化"逐渐减少且呈弱势，我们的建筑逐渐失去自己的特色，这不禁让人迷茫，属于我们的文化在哪里？什么是我们需要传承的？如何延续中国的建筑文脉？中国传统建筑文化的前进道路何去何从？

　　正是在这种情况下，我们组织开展了黑龙江地区传统建筑解析与传承的一系列工作，这对于弘扬传统文化、传承文化特色具有重要而深远的意义。本书通过解析黑龙江地区现存的丰富的古代和近代建筑遗产，从中发掘文化特征和本质，进一步指导当下的建筑设计。

　　本书研究成果分为绪论、上篇和下篇三部分内容，其中，绪论部分对黑龙江省的自然环境、地理资源、历史文化环境做出了概括性的归纳分析；上篇部分从传统建筑文化及成因、传统建筑的类型特征和传统建筑的特征解析三个方面详细而严谨地分析和研究了黑龙江地区的传统建筑特征；下篇部分从近当代建筑的发展入手进行分析研究，近代建筑部分是黑龙江建筑文化非常有特色的一部分，建筑文化受到西方文化尤其是俄国文化较大的影响，出现大批的欧式风格建筑，呈现出与传统中国城市截然不同的城市面貌；同时黑龙江省不同地区受俄国建筑文化影响也有较大的区别，整体上中东铁路沿线的城市受到的影响较大。通过对近代建筑的特征、空间、文化等方面的解析，与上篇传统建筑部分相呼应的同时，承上启下与当代建筑部分发生关系。当代建筑部分则从气候、文化和材料三个层次分析梳理了黑龙江地区当代建筑的发展、变革及传承特征，以及现当代黑龙江建筑设计的实践和探索，以期对当代黑龙江省的建筑设计起到一定的指导性作用。

温故而知新。研究过去，才能理解前人走过的路，才能进一步意识到我们未来的路在何方，才能延续并发展中国的建筑文脉，这也是这本书、这一系列书的价值所在。本书在编写阶段秉持严谨认真的态度和责任意识，尽管已经完成，但短时间内难以做到面面俱到、准确完整，还存在不足之处，还望各位同仁加以斧正，为完成这部巨著而共同努力。最后在本书的调研、考察、编写阶段，得到了黑龙江省住房和城乡建设厅领导和专家的悉心指导和大力支持，在这里对各位表示衷心的感谢。同时对所有参与编写调研、付出辛劳与汗水的科研工作者致以诚挚的谢意。

# 第一章　绪论

黑龙江省地处亚洲东北部，是我国纬度最高的省份，自然气候特征相对特殊。黑龙江省地域辽阔，多种地貌共存，由于受到黑龙江、松花江、乌苏里江等几条大河的滋养，使这里森林茂密、土地肥沃、物产丰富，早期就已有古人生活的痕迹，地域历史源远流长。

几千年来，除汉族外，曾先后有肃慎、扶余、东胡、鲜卑、挹娄、沃沮、勿吉、靺鞨、女真、满族等在此生息繁衍。传统史学认为，先秦时期的肃慎、汉魏时期的挹娄、南北朝时期的勿吉、隋唐时期的靺鞨、辽金时期的女真、明清时期的满族，脉络清晰、绵延不断，是最具有代表性的土著民族族系，黑龙江古代文明起源、发展和辉煌也始终与这一族系息息相关。黑龙江省的建筑在其历史发展过程中都不同程度地融合了当时当地的地域历史特征，并成为中国建筑中特殊的组成部分。

# 第一节　黑龙江省地理、历史背景概况

## 一、自然环境

### （一）气候特点

黑龙江省属中温带，寒温带大陆性季风气候。四季分明，夏季雨热同季，冬季漫长。年平均气温在-4℃~5℃之间，从东南向西北平均每高1个纬度，年平均气温约低1℃，嫩江至伊春一线为0℃等值线。全省≥10℃的积温在2000℃~3000℃。无霜期在100~160天，大部分地区的初霜冻在9月下旬出现，终霜冻在4月下旬至5月上旬结束。黑龙江地区冬夏气温相差过大，夏季南北气温都比较高。夏季（6月至8月）平均气温在28℃左右，极端最高气温达到41.6℃（黑龙江省泰来县）。但冬季气温却相当低，是全国气温最低的省份。最冷月（1月）平均气温零下30.9℃到零下14.7℃，极端最低气温曾达到零下52.3℃（黑龙江省漠河市），成为全国的"寒极"。其次，冬季漫长，夏季短暂，人们长期生活在寒冷的季节中。全省无霜期多在100~140天之间，有些地方还存在永久的冻土。

黑龙江省年平均降水量多介于400~650毫米。中部山区最多，东部次之，西部和北部最少。5~9月生长季降水量可占全年总量的80%~90%。全省湿润系数在0.7~1.3之间，西南部地区低于0.7，属半干旱地区。

全省太阳辐射资源比较丰富。年太阳辐射总量在4400~5028兆焦耳/平方米，其中，5~9月的太阳辐射总量占全年的54%~60%。全省日照时数在2200~2900小时，其中生长季日照时数占总量的44%~48%。黑龙江省月平均温度、最高温度、最低温度和降水趋势系数如图1-1-1所示。

风能资源比较丰富。各地年平均风速为2~4米/秒。风速≥3米/秒的有效时数较多，松嫩平原、松花江干流谷地和三江平原约为4000~5000小时，主要出现在冬、春和秋季[1]。

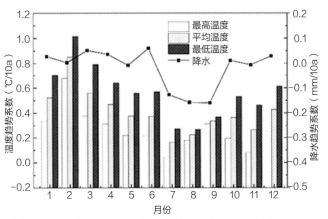

图1-1-1　1960~2009年黑龙江省各月平均温度、最高温度、最低温度和降水趋势（来源：网络）

### （二）地貌特点

黑龙江的地形大致是西北部、北部和东南部高；东北部、西南部低，主要由山地、台地、平原和水面构成。西北部为北东——南西走向的大兴安岭山地；北部为北西——南东走向的小兴安岭山地；东部为北东——南西走向的张广才岭、老爷岭、完达山。兴安山地与东部山地的山前为台地。东北部为三江平原，西部是松嫩平原。松嫩平原循着松花江谷地与三江平原一线相通，是中国最大的东北平原的一部分。黑龙江山地海拔高度大多在300~1000米，面积约占全省总面积的58%；台地（海拔高度200~350米）面积约占全省总面积的14%；平原（海拔高度50~200米）面积约占全省总面积28%。地貌特征为"五山、一水、一草、三分田"。肥壤沃土、富饶的物产，形成了黑龙江人浓郁的黑土意识。

## 二、地理资源

### （一）地理位置

黑龙江省位于中国最东北部，中国国土的北端与东端均位于省境。因省境东北有黑龙江而得名，简称黑。黑龙江的东端在抚远以东、乌苏里江注入黑龙江的汇流处（东经135°05′），西端至兴安岭北部的大林河源头以西（东经121°11′），北起漠河以北的黑龙江主航道（北纬

53° 33′），南至东宁县的南端（北纬43° 25′），是亚洲与太平洋地区陆路通往俄罗斯和欧洲大陆的重要通道，是中国沿边开放的重要窗口。

黑龙江省东西跨14个经度，南北跨10个纬度。南北相距约1120公里，跨10个纬度，2个热量带，东西长930公里，跨14个经度，时差约54分，是中国位置最北、纬度最高的省份。黑龙江省北部和东部隔黑龙江、乌苏里江与俄罗斯相望，与俄罗斯的水、陆边界长达3045公里。西部与内蒙古自治区相邻，南部与吉林省接壤，黑龙江辖1个副省级市、1个较大的市、10个地级市、1个地区，以及64个市辖区、18个县级市、45个县、1个自治县。

## （二）资源状况

由于黑龙江地区的地形、土壤、水系、植被、气候适宜农业的发展，富庶的黑土成就了著名的"粮仓"，形成以大豆、高粱、玉米、小麦、水稻为主的黑土米粮文化，由于有丰富的森林资源和野生动物资源，形成以采集、狩猎、森林采伐、山林文化因子为主要内容的大山林海文化；由于有地下蕴藏着丰富的煤与石油资源，形成了煤油开发与加工的煤油文化；由于有丰富的矿产、工业原料、商品粮、交通与动力资源，形成了大工业文化；随着大工业的崛起，加速了城市化进程，在黑土地上出现了大城市文化，成为黑土地域文化的集中代表与升华。

## 三、历史沿革

### （一）历史概说

黑龙江具有独特的历史发展脉络、多元的人口构成、多样的生产方式和鲜明的价值观念。越来越多的证据表明中华民族的起源是多源流和多元文化的融合，人们很难想象，偏远的黑龙江流域同长江、黄河流域的人类文明一样古老，是中华最早的文化发源地之一。

在无任何文字可考的历史阶段，黑龙江区域就有了远古人类活动。在地质年代的第四纪早期，黑龙江就存在着旧石器晚期文化。由考古发现的距今1万8千年左右的扎赉诺尔人头骨化石，与"北京人、山顶洞人同属形成中的化石蒙古人种，并与山顶洞人有某种渊源关系。"当人类社会进入新石器时代后，黑龙江区域逐渐形成了三大族系的源流，分别是：

区域西部的东胡斗鲜卑—室韦—契丹—蒙古系；
区域中部的秽貊—索离—夫余—豆莫娄系；
区域东部的肃慎—挹娄—靺鞨—女真系。

此后，黑龙江区域三大族系在民族的发展中，各自都有着辉煌的历史表现。在汉代时期夫余人就建立了夫余国，是汉代中央集权封建国家管制下的一个奴隶制地方政权，存在长达600余年。随后，在唐朝时期黑龙江区域人民又建立了渤海国，渤海国的社会经济十分发达，所辖很多地区已经进入封建社会。再后，在金、元、明、清的统治时期，黑龙江区域又经历了几起几伏的发展。其中，尤以金代早期的发展极为繁荣，大金建立后，金上京会宁府作为国都见证了黑龙江区域4帝38年的辉煌。但是由于大规模"徙居中土"，使这种繁荣没能在黑龙江区域的历史中继续下去。这也是黑龙江历史发展的一个特征，即几度经历了"兴盛繁荣"，但又总是在此之后，又重新回到落后乃至原始的状态之中。在黑龙江民族的发展史中，区域中的5个少数民族或割据，或入主中原长达900年之久，这是中原周边其他少数民族难以做到的。他们发端于黑土地上的森林、草原、白山、黑水之间，以此作为根据地，逐鹿中原并征服外部世界，创造威武雄壮的历史，他们所创造的文化是中华文化不可分割的一部分，也为黑土地域文化积累了丰富的精神内涵。

沙俄帝国在鸦片战争之后不断对我国东北地区的侵略与掠夺，《爱晖条约》与《北京条约》的签订割去了中国黑龙江以北，外兴安岭以南和乌苏里江以东的100多万平方公里的土地。1896年又通过《中俄密约》提取了修筑"中东铁路"的特权。1931年至1945年，黑龙江又沦为日本帝国主义的殖民地。近代黑龙江地区所经历的半殖民地、殖民地的苦难历程和被迫开放条件下的工业化道路，给黑土地域文化注入独特的文化因子。但是总体来说，黑龙江由于偏远的地理位置和历史发展的反复性，与中原地区或江南等地区相比较而言，缺乏相对深厚的文化积淀。

## （二）人口构成

人是文化的载体，也是创造文化的主体。黑龙江得天独厚的自然条件及富饶美丽的土地，自古以来即有利于人类的居住和活动。这里的人口历来就有多民族、多地域、多国度、多层次、迁徙流动性大的特点。如今黑龙江内民族众多，主要有满、汉、朝鲜、回、蒙古、达斡尔、锡伯、鄂伦春、赫哲族等。其中满、汉、朝鲜是人口数量最多的三个民族。满族是一直生活在这里的最主要，也是文化最先进的少数民族。汉族主要是在清咸丰末年逐渐弛禁后，经过几次大规模移民由全国各地而来，现约占人口总数的95%，由于文化和人口优势，汉族对黑龙江建筑文化的发展产生了巨大的影响。朝鲜族也不是这里的原始民族，是由朝鲜半岛迁移过来，并将具有特色的朝鲜文化带入了黑龙江。此外，这里还生活着少量外国人的后裔。

# 第二节　黑龙江省传统文化环境

## 一、土著渔牧文化

黑龙江的土著渔牧文化作为土生土长的一种文化，它在区域中产生的时间最早、统治时间最长，对区域整体文化的影响很大，同时，渔牧文化作为黑龙江部分区域的核心文化将长期存在，决定了这种文化仍需延续和发展。

## （一）先发内源的形成模式

黑龙江区域的远古人类在同自然环境的抗争中，渔猎首先成为了人类生活的依靠，随后出现了游牧民族，开始形成畜牧文化。由此，渔牧文化也成为黑龙江的古代历史中产生最早的文化，并在唐朝以前的上古时期，占据区域中绝对的统治地位。在黑龙江建筑文化生态系统的四大子

系统中，土著渔牧文化是受外来文化影响最小、土生文化性质最纯粹的一种文化，因此，它的形成是一种先发内源的模式。

早在旧石器时代早期黑龙江流域就有了人类活动，1996年发掘了阿城市交界镇洞穴遗址，为距今约17.5万年左右。1996年和1997年对该遗址的两次发掘共发现石制品100多件，包括刮削器、砍砸器、石核、石片等，同时发现动物化石2000余件。经研究推断那时的人类尚未形成种族和民族，他们过着四处飘荡的原始群居生活，共同打猎，共同分配，这是人类渔猎文化形成的前奏。在旧石器时代晚期，黑龙江的远古人类由原始群居时期过渡到了早期母系氏族社会，种族已经形成，人类的文化活动开始繁荣。尤其重要的是，对这一时期的考古研究发现了建筑这种文化景观。目前在黑龙江已经发掘了哈尔滨阎家岗、故乡屯、皇山、五常学田、讷河市清河屯、昂昂溪大兴屯、塔河十八站、呼玛县老卡、加格达奇的大子羊山等遗址，其中最具代表性的是哈尔滨阎家岗遗址，距今4.1~2.2万年。在这里除了发掘出动物化石、石制品和骨器之外，还发现了两个古营地遗址，这是我国发现的最古老的建筑遗址之一。两个营地相距40米，分别由500和300多块兽骨垒砌而成。残存的半圆形墙基朝南或东开口，墙高0.5米至0.8米，宽0.6米至1米，外径5至7米。上面盖有兽皮作为遮风挡雨之用。在当时以渔猎为主要生活来源的背景下，人类四处搬迁，使用旧石器工具。这一发现说明了黑龙江的文化具有悠久的历史和良好的发展基础，也标志这一时期是渔牧文化形成的萌芽阶段。

大约距今6000年前，黑龙江人类社会经过旧石器、中石器阶段进入新石器时代后，与之相适应的社会形态也从原始群、氏族、氏族部落、部落联盟诸次向部族过渡，并由母系社会过渡到父系社会。语言和地域生活方式的共同性在此时都已初步形成，这就是民族的雏形。当时，在黑龙江区域内形成三大族系的古代民族源流，分别为：蒙古语族，今蒙古族、达斡尔族为其后裔；古亚洲语族和阿尔泰语族的通古斯，今满族、鄂伦春族、赫哲族为其后裔。这三大族理论上是同源，之所以能够出现民族的区分，原因是在漫长的社会

进化中，不同的自然条件和不同的地理环境使他们为了谋生存而采取了不同的经济生活方式，久之形成了不同的语言词汇、不同的心理状态、不同的风俗习惯等等，由此导致考古学上不同的文化类型。民族的形成使人类文化进一步丰富和完善，在以后很长的一段时间内这些民族的文化类型都是以渔牧文化为主导。在这种文化背景下，在与恶劣的生存环境的抗争过程中，各民族逐步形成了以游居为主，少量定居的模式，使土著渔牧文化产生了比较明确的体系特征。

## （二）范围收缩的发展历程

黑龙江土著渔牧文化经过了漫长的发展历程，在黑龙江的历史中占据了相当长的统治时间，这在其他省域是少见的。同时，这一文化在区域历史的发展状况很不平衡，总体上呈现出空间影响范围逐渐缩小的发展趋势。

统治期——商周至隋朝：在上古的时间范围内，虽然原始的农业已经在黑龙江出现萌芽，但是各个民族基本上是以渔猎为生，渔牧文化控制了整个省域。当时西部蒙古语族系的东胡也开始了游牧生活。此后，同属于这一族系的鲜卑和室韦也从事狩猎与畜牧相兼的生活，很少从事农业。"幽都之北，广漠之野，畜牧迁徙，射猎为业，纯朴为俗，简易为化……"，在《魏书·序纪》中的记载说明了当时拓跋鲜卑的生活状态。"射猎为务，食肉衣皮，凿冰没水中而网取鱼鳖"，这是《北史·室韦传》中记载的室韦人的生活状态。东部地区通古斯族系的肃慎族在商周时还处于新石器时代，虽有原始农业，但畜牧、渔猎占较大的比重。到魏晋时期，这一族系中的挹娄人由于铁器的使用，狩猎的水平大大提高，以致一次进贡给曹魏政权的貂皮达到400件之多。

抗衡期——唐代至清末：这一时期省域内的渔牧文化区域开始缩小，农耕文化区域迅速壮大，与渔牧文化分庭抗礼，轮流成为黑龙江区域最主要的文化类型。渤海国的建立促进了经济文化的繁荣，也大大发展了农业、手工业等产业，黑龙江地区人口最多时超过170万，很多人不再进行渔牧生活，渔牧文化在地区中也不再占据绝对统治地位。渤海国的渔牧业仍占有很大的比重，但已集中在北部

和东部的山地密林和湖泊沼泽之处，虽然经济生活相对中部落后，但是，渔牧文化仍然在不断充实和进化。人们培育了很多畜牧的品种，比如有"扶余之鹿""太白山之兔"的记载，表明当时的猎人们似已掌握了人工养鹿、养兔的技术。狩猎的动物对象也大大增多，貂皮、虎皮、麝香等产品闻名四方。

辽代到明代时期，社会发展几度动荡反复，渔牧活动仍然是人们的主要生活方式之一，尽管多数时间能与不断发展的农耕文化分庭抗礼，但是占据的空间范围进一步缩小。辽国为了削弱渤海人的反抗力量，对渤海进行了移民总数可达110余万人的南迁和西迁。随后，金代完颜亮于1153年迁都燕京，大批女真人随之迁居中原，金末又发生战乱。元朝时期则是战乱不断。以上这些事件使得黑龙江地区本来良性发展的经济文化遭受打击，刚有发展起色，便又大踏步后退，阻碍了农业等先进的经济产业的发展，客观上维护了渔牧文化在地区仍占有较大的比重，但是也限制了渔牧文化发展。到明朝黑龙江地区主要生活着蒙古人和女真人，"土产马、橐驼、黄羊、青羊"说明西部的蒙古族仍然以游牧生活为主，渔猎也占有很重的地位。而中、东部的女真人除了少部分从事渔猎、畜牧业外，农业成为主要产业，"两岸大野，农人与牛布满于野，"讲述了当时春耕时的景象，在这一背景下，渔牧文化也逐渐演变成一部分定居的农耕文化。

衰败期——清朝至民国：在这一时期，几次大规模人口移民到来，使得地区的渔牧文化受到广泛的冲击，控制范围大大缩小，并迅速走向衰败。清初期黑龙江区域内的人口只有90万，清朝统治者为保其"龙兴之地"，在相当长的时间对东北地区实行"封闭"政策，"限内外，禁出入"，而1861年后随着封禁的解除，30年人口已达324万，在民国和抗日期间，黑龙江的移民数量继续增加，到1945年已达1000万。新中国成立前，黑龙江地区以渔牧为生的民族主要有蒙古族、达斡尔族、鄂伦春族、鄂温克族、赫哲族等，这些民族都生活在西部的草原、大小兴安岭，以及黑龙江沿岸等地区。

转型期——新中国成立至今：新中国成立后，渔猎文化的区域范围只分布在大、小兴安岭山区、黑龙江与乌苏里江流域沿岸的部分地区和嫩江平原的草原等局部地区。黑龙江境内的蒙古族依然主要从事畜牧业，但已基本放弃游牧的方式，改以定居模式的畜牧生活。同时在深山老林中的鄂伦春、鄂温克等民族也走出大山，放弃了狩猎的生活方式，开始了以畜牧为主，兼做农业，但是，他们的生活仍然具有一定的渔牧文化色彩。在这些区域，传统的渔牧文化几乎都被淘汰。可以说，新中国成立后，渔牧文化发生了很大的转型。至今，这一转型仍在继续，但是人们已经意识到在转型过程中所发生的偏离：就是文化在转型过程中几乎完全失去了渔牧特色，而这一现象并非是时代发展的必然。

## 二、传统农耕文化

传统农耕文化在黑龙江省的控制范围最大，是地区最主要的文化之一。它既是在土著渔牧文化的基础之上分化出来，又受到中原文化的影响。虽经过了几千年曲折的发展道路，却仍然显现历史基础比较薄弱，这一文化的发展对于黑龙江区域整体建设将起到决定性的作用。

### （一）混发混源的形成模式

尽管黑龙江地区的早期历史中渔牧文化占据了很大的比重，但是农耕文化也在很早就产生了。开始是作为渔牧业的副业，随后两种产业的分离导致文化发生变异，从而产生了最早的农耕文化，这是黑龙江地区农耕文化的产生起源之一。随后，中原文化对黑龙江区域的农耕文化产生了很大的影响。由于传统农耕文化产生于不同的时期，具有不同的起源，因此它是一种混发混源的形成模式。

在距今7000至8000年的蒙古族祖先遗址，即铜钵好赉文化遗址中发现了一些石制的农业工具，说明那时已经有了原始的农业，但是，后来农业在草原上消失了，取而代之的是兴旺的畜牧业。据研究，这与当时的气候和生态环境有关，在原始农业产生后，自然环境发生了变化，决定了农业向畜牧业的转变，说明早期的农业和渔牧业一样，也对自然因素具有很大的依赖作用。此后，在距今4000年左右的莺歌岭下层文化重又表现出浓厚的原始农业色彩。遗址中出土了磨制石斧、打制石斧和坂状砍伐器。他们是先民用来砍伐树木的原始工具，树木砍倒后，用火将树木和荒草烧光，然后进行播种。遗址中还出土了一件鹿角鹤嘴锄，它是刨坑播种用的原始工具。由于有了原始的农业，人们已经开始定居生活，在莺歌岭下层曾发现了两座带有火灶的穴居房子，约40平方米。说明从穴居再到地上建筑，是早期的农耕建筑与渔牧定居模式建筑共同经历的建筑发展过程。大约2000年前，有记载表明挹娄人都居住在5×5米的半地穴房子里，而有钱有势的"大家"，虽仍为穴居，却是"以深为贵"，"至接九梯"。公元前5世纪至1世纪的沃沮人已经开始使用铁质的斧、镰、锥、钵等农业工具，他们的房子均为长方形或近方形的半地穴式，房屋的结构远较北邻挹娄的穴居复杂得多，多用土和石板筑成"烟道——火墙式"取暖设施，这是火炕的前身。这些建筑与渔牧定居建筑十分相像，这说明那时黑龙江区域的农耕文化与渔牧文化还没有完全分化开来，此后，农业从渔牧业中分离出来，建筑特征也随生产方式、生活习俗的改变以及中原文化的影响而发生了一定的变异。因此，早期的农业建筑是在渔牧文化的定居建筑的基础上转型发展而来，两者具有一定的传承关系。这是农耕文化建筑产生的最主要来源之一，基本为平民阶层所使用。到唐代渤海国时期，铁器已广为使用，铁镰、铁铧已达到当时的先进水平，农业不仅跨入了犁耕阶段，而且较普遍地采用了牛耕，大大提高了生产力，再加上采用中原地区先进的历法和灌溉技术，渤海国的农业达到了较高的发展阶段，也推动了其文化的发展。当时，渤海国不断派人入唐"习识古今制度"并据以进行各方面的改革。中原的建筑文化也开始大规模的传入黑龙江区域。在对上京遗址的考察中发现，整个上京城就是仿照长安而建。"进入宫城南门后是一组雄伟的、排列在一条南北中轴线上的主体建筑，共五座。从宫城往北约200米是第一殿址（俗称"金銮殿"）。台基四周石块砌筑，高出地面一米多。第一殿址是宫城中的主要建筑，此殿东西长64米、南北宽27米，合基上保存了40个大型基石。"（图1-2-1）此外，对其

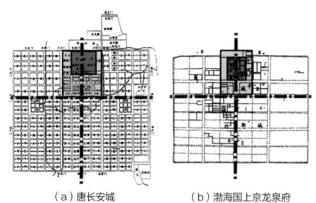

（a）唐长安城　　　　（b）渤海国上京龙泉府
图1-2-1　唐长安与渤海国上京城平面比较（来源：徐洪澎 提供）

他建筑的发掘也说明京城中的高等级建筑完全模仿中原建筑。这标志着黑龙江传统农耕文化建筑中又一主要类型的大规模产生，此后，在黑龙江古代历史发展中比较兴盛的时期，农耕文化的上层阶级建筑多采用模仿中原建筑的做法。

## （二）往复徘徊的发展历程

渤海国以后，相对来讲黑龙江的传统农耕文化已经基本形成，但是随后却经历了曲折的发展历程。该文化在发展中的兴衰过程大致与渔牧文化相反，在经过了几次大的反复之后，导致其发展甚微。直到近古时期的清末以后，随移民的大量涌入才迎来了快速的发展时段，一举奠定了其影响区域最广的文化地位。解放后，这一文化虽有了进一步发展，但总体的进化却并不明显。需要指出的是，在这一发展过程中，传统农耕文化区域也出现了很多城市，尽管城市里的手工业和商业比较发达繁荣，但是也无法替代农业的经济主导地位，因此这些古代城镇的建筑也属于农耕文化的范畴。总体上，传统农耕文化的发展大致经历了三个阶段。

反复期——渤海国至清末。在渤海国至清末这一漫长的历史时段中，渔牧文化和农耕文化交替占据着黑龙江地区的统治地位，传统农耕文化总体经历了三次大的反复。

（1）第一次反复：辽代建立后为巩固统治，对渤海国采取灭其国、迁其民、毁其城、焚其宫、荒废其地的政策，使已经发展壮大的渤海农业文化遭到毁灭性打击。渤海国的农业文化成就完全毁于一旦，从考古发现，直到辽代的后期，黑龙江的农耕文化的发展也远远没有达到渤海国时期的水平。

（2）第二次反复：金代是黑龙江区域历史上社会经济空前发展的阶段，铁器农具已经普遍推广和使用，农具的种类更加繁多，农业结构不断完善，到金代中期以后，原来粗放型的生产技术已有了明显的进步。在黑龙江地区的耕地面积，超过了以前任何一个时代，广阔的松嫩平原、三江平原等平原地带都得到了开发，是地区古代农垦史上的一个高峰。

（3）第三次反复：发生在此后至清末以前的这段时期。元朝统治时期战乱不断，而且蒙古人不善农业，因此，农耕文化发展不快。在明朝后期，黑龙江地区的农耕文化发展才有所起色。海西女真"事耕种，言语居处，与建州类"，说明他们已从元代的"无市井城郭，逐水草而居，以打猎为业"，开始南迁并转向从事农业。随后的清初时期，黑龙江区域的发展已迅速向全面的封建社会转变。可是，正当农业文化的发展刚刚开始恢复元气欲快速发展时，又受到一次巨大的政治影响，这就是清朝入关，不但南迁了大批居民，使黑龙江地区只留下几十万人口，而且多数为偏远地区居民或贫民。平原地区的农耕文化再次遭到毁灭性打击。随后，清政府对"龙兴之地"实行长时间的封闭政策，严重限制了黑龙江地区的文化发展。

统治期——清末至新中国成立。清末以后，随着封禁的解除，地区的经济文化迎来快速发展。大量外地移民不断涌入，到民国期间地区人口从几十万猛增到600多万。流民和垦民作为移民文化的传播者，把大量的农耕技术与劳动技能带入了黑龙江区域，使土著居民摒弃了原始粗放的农耕方式。清朝初期黑龙江区域农业生产力水平很低。据载：当时"地贵开荒，一岁锄之犹荒，再岁则熟，三四五岁则腴，六七岁则弃之而别锄矣"。而"汉人操作则不然，汉人之耕作有分休闲轮作二法。若砂碱地则用休闲法，每年耕作一分，休闲一分；至轮作法最为普遍，即高粱谷子黄豆之类，每三年轮作一次，又名翻茬，为与获茬互相轮种也。"由于农业生产技术的进步，导致更多的土著居民由单一的游牧渔猎生产向半农半牧、亦渔亦猎或完全农作的生产方式转变，为社会文明的转型和现代化的发生发展奠定了基础。

徘徊期——新中国成立以后。解放后，黑龙江经过

"百万知青，十年垦荒"后，迅速成为全国的粮食基地，农业大省，农耕文化也随之得到发展，但整体经济文化发展水平仍较低，与中原传统文化相比仍有一定差距。改革开放以后，农耕文化区域的经济得到改善，出现了大量的适合黑龙江当地地域特色的文化活动。如今，农耕文化正面临重要的发展时期，大规模的更新仍在不断进行之中。

## 三、近代外来文化

黑龙江省的近代外来文化主要在哈尔滨产生广泛影响，其他个别城市也有少量涉及。尽管这一文化类型从近代产生算起发展时间不长，但在黑龙江却产生了深刻的影响。

### （一）后发外源的形成模式

黑龙江省的外来文化产生于近代社会，在区域历史上属于后期发生的文化类型。它是伴随着俄罗斯等西方列强国家的文化输入而传入的，所以其产生来源并非是当地传统文化的传承和变异，而是典型的外源文化移植，并在适应了当地的自然环境和人文环境的基础上，形成具有旺盛生命力的文化类型，因此，近代外来文化的形成是一种后发外源的形成模式。

1897年8月，中俄双方在绥芬河右岸三岔口附近举行了开工典礼。1898年6月9日，中东铁路建设局机关迁到了哈尔滨，中东铁路全线开工。这一活动标志着外来文化在黑龙江地区的

图1-2-2　中东铁路工程局在香坊田家烧锅的临时办公用房（来源：哈尔滨地情网）

大规模入侵的开始。俄国文化的输入给黑龙江地区带来了很大的变化，各种工商活动逐渐兴旺，并因此影响了黑龙江地区城市的发展转型，开始了现代化城市的转型发展（图1-2-2）。

### （二）相对集中的发展历程

外来文化的输入主要集中在19世纪末至新中国成立约半个世纪的时间范围内。作为中东铁路的枢纽站，哈尔滨成为外来文化的内核区域，无论从外国人口数量、外国工商业的规模与数量，还是从外来文化的类型和发展程度等各个方面，其他几个城市都是无法相比的。因此，也成为近代外来文化集中的区域，虽然绥芬河、齐齐哈尔、牡丹江等城市也都留下了一些外来文化痕迹，但是在数量、规模和成就上和哈尔滨相差很多。在这半个世纪时间中，外来文化的发展大致可以分为三个阶段。

奠定期：从1898年中东铁路全线开工至1917年俄国十月革命胜利这段时间，这一阶段奠定了外来文化系统在黑龙江区域的基础。中东铁路开始建设以后，1907年哈尔滨正式向西方各国开放，供外国人自由通商和居住。从1907年1月，沙俄驻哈尔滨总领事馆设立，在此后的几年之中，先后有法国、美国、德国、西班牙等20余个国家在哈尔滨设立领事馆，由此开始，西方各国就按自己的需要对哈尔滨和黑龙江省的部分城市进行改造。"据统计从1898年至1917年，沙俄在哈尔滨的投资总额达2.6亿卢布。"除俄国之外，其他欧美国家也不断把大量资本投入到黑龙江区域的城市建设之中。伴随经济的发展，外来文化也成为近代黑龙江城市文化的主体。1898年8月，俄罗斯人就在其驻地田家烧锅附近的香政街建立了北满地区第一座简易的东征教堂（图1-2-3），到1917年哈尔滨就建造了8个教堂，此外还有其他地区建造的教堂，如1902年建造的现存唯一的木质教堂——横道河子喇嘛台、1908年建造的呼兰天主教堂（图1-2-4）、1913年在绥芬河建造的协达亚·尼古拉堂，以及昂昂溪某堂等。导致东正教在当时哈尔滨及黑龙江近代其他几个主要城市广泛传播。1901年，中东铁路临时工厂在道里开办了图书馆和俱乐部，同年，俄国人创办了黑龙江最早的报刊：《哈尔滨每日电讯广告报》。翌年，

图1-2-3 哈尔滨的第一座教堂，圣·尼古拉教堂（来源：哈尔滨地情网）

中东铁路局图书馆和俱乐部在南岗成立，同年，俄人诺夫创办了中国最早的电影院。1903年，希尔科夫等创办了第一个剧场，同年，伊万诺夫创办了剧团。外国人的大批移民也将他们的饮食文化、服饰文化等带入黑龙江。这些文化包括俄罗斯文化、以美、英、法为代表的西方文化，以及伊斯兰阿拉伯文化、犹太文化等丰富多元的文化类型。因此，外来文化一开始

就是以整体和系统的状态输入到黑龙江近代城市的。

发展期：是从1917年至1931年日本发动9.18事变。这一阶段黑龙江省的外来文化进一步发展。1920年中国政府相继收回中东铁路当局侵占的中国主权，成立了东省特别区。虽然，中国人的重掌主权增强了民族自豪感，从而产生了复兴民族文化的思潮，但同时辛亥革命、新文化运动、五四新文学的浪潮一波一波地冲击旧传统、旧文化，从思想上解放人们的旧观念，客观上促进了人们对以先进生产力为基础的外来文化的接受。因此，这一时期民族文化和外来文化的碰撞虽然明显，但是总体上外国文化继续迅速向以哈尔滨为主的黑龙江地区城市渗透，并不断发展。从1918年到1931年，先后又有爱沙尼亚、拉脱维亚、丹麦、葡萄牙、荷兰、立陶宛、瑞典、意大利、比利时、波兰、捷克等国家在哈尔滨设立领事馆。这些国家的商人、传教士和大量增加的俄国难民不断来到黑龙江进行经济和文化的传播，这期间黑龙江区域又新建教堂10座左右，比如，1923年重建的圣·索菲亚教堂（图1-2-5）等。据统计1928年底，以哈尔滨为中心，东自绥芬河，西至满洲里，外侨私立学

图1-2-4 呼兰天主教堂（来源：程龙飞 摄）

图1-2-5 重建初期的圣·索菲亚教堂（来源：哈尔滨地情网）

校共计71所,学生7138名使得外来文化的发展非常迅速。

完成期:是从1931年至1945年日本结束对黑龙江的统治。这一时期,黑龙江省外来文化系统的发展进入完成期。日本帝国主义在占领东北全境后,倾力推行不同的文化政策。同时,在这一时期,在黑龙江的一些外国商人纷纷撤出投资逃离哈尔滨,城市文化出现整体的畸形发展。但是由于当时日本所推行的文化很大部分是其从西方学习而来,因此外来文化的发展得到进一步的延续,尤其在城市等方面表现得最为明显。日本侵占哈尔滨后,立即规划和实施哈尔滨都市建设计划,使哈尔滨再次成为欧美现代城市规划思想的试验场。

## 四、现代多元文化

20世纪50年代以后,新生文化的不断出现并广为流行,迅速改变了黑龙江省的整体文化面貌。由于哈尔滨、大庆等地的新生文化无论在产生时间,还是建设成就等方面都要领先于其他地区,因此这些地区成为新生文化的内核区域。尽管这些地区的文化生态系统仍处于发展阶段,并不完善,但是对于当今黑龙江省的文化建设来说,这一生态子系统的发展状态具有决定性的作用。

### (一)后发混源的形成模式

新生文化都是出现在新中国成立以后。一方面,地方文化在发展中出现了一些变异,从而产生了新的文化;另一方面,随着文化政策的影响和文化传播途径的畅通,国际国内不同地区流行的文化先后传播到黑龙江省,并在这里快速发展起来,这些因素决定了这一地区文化生态系统后发混源的形成模式。

新中国成立初期,由于人民当家作主的自豪感激发了强烈民族意识,传统文化得到政府和人民的认可,从而在各地得到推广。受此影响,当时黑龙江地区对发掘传统文化也较为重视,并使之成为黑龙江省新生建筑的重要组成。此时恰逢中苏关系的友好时期,苏联对新中国的建设给予了直接的援助,在文化方面同样受到苏联的较为深刻的影响,这一点在黑龙江省体现得尤为明显。一方面,作为中苏的边境省

份,苏联的文化势位更强,来这里的苏联人也更多,包括很多苏联的专家学者来黑龙江任职任教,比如时任哈尔滨工业大学建筑系主任的斯维里多夫等,或多或少的都产生了一定的影响。另一方面,在全国总共156项苏联援建项目中有22项在黑龙江省,是全国占有比例最多的省份之一。这些项目构成了当时黑龙江省建设的主要部分,并多由苏联人负责或参与。在这样的背景下,当时黑龙江省的文化带有很深的苏联文化痕迹。可以说,这些都是黑龙江省新生城市文化的重要财富。可是到60年代以后,随着经济状况的影响,尤其文化大革命及其余波也对文化产生了较大的影响,整个国内包括黑龙江省建筑文化倾向于流行简朴主义。

改革开放后,中国向世界打开国门,中国文化再一次与世界文化发生交流,许多的外国先锋思想和各种思潮流派也进入国内,带来了国内文化界蓬勃活跃的局面。黑龙江省也紧随这种趋势,在经济发展、建设加速的机遇下,建造了多种流派和风格的建筑。

后发混源的形成模式也是新生文化系统特征的主要决定因素之一。由于形成时间很晚或是正在形成,文化系统表现得还不成熟;由于传播源的不同,这一文化生态系统的内部结构最为复杂;由于生产力基础的先进性,以及不断接受流行的建筑文化,这一文化生态系统具有旺盛的生命力。

### (二)曲折快速的发展历程

新生文化系统大概经历了两个不同的阶段:在新中国成立初期文化环境背景下,其发展过程是曲折的;而在现代时期良好的发展机遇下,其发展是快速的。

新中国成立后的前30年,这一时期黑龙江省的新生文化发展和全国一样百废待兴。

中央制定了"要在一个相当长的时期内,逐步实现国家的社会主义工业化,逐步实现国家对农业、对手工业和对资本主义商业的社会主义改造。"的过渡时期总路线。1953年黑龙江省为了完成这一目标,开始执行国民经济发展的第一个五年计划,并取得了丰厚的成果。全国十万大军、百万知青的援建使黑龙江省成为全国的农业大省;几十个重工业项

图1-2-6　50年代标准化的住宅建设（来源：徐洪澎 提供）

目的建立，使黑龙江省成为迅速成为全国的重工业基地；对煤炭和林业等资源的开发，促成了鹤岗、鸡西、双鸭山、伊春等资源城市的出现和发展。围绕着国民经济的建设，黑龙江省的城市建设也得到了较好的发展（图1-2-6）。

从解放后到改革开放以前，从总体上看黑龙江地区文化的成就是有限的。一方面，所取得的成就主要集中在前10年，优秀的作品数量不多；另一方面，这些作品的深度有限，相关方面的理解与应对的做法还多停留在形式的表面，缺乏更深层次的探讨。

### （三）改革开放后的快速发展

70年代末以来，随着国家政策重点转向经济建设，带动了经济的快速发展，到20世纪90年代以后黑龙江省迎来了发展的高峰期，至21世纪初的年均建设量已经是20世纪70年代末的30多倍。这导致区域的文化景观发生重大改变，黑龙江省的城市文化景观和其他地区一样，新生文化景观已经在区域中起主导作用（图1-2-7）。与此同时，信息化的发展使国外的先进思潮在国内得到同步传播。短短的几十年时间，新生文化在黑龙江省也迎来了快速发展的时期。从20世纪80年代以后，国内文化的创作开始步入新的时期，相关行业的创作水平有了显著的提高，从新中国成立初期只注重从形式方面做文章，发展到从传统哲学、文化、民俗、伦理等各个层面内涵的探讨，也开始运用系统论、控制论、心理学和社会学等多学科的方法展开研究。近些年流行的现代文化在黑龙江省形成了广泛而持久的影响力，相应的作品数量也快速增长，占据了这段时期建设量的主要部分，这意味着新生文化建筑正在被广泛接受，并得到快速的发展。

图1-2-7　21世纪初牡丹江城市鸟瞰（来源：周立军 摄）

## 第三节  黑龙江省传统建筑的概念与研究综述

### 一、相关概念

#### （一）传统

传统一词的拉丁文为traditum，意思是从过去延传到现在的事物，这也是英文tradition一词最基本的涵义。从这个操作意义上来说，延传三代以上的、被社会赋予价值和意义的事物都可以看作是传统，它们包括物质产品，以及关于各种事物的观念思想和对人物、事件、习俗和体制的认识。具体地说，传统包括一个社会在特定时刻所继承的建筑、纪念碑、景观、雕塑、绘画、书籍、工具，以及保存在人们记忆和语言中的所有象征性建构。"不过传统一词还有一种更特殊的内涵，即指一条世代相传的事物的变体链，也就是说，围绕一个或几个被接受和延传的主题而形成的不同变体的一个时间链。这样，一种宗教信仰、一种建筑文化、一种园林意境、一种社会制度、一种文化习俗，在其代代相传的过程中即发生了种种变异，又保持了某些共同的主题，共同的渊源，相近的表现形式和出发点，从而它们的各种变体之间仍有一条共同的链锁连接期间。"这就是我们平时所说的"原始人营建房屋的传统"、"乡村聚落的传统"、"天人合一的传统"、"风水学说的传统"、"历史建筑营建的传统"、"乡村民俗的传统"、"地方语言的传统"、"儒家思想的传统"、"专制君主的传统"、"文人化的传统"，等等。传统是一个社会的文化遗产，是社会过去所创造的种种制度、信仰、价值观念和行为方式等构成的表象特征；它使代与代之间、一个历史阶段与另一个历史阶段之间保持了某种连续体和同一性，构成了一个社会创造与再创造自己的文化密码，并且给社会生存带来了秩序和意义。

#### （二）传统建筑

首先，所谓传统，有学者认为，"是对以前时代流传

下来的文化现象的一种称谓"。从严格意义上说，传统与古代、古典不同，它更强调"以前流传下来、对现在仍然发挥影响的东西，同时具有以前与现在两种特征"。本研究的最终目的在于找到传统建筑中适用于当代的精华，因此不同于考古等科学所要求的那样完全还原古代建筑及文化的真实面貌，而是将史料与现代建筑学科语境中的案例解读相结合进行论述，故借用"传统"概念，将研究对象定义为黑龙江传统建筑而非古代或古典建筑。

从建筑类型上看，黑龙江的传统建筑大体可分为衙署、府邸建筑、寺庙建筑、传统村落与民居、景观类标志物。

#### （三）建筑文化

"建筑文化是人类社会历史实践过程中所创造的建筑物质财富和建筑精神财富的总和。"建筑文化是社会总体文化的组成部分，建筑物是建筑文化的载体，它装载着人类、社会、自然与建筑之间相互运动的信息，这些信息的综合就是建筑文化。

建筑文化按照文化要素结构来划分可以分为物质层、心物层、心理层三个不同的层面。表层形态的物质层，指人类创造的物质文化和精神文化的物化形态，如建筑物、形体环境等。中层形态的心物层，指的是精神形态的外表，如建筑技术、建筑制度、建筑语言、建筑艺术、创作理论等。深层形态的心理层，指某一种文化整体的群体心态，如伦理道德、宗教信仰、民俗、价值观等，心理层直接指导中层的变化建筑文化内涵，便是建筑思想、建筑观念、建筑意识、建筑情感、建筑意念、建筑思潮等这么一类心理层方面的要素群。

建筑文化本身是广义文化中的一个分支，同时建筑也是其他文化的容器，是其他文化的综合反映。文化的多元性、地域性、时代性和层次性不可避免地会对建筑的发展产生深刻的影响。建筑文化既是社会总体文化在建筑活动中的体现，同时也是建筑活动对社会文化的反馈，两者是相互促动、同时发生的。

## 二、研究综述

### （一）黑龙江文化的研究

对黑龙江历史与文化的研究主要集中在20世纪80年代以后，原因有三个方面：一是改革开放以前在政策倾向上更强调中华民族文化的整体性，对地方文化研究的支持不够；二是近年来经济、技术全球化趋势给地方文化造成冲击，增强了人们对地方文化研究的紧迫感；三是黑龙江的历史文化与东北地区有较大的连通性，造成相关的研究往往聚焦于东北区域，忽略了对黑龙江文化有针对性的研究。

如今对黑龙江区域文化的研究人员主要包括黑龙江省地方志办公室、黑龙江省社会科学研究院、黑龙江省民族研究所、黑龙江大学历史系等相关高校研究机构以及黑龙江省博物馆等单位的研究人员。对黑龙江文化的研究内容包括了区域历史、民族文化、经济文化、冰雪文化和城市文化等多个方面。2002年2月由中国社会科学院和东北三省联合组织了"东北边疆历史与现状系列研究工程"，其中对黑龙江文化的研究成为主要内容之一。经过多年的努力，形成了一定的研究成果。除黑龙江省志以及各市、县、镇等的地方志外，在历史方面有黑龙江人民出版社于2002年9月出版的由杨永茂主编的《黑龙江古代简史读本》等书目。在民族文化方面有黑龙江省文物出版于1982年出版的干志耿和孙秀仁的论著《黑龙江古代民族史纲》、哈尔滨出版社于2003年4月出版的洪英华主编的《黑龙江流域民族历史与文化丛书》（全15册）等书目。社会文化方面有黑龙江人民出版社于2006年出版的石方的论著《黑龙江区域社会文明转型研究》、黑龙江人民出版社于2006年10月出版的由黄任远主编的《黑龙江流域文明研究》等书目。人文地理方面有2000年东北师大俞滨洋的博士论文《黑龙江省城市和区域系统相互作用及调控对策研究》、2006年东北师大于亚滨的博士论文《哈尔滨都市圈空间发展机制与调控研究》等研究成果。总体来说，相对于其他地区已提出以区域学作为独立学科来研究的高度，黑龙江的文化研究还很薄弱。对黑龙江区域文化的研究成果多数是对区域内的市、县等地方零散的记录性资料，而从黑龙

江区域整体角度的研究仍然比较缺乏，正因如此，上述这些研究成果是十分宝贵的，为黑龙江区域文化的深入研究奠定了基础。

### （二）黑龙江建筑的研究

在理论方面，涉及黑龙江建筑的研究也是从改革开放以后才开始逐步增多。在黑龙江建筑史方面，有黑龙江人民出版社于1988年出版的张泰湘的论著《黑龙江古代简志》，其中一章专门讨论建筑，这是至今从省域角度研究黑龙江建筑历史唯一比较深入的内容，但是由于作者并非建筑专业人员，因此缺乏足够的专业价值。21世纪以前，最主要成果有两项，都是对哈尔滨等地区近代外来文化建筑的研究，一是黑龙江科学技术出版社1990年出版的由常怀生教授编著的《哈尔滨建筑艺术》，是以资料性为特色的著述；二是在1988年11月中日合作研究的成果，即由中国建筑工业出版社出版的《中国近代建筑总揽》哈尔滨专篇，也是一本资料性很强的专著。近几年，出现了一些新的研究成果：比如中国建筑工业出版社出版的由周立军等主编的《东北民居》、知识产权出版社出版的由陈伯超等主编的《中国古建筑文化之旅——辽宁、吉林、黑龙江》等书，其中中国建筑工业出版社出版的刘松茯的论著《哈尔滨建筑的现代转型与模式探析》，该书对哈尔滨近代建筑发展背景、转型模式、类型转换和文化内涵等方面进行了比较全面和深入的剖析。同时，也出现了借助其他学科对相关建筑作具体研究的学术论文，如2005年梁玮男的博士论文《哈尔滨"新艺术"建筑的传播学解析》。此外，仍有很多国外学者来到黑龙江对这里的建筑从事研究，如在2000年韩国留学生KIMJUN BONG的东北大学博士学位论文《中国东北地区朝鲜族传统民居平面的分类和特点》一书中，对东北地区，包括黑龙江各朝鲜族聚居区的民居进行了实地调查，并阐述了朝鲜族传统民居演变特征。虽然上述研究取得了一些进展，但是仍然存在两方面问题；首先，对黑龙江建筑地域性的理论研究仍不成系统，已有成果都偏重于个别地区和个别问题的研究；其次，很多研究停留在对建筑本身事物的描述上，或是资料的收集整

理，对于现象背后的探讨仍显不足。

在实践方面，黑龙江的地域建筑创作正在不断探索之中，一是很多建筑的投资不再精打细算，为扩展地域建筑的创作思路提供了经济上的支持。但这并不能从根本上解决建筑地域性问题，很多建筑作品变得华丽了，但却不能成为具有地域特点的优秀建筑；二是大量聘请省外和国外高水平建筑师参与投标或直接委托设计，以此带动区域创作水平的提高。但是由于文化背景的差异和黑龙江建筑背景资料的缺乏，又缺少和当地必要的合作，导致异地高水平建筑师的创作也很难揭示问题的本质。基于上述原因，黑龙江的新建筑仍然缺乏具有地域特点的优秀作品，更没有形成相对统一的地域创作观念和思路。

## （三）传统建筑的现代传承的研究

在20世纪初的教会建筑中孕育出以木结构为主要结构形式的中国传统建筑形式在现代建筑结构中的"复兴"。当时出于迎合中国民众接受习惯的目的，外国教会机构把"中国式"建筑当作和民众沟通的手段，用最直观的形象模仿中国传统建筑的典型形式特征，以方便中国普通民众的认知。最初的继承，只能是走上形式层面的传统建筑"复兴"的道路。

到了20世纪30年代的中国建筑师纷纷提出"依据旧式，采取新法"，"酌采古代建筑式样，融合西洋合理之方法于东方固有之色彩于一炉"等主张。1925年吕彦直设计的南京中山陵，全国瞩目；1926年的广州孙中山纪念堂设计竞赛。吕彦直再次以同样的手法获选。董大酉设计的上海市政府，范文照的广东省政府联合署，徐敬直、李惠伯的南京博物院，卢树森的南京中山陵藏经楼等也都采取了"中国固有式"建筑形式；而依据对《杨廷宝建筑设计作品集》一书进行的统计，1948年以前所作的"中国固有式"建筑项目数占到统计时期内工程项目总数的三分之一左右。

虽然无法考证究竟是哪位建筑师设计的哪个作品拉开了新中国建筑中传统继承思潮的序幕，但1951~1954年设计建成的位于重庆的西南人民大礼堂无疑是早期有代表性的实例。邹德侬先生在《现代中国建筑史》中称其为"未经全国号召就采用民族形式的建筑特例"。50年代中期，以"大屋顶"为主要特征的中国建筑传统的现代继承思潮迅速盖过了当时国内自发产生的现代建筑思潮而成澎湃之势。形成了20世纪下半叶中国传统建筑文化的现代继承的第一次高潮。然而以大屋顶为特征的这次大概来势迅猛，去也匆匆，全国上下开展"反浪费"运动，留下了"大屋顶"这个"民族形式"。传统建筑的现代继承思潮再起波澜，是在1958年开始的国庆工程。经历了对"大屋顶"的批判和反浪费运动之后，对民族形式的探索，有两条指导思想，一曰"古今中外，一切精华皆为我用"。二曰"继承与革新"。

1959年5月18日至6月4日，建筑工程部和中国建筑学会在上海召开了《住宅标准及建筑艺术座谈会》。时任建工部部长刘秀峰做了总结发言，题目是《创造中国的社会主义的建筑新风格》，作者对"中国的""社会主义的"、"新的"建筑风格的阐释，实际上还是上次传统继承思潮中"社会主义内容、民族形式"的重复，以标明反对已受到批判的复古思潮。这一阶段中国现代建筑传统性民族性的表达主要是"大屋顶"和装饰与细部的民族形式的借用。

改革开放之后。在思想解放，技术引进，文化交流，体制改革这样的背景下，如何对待传统建筑文化，不同文化取向的建筑师呈现出明显的冲突，延续多年的传统建筑文化现代继承思潮处在明显的震荡之中，一方面大潮涌动，主流社会为这一思潮推波助澜；另一方面，不断有人对此提出质疑、批评乃至抨击。在建筑中提倡"民族形式"的代表人物，戴念慈在《论建筑的风格、形式、内容及其他》一文中，"建筑，为什么要提民族形式？这是因为它建设在中国的土地上，为中国的四化服务，必须与中国的国情、中国的民族特点相结合。""现代建筑的原理原则，是不是也要通过民族形式，才能对中国有用呢？我的回答是肯定的。"对传统建筑形式的偏爱由此可见。

1980年，《建筑学报》上发表陈重庆题为《为"大屋顶"辩》的文章，指出"方盒子建筑的平屋顶在中国风靡了，但它的贫乏形象在今日之世界也并不是尽如人意的。因为屋顶是决定建筑轮廓的重要部件，对于建筑形象起着突出的作用。"在1981年第一期《建筑学报》发表陈鲛的文章《评建筑的民族形式——兼论社会主义建筑》，则提出"要为'民族形式'恢复名誉，那只会使复古的建筑形式死灰复燃，这绝对不会对我国社会主义建筑形式的发展带来任何好处。"思想上的交锋表现在建筑设计实践的领域，1979~1982年间贝聿铭设计的北京香山饭店和1985年落成的山东曲阜阙里宾舍成为这场冲突最引人注目的焦点。

到了20世纪末的"中国特色"代表着传统建筑文化现代继承思潮走向整合。表现在建筑研究的学术领域，不再是宣言式地谈论传统继承之有无必要或是否可能以及如何实现，而是转向以冷静理性的态度展开对中国建筑传统文化的研究。最典型的一篇文章是缪朴的《传统的本质——中国传统建筑的十三个特点》，指出只有认清传统建筑的真面目，才有可能将要不要继承传统的讨论放在一个比较踏实的基础上。仅在同一期的《建筑师》上，就有许亦农的《中国传统复合空间观念——从南方六省民居探讨传统内外空间关系及其文化基础》和荣斌的《屏障与传统建筑》。陈薇的《关于中国古代建筑史框架体系的思考》，把建筑历史研究与孕育了中国传统建筑的中国传统文化相结合的探索。

上篇：黑龙江传统建筑特征解析

# 第二章 黑龙江省传统建筑文化及成因解析

黑龙江省边缘的地理区位、独特的自然环境、悠久的发展历史，决定了其地域文化在中华整体文化圈中的重要意义。值得一提的是，黑龙江历史上的很多建筑是比较有特点的，无论是渔牧文化背景下的简易建筑，还是农耕文化背景下的居住建筑都与中原地区建筑有明显区别。这里冬季气候寒冷，四季温差很大，拥有特殊的自然条件；这里位于祖国版图的边缘地带，远离传统文化核心区，是典型的大陆边缘区域，拥有特殊的地域文化影响条件；这里从远古时期就形成了人类文化，不但具有悠久的历史，而且历史的发展轨迹与众不同，拥有特殊的历史基因影响因素。

不同的地域环境、生活方式和社会结构形成的文化是不同的，在这种文化背景下发展得到的建筑文化也不相同。黑龙江传统建筑在长期发展过程中因地域环境、历史社会环境的差异逐步形成了自己的地域特点。

# 第一节　黑龙江省建筑文化溯源

黑龙江最早的建筑活动一直可以追溯到旧石器时代晚期，那时的黑龙江人已经开始用石头和兽骨建造建筑，由此揭开的黑龙江建筑发展历史，大致可以分为四个大的阶段（表2-1-1）。

黑龙江建筑文化历史发展的五个阶段　　　　　　　　　　　表 2-1-1

| 阶段 | 第一阶段 | 第二阶段 | 第三阶段 | 第四阶段 | 第五阶段 |
|---|---|---|---|---|---|
| 时间 | 约上古时期新石器晚期——唐 | 约中古与近古前期——唐至清末 | 约近古后期——清末至 19 世纪末 | 约近代时期——19 世纪末至新中国成立 | 现代时期——新中国成立 |
| 主导建筑文化 | 土著渔牧建筑 | 土著渔牧与传统农耕建筑 | 传统农耕建筑 | 近代外来建筑 | 现代新生建筑 |

第一个阶段是从旧石器时代晚期出现早期建筑到清朝末年清政府对东北地区封禁政策的解除。在这一阶段中黑龙江区域范围内的人口很少，主要生活着蒙古人、通古斯人和后期基本从黑龙江消失的古亚洲人。当时的人们主要以渔猎和放牧为生。唐朝以前，这里的农业主要作为渔牧业的辅助产业。

第二个阶段是从唐朝以后，直到清朝末年，农业迅速发展，大部分时间段与渔牧业分庭抗礼，因此，这一阶段黑龙江域的文化核心主要是渔牧文化；建筑主要是适应渔牧业游居生活的简易建筑和部分适应渔牧或农业定居生活的建筑。

第三个阶段是从清末到十九世纪末黑龙江进入殖民社会，城市开埠并开始向现代化城市转型。在这一阶段中，大量中原地区汉族和一部分朝鲜半岛的朝鲜族，以及一些其他少数民族的移民大量涌入黑龙江区域。他们带来了先进的农业生产技术，因此这里的农业得到了迅速的发展，成为区域产业的绝对主体。显然这一阶段黑龙江的文化核心主要是受中原地区影响的农耕文化。建筑主要包括两部分：一部分是在当地定居民居建筑的基础上，适当结合中原地区建筑特征的普通农村民居；另一部分是具有中原地区建筑特点的官宦人家住宅或行政官署等公共建筑。

第四个阶段是从19世纪末到新中国成立前黑龙江恢复主权。在这一阶段，以沙俄和日本为首的帝国主义国家先后对黑龙江区域进行殖民统治，尤其中东铁路的修建，促进了几十个国家的大量外国移民来到黑龙江，在这里传教、经商、办厂，由此引发了哈尔滨等城市的迅速崛起并向现代化城市转型。同时，大量中国移民作为劳工也不断来到黑龙江，进一步促进了黑龙江的城市化发展，哈尔滨很快成为当时具有影响力的国际商业大都市。这一时期，以工商业为生产力基础的外来文化成为黑龙江城市的核心文化。受其影响，黑龙江出现了许多外来文化建筑，多集中在哈尔滨市，是黑龙江重要的建筑文化财富。

第五阶段是新中国成立以后。中国恢复主权以后，黑龙江的外国移民大量减少，而来自全国各地的移民则继续增加以支援黑龙江的建设。在新的时期，黑龙江的产业与文化全面发展，被定位为重工业与农业大省。在这一阶段建筑与全国的发展脉络相一致，特别是改革开放以后，经济振兴，建设迅速发展，无论从建筑的数量和质量，还是从历史的发展脉络来看，当前无疑是黑龙江建筑发展中最为关键的时期。

从建筑的发展状况来看，黑龙江建筑的历史有两个主要特征，一是建筑的移入性，即建筑的每一发展阶段都受到移民文化的强烈影响。也正是基于这样的原因，黑龙江的很多建筑特征不是独有的，比如蒙古包与内蒙古地区基本一致，农村民居建筑与东北其他地区很是相像，古代官府建筑与中原传统建筑无大区别，外来文化建筑与传入地的建筑特征如出一辙。二是黑龙江建筑的发展脉络并不体现一脉相传的明显特征，而是一种板块叠加的发展，即每一阶段的建筑并非是在继承前一阶段的建筑特征的基础上发展的，这主要是受到几次大的政治事件的影响造成的。

## 第二节　黑龙江省建筑文化构成

### 一、建筑文化系统

黑龙江省具备完整独立的地理文化基础。在自然环境方面，黑龙江的区划结构完整、气候特色鲜明、地貌特点明显、资源状况优越；在人文环境方面，黑龙江历史发展悠久、人口构成复杂、生产方式多样、价值观念独特，同时，这里的建筑发展状况具有自身的特征。因此，黑龙江省在历史发展过程中形成了多种建筑文化。文化是社会发展过程中人类创造物的总称，包括物质技术、社会规范和精神观念。任何文化自身也会形成系统，就是文化系统，可以定义为人们的精神生产能力和精神产品所构成的相互联系的整体。文化系统是要素与整体的统一，二者是不可分割的。黑龙江省传统建筑文化系统同样符合文化系统的特性。

### 二、建筑文化层级

黑龙江建筑文化系统是中国建筑文化系统的一个子系统，与其他省域或地区建筑文化系统处于同一层级。在此基础上，黑龙江建筑文化系统拥有自身的结构层级关系。社会的基本动力是在于生产力和生产关系，因此，一切人类文化最根本的决定因素也在于此。基于这样的原因，本书根据建筑文化的不同生产力基础以及建筑文化自身特点等因素，确定了黑龙江建筑文化系统中第一层级的四项子系统，即土著渔牧文化建筑、传统农耕文化建筑、近代外来文化建筑和当代新生文化建筑的文化。

在确定了黑龙江建筑文化系统的第一层级子系统的基础上，每一种子系统下又可以进一步划分（图2-2-1）。比如，土著渔牧建筑文化系统下又可分为游牧建筑、渔猎游居建筑、渔猎仓储建筑等下一级子系统；传统农耕建筑文化系统下又可以分为满、汉族建筑和朝鲜族建筑等下一级子系统；近代外来文化建筑系统下又可以分为俄罗斯风格建筑、折衷主义风格建筑和新艺术运动风格建筑等下一级子系统；现代新生建筑文化系统下又可以分为"苏联式"建筑、"大屋顶"建筑、"方盒子"建筑和多种风格建筑等下一级子系统。以此类推，还可以进一步向下划分，直到个别建筑。系

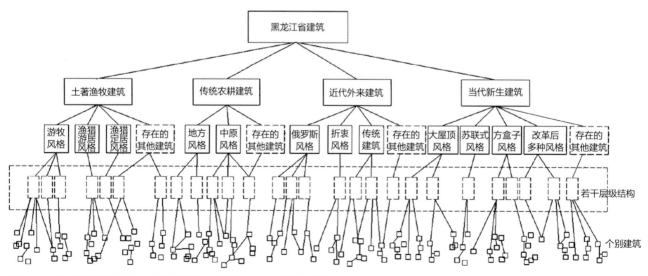

图2-2-1　黑龙江省建筑文化生态系统层级结构示意图（来源：徐洪澎 提供）

统中的结构层次越丰富、越分明，就越利于系统的可持续发展。

　　需要说明的是，首先，每种建筑文化的区域分布与影响范围，都是以场的状态在空间中叠加存在的。任何区域范围内的建筑特色与背景文化都不可能是纯粹的，只是这一区域建筑的主体文化特征决定了它的归属。对于大部分区域而言，建筑特色与文化背景都是多样的，比如，哈尔滨是外来建筑文化的核心区域，但同时也是解放后"大屋顶"建筑、"苏联式"建筑以及改革开放后多种风格建筑文化的内核区域。此外，渔牧建筑文化和农耕建筑文化也会对黑龙江省的建筑产生一定的影响。其次，各系统之间的区分差异是模糊的，对于有些建筑系统或建筑个体来讲存在多重的归属是一种正常现象，比如土著渔牧文化的定居建筑和早期传统农耕文化建筑之间具有一定的传承关系，因此两者之间的区分并不十分明显。随着系统的发展，不但各种不同建筑文化的影响范围会有所改变，而且也会出现旧的子系统慢慢消亡、新的子系统逐渐形成的变化。

## 三、黑龙江传统建筑文化构成

### （一）土著渔牧建筑文化

　　土著渔牧文化建筑系统的生产力基础以渔牧业为主，是区域产生最早的建筑文化物种系统，因此具有很强的土著特色，直到上古时期以后一直是黑龙江最主要的建筑文化类型。渔猎文化建筑和畜牧文化建筑具有较多的相似性，这里统称为渔牧文化建筑。黑龙江的土著渔牧文化历史建筑等级很低，十分简陋，已被淘汰。土著渔牧建筑文化是受外来文化影响最小，是土生文化性质最纯粹的一种建筑文化。虽然黑龙江土著渔牧文化建筑尽管表面上十分简陋和粗糙，没有复杂的形体、精美的装饰、绚丽的色彩，并且几乎全部被时代所淘汰，但是由于其拥有特殊的文化生态环境背景，加上漫长的发展历史，因此，在这些建筑中蕴含着较为深刻的文化内涵。这不但对此后的黑龙江建筑产生了较为深远的影响，而且是继承和发展渔牧建筑文化中最为重要的因素，其

文化内涵主要体现在以下几个方面：

　　（1）单纯：无论是游居形式的建筑，还是定居形式的建筑，建筑空间都非常单纯，平面形状表现为纯粹的几何形。蒙古包、"斜仁柱"类建筑是完整的圆形空间，"地窨子"、"马架子"等又是规矩的矩形空间。这些空间虽不宽敞，只能基本满足人们遮风避雨、防寒防晒和躲避野兽的需要，但是空间的几何性却十分突出，因此，不但易于建造，适应性强，而且会使人产生深刻的视觉印象。此外，建筑材料选择易得和易加工的木材、草、兽皮等。建造方法都是简单直接的做法，主要有挖、搭、绑、铺等几个简单的过程，即使是相对复杂的定居形式建筑，比如"马架子"也只需几天便可完成。简单的技术虽然是当时条件的限制使然，但却具有易于操作、造价低廉、合理性高等诸多优点。这也是与黑龙江渔牧民族朴素的生活模式、生活习惯和思想方式相一致的。

　　土著渔牧建筑的单纯性还表现在其与自然和谐、简单的关系之中。渔猎经济本身的性质决定了稀疏的人口密度，建筑只是大环境中的点缀，对整体环境的影响很小。此外，建筑本身的做法与自然环境形成和谐的关系："斜仁柱"的桦皮围合、"马架子"的茅草屋面、"木刻楞"的原木墙面，使建筑与自然形成材料上的联系；"斜仁柱"的支架结构与树林形成一致的竖向构图（图2-2-2）；蒙古包的白色与

图2-2-2　"斜仁柱"与原始森林环境形成和谐的关系（来源：高萌 提供）

草原上空的朵朵白云形成色彩上的呼应，这些都使建筑与其所处的自然环境共同表达出强烈的清晰、直白和简陋的自然气息。对于现在的人们来说，这种自然美体现了原生、神秘的视觉魅力。渔牧民族长期生活在大自然之中，既与自然抗争，又得益于人与自然的和谐共生。人们对自然的敬畏和崇拜决定了建筑与自然的和谐关系。

性格纯朴、豪放、率真是黑龙江本土人的性格，这是历史积淀的结果，传统的渔牧文化建筑单纯的文化内涵已经清楚地反映出这一地域的民族性格。

（2）粗犷：黑龙江的土著渔牧文化建筑基本上都是采用简单加工的自然材料，用最直接、最适合、最快捷的方式搭建起来，从不拘泥于细节，尽管显得有些粗陋，但却最高效地完成了自身的功能价值。在相对恶劣的自然环境之中，黑龙江的土著渔牧文化建筑为人们所带来的舒适是有限的，但却仍然沿用了几千年。这些都体现出这一建筑类型粗犷的文化内涵。这是与渔牧民族粗放、豪迈的民族性格相一致的。为了生存，黑龙江的渔牧民族长期生活在艰苦的自然环境之中，与漫长的寒冬抗争，与凶猛的野兽抗争，与缺少医治条件的疾病抗争，使人们具有了勇敢、豪放、直爽、吃苦耐劳的人性品格，而渔牧建筑粗犷的文化内涵正是反映了人们的这些品格。直至今日，黑龙江人的这些人格特点已经闻名于四方，在建筑上也相应体现出一定的粗犷感。

## （二）传统农耕建筑文化

黑龙江区域的农耕建筑文化的生产力基础比渔牧文化更加先进，但仍然属于自然产业类型，生产能力受到气候、地理等自然条件的极大限制。从农耕文化在黑龙江区域的整个分布情况来看，三江平原、嫩江平原是农耕文化的密集地区，主要是因为渔猎民族走出山林到达平原地带后，一方面这里的自然条件更适合农业生产；另一方面，平原地带方便的交通条件使其更容易接受中原地区农耕文化的传播影响，促使了农耕文化的大规模发展。这说明农耕文化的产生与发展主要是由地理位置和自然条件所决定的。

传统农耕文化建筑系统的生产力基础以农业为主。农耕

文化一直是黑龙江区域的主要文化类型之一。历史上，农耕建筑文化曾在近古时期占据黑龙江建筑的统治地位。在这一文化背景下的建筑，无论是普通的农村民居，还是上层阶级的府邸或公共建筑都是黑龙江区域重要的建筑种群。至今农耕建筑文化所影响的区域面积依然最大，核心控制范围广泛地分布于全省各地的平原地带。

传统农耕文化建筑多是在土著渔牧文化建筑的基础上发展起来，因此，它的文化内涵包含有渔牧建筑文化的成分，同时，由于这一文化建筑成长在不同于渔牧文化建筑的生态环境中，促使其形成了自身特有的文化内涵。由于在当前的环境下传统农耕文化建筑实体中直接可继承的因素并不多，因此，文化内涵的确定对于传统农耕文化建筑的传承和发展具有更为重要的意义。

（1）崇实：传统农耕文化建筑无论是空间、形象、环境还是技术都非常讲求实用。方正、模糊的空间观念来自于火炕的方便使用；朴拙、直白的审美取向来自于功能处理的真实表达；开放、生态的环境思想来自于创造方便的室外生活空间；技术思想更是直接以实用为主要特征。可以说很难在传统农耕文化建筑中找到不实用的处理。由于历史的原因，黑龙江与东北其他地区的农耕文化建筑区别不大，这里的建筑对寒冷气候的应对措施更加明显；民族建筑的相互影响更加强烈；建筑形象的艺术处理更加简朴；建筑处理的设计观念更加自由。这些区别鲜明地体现了黑龙江农耕文化建筑更为崇实的文化内涵。这一文化内涵不单是客观环境条件所致，更是黑龙江传统农耕文化思想内容的反映。历史上黑龙江的农民面对恶劣的自然环境和落后的社会环境，逐步形成了非常务实的作风和思想，既保障了农耕文化的发展，也成为农耕文化的重要内容，由此决定了建筑这一文化内涵的形成。

（2）率真：传统农耕文化建筑的处理，无处不直接、真实地体现出建筑的本质功能、材料选择和设计用意。这一内涵促使建筑及其环境形成一种和谐的状态。尽管黑龙江农耕文化建筑形象的亮点不多，但是它却处处表现出非常和谐的状态。简单的单体建筑及其院落常常整齐地排列组合，所

组成的村落既整体，又富于变化。在广袤的平原大地之上，建筑景观显得异常和谐。建筑本身也是如此，方正空间的处理适应了人们的生活习俗；朴拙的建筑构建组成了和谐的建筑形象；简单的建筑技术呼应了建筑的整体风格。黑龙江人民一方面继承了土著渔牧民族豪放、率直的性格特征，另一方面，在长期简单的生活模式下养成了实在、真实的精神品质。率真的建筑文化内涵正是在这种性格特征与精神品质的长期作用下所形成的。

## （三）近代外来建筑文化

黑龙江省由于远离中国传统文化的核心地带，属于"大陆性边缘文化"区域，因此本土建筑文化对外来建筑文化的抵御力并不强。这里的传统文化根基较浅，加之外来文化的传播方式带有殖民的强制性质，并通过外来移民、报纸、书刊和展览等多种途径，因此，地方文化对外来文化的排斥力很弱，也更适合外来建筑文化的融入和发展。近代外来文化建筑系统的生产力基础以工商业主。这一建筑文化主要是在近代伴随中东铁路的修建，由殖民者的侵入而产生，并在短时间内迅速发展。此类建筑具有鲜明的特色和很高的成就，成为黑龙江区域最具影响力和知名度的建筑文化类型。其建筑主要集中在以哈尔滨为代表的城市区域，但在随后的发展中对其他区域的建筑发展也产生了重大影响。

黑龙江省外来建筑文化整体的植入方式，特殊的时代背景，以及处于中国传统边缘文化区域等诸多原因，造成了这一建筑系统的文化内涵完全不同于原来黑龙江省区域的土著渔牧文化建筑和传统农耕文化建筑，甚至有些内容是存在矛盾的。这一建筑系统的文化内涵表现出新潮、包容和精艺的特点。

（1）新潮：传入到黑龙江省的建筑文化内容都是在当时国际上非常先进的，这是外来文化建筑具有新潮这一文化内涵的基本原因。在外来文化建筑发展的近50年的时间中，外来的殖民统治开放了各种传播途径，建筑师不断引进当时西方盛行的建筑样式，使哈尔滨的建筑风格始终紧随世界先进建筑思潮的发展。

外来文化建筑之所以具有新潮的文化内涵，很大的原因还在于这一建筑文化具有很大的包容性。"大陆性边缘文化"的特点，决定了外来文化建筑受到地方建筑文化的束缚和影响极其微弱，建筑师无需顾及哈尔滨历史与文化的环境因素，十分自由地将多种外来建筑文化引入哈尔滨，使哈尔滨成为中国吸收外来建筑文化的一个开放的窗口。这样就为区域的外来建筑文化形成包容性的文化内涵特征奠定了基础。一方面，这里的多数外来文化建筑都保持了非常纯正信源特征。另一方面，这些建筑处于同一城市当中却非常的和谐。如此多的建筑风格，每种风格的建筑的类型多种多样，前后历经近50年，由众多不同的国家设计和使用，而在总体上却构成了非常和谐，又极具特征的多元复合体。在整体上，这些区域的建筑风格又统一在外来文化建筑的特征之下，所以说，外来文化建筑体系具有很强的包容性。

（2）精益：当时哈尔滨作为中东铁路的枢纽，是外国人侵占东北的重要节点，吸引了国外大量的投资、精英的人才和先进的科技，使得这里的外来文化建筑表现出精艺的内涵特征。首先是定位的高标准。当时在哈尔滨汇集了外国几十家领事馆、十几家世界知名的银行，若干国外知名的工商企业，高官富商数量众多，而建筑是显示实力、财富和地位的重要途径，因此，从一开始外来文化建筑的定位就很高。其次是设计的高水平。黑龙江省有超过95%的外来文化建筑是由外国人设计，其中不乏高水平的建筑师，比如，俄罗斯的著名建筑师列夫捷耶夫、奥博罗米耶夫斯基和斯维里多夫等，这些人都在俄罗斯的建筑历史上具有很高的地位，他们在黑龙江大都生活几十年，留下了众多的优秀作品。第三是建造的高质量。这些建筑无论在材料的选择，建造的工艺，还是施工的技术上都达到很高的水平，因而才能有很舒适的空间和极长的耐久性。第四是形象的高品位。建筑形象的高雅品味是外来文化建筑的重要特征。综上所述，在黑龙江省的外来文化建筑中，无处不渗透着精益的文化内涵。

黑龙江省的近代外来文化建筑基本上反映出这一时期的建筑特征，从折中主义、新艺术运动、装饰主义运动，直到后期出现的少数早期现代主义建筑，正是从传统建筑向现代建筑的过渡发展过程。不过这时期的传统建筑也有所发展，外国建筑师的涌入在黑龙江地区也有所体现，如哈尔滨第三中学校、双城火车站都是俄国建筑师在黑龙江的建筑创作结果，这些建筑都引入了中国传统建筑元素。同时哈尔滨道外区的"中华巴洛克建筑"是中国工匠结合外国建筑文化的中西结合的经典建筑案例。

### （四）现代多元建筑文化

现代新生文化建筑系统的生产力基础也是以现代的工商业为主。这一建筑文化主要产生于解放初期和改革开放以后两段不同的时期，现在仍在快速地发展之中，并已经成为当今黑龙江建筑的主体文化，其构成内容丰富、建筑特征多变，对黑龙江建筑的地域性发展具有决定性的影响作用。

黑龙江省现代新生文化建筑，以其丰富的构成内容、先进的创作思想和迅猛的发展势头，不断突破传统的束缚，正在完善自身新的建筑文化内涵特征，即自由和外向，极大地丰富了黑龙江省建筑的地域建筑文化的内容。

（1）自由：新中国成立初期，尽管建筑创作受到政治因素的限制，很大程度束缚了建筑创作思想的扩展，但是因为经济、技术水平的相对提高及苏联现代建筑的启发，相比于解放前的黑龙江传统建筑，建筑创作仍然获得了很大的自由发挥空间。几年时间就形成了两种不同的主要建筑物种，其中苏联式建筑文化的涵盖内容还非常丰富。改革开放后，新生文化建筑迎来了外界丰富的创作理念和先进的技术支持，创作空间空前宽广。各种建筑风格相继出现，各种建筑理论不断应用，各种建筑手法层出不穷，逐渐形成了追求变化、没有固定模式的自由创作观念，也进一步强化出自由的建筑文化内涵特征。首先符合社会的时代背景，信息化的发展以及社会经济的进步为新生文化建筑提供了更为广阔的自由创作空间；其次符合现代人们生活的需要，后工业的发展让分工更加细化，使人们的生活更加丰富，对建筑的需求也更加多样和易变；再次符合现代人们的精神观念，这也是最重要的一点。随着对现代生活的适应，人们的见识和体验更加充实，在建筑中求新、求变的自由意识将会越来越强烈。

（2）外向：黑龙江省现代新生文化建筑外向文化内涵的建筑表现主要集中在两个方面，一是建筑特征的外在表现更加充分。新中国成立初期，除了特殊的"方盒子"建筑以外，"大屋顶"建筑和"苏联式"建筑都非常重视通过形式把建筑的主要特征充分表达出来，因而导致了这些建筑的形式特征非常鲜明。改革开放后的多种风格建筑也具有同样的特点，古风风格和新折衷风格建筑的特征主要体现在形式方面，而现代风格建筑也总是力图将自身的特点通过形象来展现，比如技术表现建筑、生态建筑的特色本来不在形式本身，而建筑创作中却经常有意识地将技术和生态思想通过形式强化出来。另一方面是建筑更乐于接受外界的有益营养。无论是新中国成立初期，还是改革开放以后的新生文化建筑，产生的主要方式是接受外界主流建筑文化的传播，既延续了黑龙江省建筑发展的传统特点，又因其丰富的内容和快速的发展势头而体现得更加明显。

在明确了现代新生文化建筑的文化内涵的同时，我们也应看到其文化内涵正在形成与完善过程之中，求变与统一、自由与自律、外向与内向都存在辩证的矛盾，把握不好就会出现问题。此外，现代新生文化建筑后发混源的形成模式，以及其所处的信息化时代背景，必然导致其文化内涵与其他地域具有一定的相似性。这就要求我们在建筑发展中有意识地将其与地域的因素相结合，以形成和强化新的建筑地域性特征。

## 第三节　黑龙江省建筑文化成因

### 一、自然成因

自然因素对黑龙江省传统建筑文化形成产生了很大影响。各个时期的建筑形态均与黑龙江省独特的自然环境有关。可以说建筑是人类为了适应自然环境的产物。传统建筑在形成与演化过程中需要不断地应对自然环境。黑龙江省传统建筑文化，即土著渔牧文化建筑、传统农耕文化建筑、近代外来文化建筑以及现代新生文化建筑或多或少均受到自然环境的影响。

土著渔牧文化建筑系统的生产力基础属于自然产业类型。渔猎业和畜牧业都是以直接获取自然资源为目的的生产方式，因此必然对自然环境产生很大的依赖性。可以说自然条件的契合是渔牧文化产生和存在的根本。土著渔牧文化建筑的游居模式主要是适应人们游居狩猎的生活方式，而这种生活方式正是由自然环境直接决定的；黑龙江区域的农耕建筑文化的生产力基础比渔牧文化更加先进，但仍然属于自然产业类型，生产能力受到气候、地理等自然条件的极大限制。同时平原地带方便的交通条件使其更容易接受中原地区农耕文化的传播影响，促使了农耕文化的大规模发展。这说明农耕文化的产生与发展主要是由地理位置和自然条件所决定的；外来文化建筑对于黑龙江省的气候具有很强的适应能力，建筑的很多处理非常符合这里的自然条件，比如，墙体厚重、开窗小巧、色彩温暖等。此外，自然因素也影响了社会的方方面面，间接地对建筑产生影响；现代多元的建筑文化虽然由于建筑技术的提高，建筑应对气候的不再是一味的妥协。大片玻璃幕墙在黑龙江省的建筑中开始出现，但是总体来说现代多元建筑文化的形成依然是自然因素与社会因素共同作用的结果。

总之，黑龙江省建筑文化的形成与自然环境息息相关，极端严寒的地域气候制约着建筑的防寒设计，复杂多变的自然地貌对建筑的选址与布局产生很重要的作用，丰富的建筑材料资源也是构成黑龙江省传统建筑文化的一部分。

## （一）极端严寒的气候

黑龙江省四季分明，夏季雨热同季，冬季漫长，冬夏气温相差过大，极端最低气温曾达到零下52.3℃（黑龙江漠河）。这种奇寒与燥热两极突出的气候特点必然在人们心理和生活方式上留下痕迹。这在很大程度上制约着人们的衣、食、住、行和行为方式。黑龙江省传统建筑在发展过程中，为了抵御极端严寒的气候特点，建筑的预防性措施必不可

少，因此黑龙江省建筑也逐渐形成了其特有的严寒地域建筑特点。建筑一般采用简单的矩形平面，体形系数较小，墙体厚重。屋顶为了防风适雪也常常采用坡屋顶形式。对于建筑室内设计的保温要求更高，所以火炕文化是黑龙江地区流传的一种传统建筑文化。总之，黑龙江省传统建筑的选址与布局、建筑形态、内部空间以及建筑周围环境等与严寒的气候环境有着密切的联系。黑龙江人在经历了在严寒气候条件下的艰苦开发，寒冷、干燥的气候也陶冶了黑龙江人的吃苦耐劳、坚韧勇敢的深层心理。

## （二）复杂多变的自然地貌

黑龙江省位于中国最东北部，东部和北部以乌苏里江黑龙江为界与俄罗斯为邻，与俄罗斯的水陆边界长约3045公里。西接内蒙古自治区，南连吉林省。是亚洲与太平洋地区陆路通往俄罗斯和欧洲大陆的重要通道，是中国沿边开放的重要窗口。黑龙江传统建筑由于地理位置与外界接壤较多，形成了多民族共存的一种生活状态。在外观上建筑的形态是多样的，在内涵上建筑的文化是多元的。多民族建筑文化的形成与黑龙江的地理位置，自然地貌密不可分。不同的自然条件和不同的地理环境使他们为了谋生存而采取了不同的经济生活方式，久之形成了不同的语言词汇、不同的心理状态、不同的风俗习惯等。

黑龙江省地貌特征可以概括为"五山、一水、一草、三分田"。肥壤沃土、富饶的物产，形成了黑龙江人浓郁的黑土意识。多样的地貌形态对于各民族生活方式产生了很大的影响，在过去人类生存主要是"靠山吃山靠水吃水"。在依托丰富的自然资源条件下。如黑龙江省的土著渔牧建筑文化系统中，沿河地带各民族逐步形成了以渔牧为主，少量定居的建筑模式，产生了土著渔牧建筑，再如黑龙江省的传统农耕建筑文化系统中农耕文化一直是黑龙江区域的主要文化类型之一。从农耕文化在黑龙江区域的整个分布情况来看，三江平原、嫩江平原是农耕文化的密集地区，这说明农耕文化的产生与发展与自然地貌有密切联系。

## （三）丰富的建筑材料资源

黑龙江省传统建筑材料都是自然材料，本着够用就好的原则取用，建筑本身比较注重节能，避免不浪费自然资源。"就地取材"则成为营造措施当中极为重要的因素。同时，运用地方材料来营造建筑，这也是建筑与地域自然产物相适应的一种早期表现。材料加工方法非常生态，不会对环境造成不利的影响，这些做法都体现出黑龙江建筑与环境和谐、共生的状态和生态的环境思想。

黑龙江省传统建筑具有很强的自然性特征。建筑原材料众多，使用的主要天然材料有木材、泥土、石材、草、芦苇等。在对渔牧文化的考察中不难发现，无论是文化的形成方式，还是文化的表现内容，都与自然材料存在非常明显的联系，比如，渔牧民族的传统服饰多是兽皮、鱼皮等自然材料。自然环境中的资源也为建筑的建造提供了最大的支持，建筑的结构骨架都是树干或枝条；建筑的围合是桦树皮、兽皮和茅草；建筑的能源供给主要依靠柴火。这些都使建筑表现出一种与寒冷的北方丛林有机适应的自然气息。土著渔牧文化建筑中植物材料的运用更多，形象相对粗放，布局相对独立，与复杂的丛林山地更加适应；传统农耕文化建筑中砖土材料运用更多，形象相对规整，布局相对集中，与广袤的平原大地更加和谐（见图2-3-1）。

随着社会的发展，传统的建筑材料已经满足不了建筑的质量以及舒适度的要求，人类将天然材料进行加工，生产了砖、瓦、毡、布棉等。无论是直接使用的天然材料还是经人工加工后的建筑材料都源于黑龙江省丰富的自然资源，所以传统建筑材料是黑龙江省传统建筑文化形成的自然成因之一。

## 二、人文成因

偏远的黑龙江流域同长江、黄河流域的人类文明一样古老，是中华最早的文化发源地之一。黑龙江得天独厚的自然条件及富饶美丽的土地，自古以来即有利于人类的居住和活动。这里的人口历来就有多民族、多地域、多国度、多层次、迁徙流动性大的特点。其中满族、汉族、朝鲜族是人口数量最多的三个民族。鄂伦春族、赫哲族、鄂温克族等是较为著名的三小民族；黑龙江资源丰富、多样的自然条件适合于多种生产方式，自原始社会以来，曾有渔猎、游牧、农耕等生产方式；独有的自然条件和特殊的发展历史使黑龙江人民形成了独特的价值观念。不仅具有多元性宗教信仰观念，还具有崇尚勤劳、勇敢的观念特性。

总之，黑龙江省具有独特的历史发展脉络、多元的人口构成、多样的生产方式和鲜明的价值观念，这些形成了建构黑龙江传统建筑文化的人文基础。

## （一）土著渔牧文化在建筑上的反映

黑龙江的土著渔牧文化建筑景观呈现出一种弱势的表现状态。这里所说的弱势表现并不单指土著渔牧文化建筑所表现出来的落后、单一和简陋的状态，更主要的是指这一建筑景观没能充分地表达出系统的内容和个性。其实，黑龙江的渔牧文化从产生至今经历了几千年的发展，也积淀了较为丰富的文化内容，这些内容既是相互联系的，又都存在着个性。这由两个方面决定：一是不同的渔牧民族的存在所决定。尽管历史上黑龙江的各个民族可以分成三大族系，但是在发展历程中却并非一脉相传，而是有着复杂的迁移、融合等变化，整个区域民族的构成和数量一直在发生着变化。黑龙江的蒙古、鄂伦春、鄂温克、赫哲、达斡尔等民族，乃至

图2-3-1　黑龙江某典型村庄（来源：张明 摄）

图2-3-2　鄂伦春服饰上的各种装饰图案（来源：徐洪澎 提供）

古代时期的满族等民族都属于渔牧民族，并创造了黑龙江丰富、多样的渔牧文化内容。二是每个民族又积淀了独特而丰富的文化内容，增强了渔牧文化构成内容的层次感。黑龙江的各个渔牧民族有的形成了自己的语言和文字，有的拥有了自己的饮食和服饰，有的发展了自己的音乐和图腾。尽管很多内容已经不再适合现在的生活，但是它们却极大地丰富了渔牧文化的内容，具有很高的历史价值和留存价值，比如，很多民族形成了他们所喜爱的色彩、图腾纹饰和雕刻艺术等，并且已经达到了很高的成就，在中华民族文化中占有重要的地位，反映了这些民族在审美与形式的创造已经达到了一定的境界。鄂伦春族、鄂温克族、蒙古族等民族都将这种图示艺术反映在服饰、装饰物，甚至家具等生活用具之上（图2-3-2），但是除了蒙古包建筑对系统的文化成就体现得相对充分一些之外，其他类型的渔牧文化建筑都呈现出弱势表现的状态。

黑龙江土著渔牧建筑文化系统中的传统建筑因为难以适应现在人们的使用需求，很多物种已经消失，但是，这些建筑物种却曾是反映渔牧文化核心特色内容的主要载体，而替代这些物种的大部分新建筑，由于各种原因所体现出来的渔牧文化特征越来越不明显。由于渔牧建筑在整个文化系统中的弱势发展状态，其物种形式并不是很多。

### 1. 土著渔牧文化建筑类型归纳

（1）按照建筑类型的不同进行区分：可以将这些建筑分为居住建筑和仓库，其中居住建筑还可以按居住模式分为两类，即游居模式的住所和定居模式的住所。蒙古包、赫哲族的"撮罗安口"、鄂温克族的"仙人柱"、鄂伦春族的"斜仁柱"、"林盘"、"祜米汗"等属于游居模式的居住建筑；鄂伦春族的"土窑子"、"木刻楞"以及赫哲族的"地窨子"、"马架子"属于定居模式的居住建筑；"渔楼子"和"靠老宝"等则是仓库。

（2）按照文化内核的不同进行区分：渔牧文化的文化内核可以分为两类，即渔猎文化和畜牧文化，因此，可以将这些建筑分成游牧文化建筑和渔猎文化建筑。

（3）按照建造民族的不同进行区分：可以将这些建筑分为蒙古族建筑、鄂伦春族建筑、鄂温克族建筑、赫哲族建筑等。蒙古族建筑主要包括是蒙古包等，鄂伦春族建筑主要包括"斜仁柱"、"林盘"、"祜米汗""土窑子"、"木刻楞"等，鄂温克族建筑主要包括"仙人柱"等，赫哲族建筑主要包括"撮罗安口"、"地窨子"和"马架子"等。

在对渔牧建筑文化的考察中发现，其主要内容都是伴随着民族的形成与发展过程而产生的，它的民族性特征比较突出，充满了民族风情，也增添了这一文化的神秘色彩，同时，这一建筑文化属于土生土长的、形式原始的建筑类型，其建筑文化生态更加显示出一种土著风情。

### 2. 土著渔牧文化建筑特征辨析

（1）便捷的渔猎游居住所

鄂伦春族的"斜仁挂"、鄂温克人的"仙人柱"和赫哲人的"撮罗昂库"都是一种可移动的圆锥形的帐篷式的

图2-3-3　新生鄂伦春民族乡"斜仁柱"展览壁画（来源：高萌 提供）

图2-3-4　某赫哲族"地窨子"（来源：网络）

建筑，它们的建造结构大同小异，只是分属于不同的民族，有不同的名称、不同的细部做法和不同的使用习俗，因此这里将其统称为"斜仁柱"类建筑。"斜仁柱"类建筑和"林盘"、"麦汗"等是黑龙江古代渔猎民族最常见的游居建筑形式，具有鲜明的渔猎文化特征。

"斜仁柱"类建筑一般都建在背风、朝阳、有水、干柴多和打猎方便的地方，建筑框架易于搭建。"斜仁"，鄂伦春语为木杆，"柱"是屋子，"斜仁柱"即木杆屋子之意。赫哲族的"撮罗昂库"，"撮罗"是尖的意思，"昂库"是窝棚的意思。"斜仁柱"类建筑的骨架搭建方法大同小异，有的是三十根左右的五至六米长的木杆搭盖而成的。无论是"斜仁柱"类的建筑，还是其他形式建筑，渔猎文化游居建筑的结构材料都是选择植物的树干或枝条经过简单的去枝处理后便直接使用。同时，建筑的另一主要部分，围合物的选择虽然会因季节和民族的不同而形成差别，但是，其材料也是简单加工的植物和动物材料为主，比如桦树皮、草、兽皮等（图2-3-3）。

（2）简陋的渔猎定居住所

渔猎生活中的定居建筑也不像现在的一般建筑那样可以使用很多年，这些建筑一开始是为人们渡过寒冷的冬季而搭建的，后来有些民族改为畜牧结合狩猎的生活也住在这种房子里。由于建造时花费了更多的工夫，这类建筑不能轻易挪动，所以一般至少住上一年，有些住三到五年，确切的说是一种半

定居形式的建筑，是定居建筑的过渡形式。因此，和游居形式的建筑比较起来，在材料的选用和构建方面也具有相近的特征，同时，建筑已经有了一定的进步，出现了新的特征。

赫哲族的"地窨"（图2-3-4），又叫"地窨子"。"地窨"比较暖和，但较潮湿，昏暗，最多住两年，一般只住一年，第二年冬天以前重盖。到1945年以后，黑龙江边居住的赫哲人已无人常年居住"地窨子"。但遇到灾害时，"地窨子"建造快速，造价低廉的优势便体现出来，可以有效解决人们居住的燃眉之需。后来"地窨子"的概念也有所扩大，在黑龙江很多地方把半地下的房子都称为"地窨子"，因此，"地窨子"的种类也走向多样化（图2-3-5）。"马架子"是完全的地上建筑，一种"马架子"是非常简易的（图2-3-6），是夏天的临时住所，虽然搭建方式不一样，但是和"斜仁柱"类建筑在本质特征上又很多相似之处。在解放后的"马架子"基本上被土坯房等建筑所替代，但是有时仍能发挥作用，在开发北大荒时广大官兵仍住在"马架子"里（图2-3-7）。鄂伦春人的"木刻楞"已经是一种比较先进的定居建筑形式，它的起源现已无从考证，历史留存很少，它所形成的建筑空间相对比较舒适，建筑形象也具有很高的美学意境。至今，"木刻楞"仍是黑龙江鄂伦春等渔牧民族，以及部分林区的主要民居类型之一（图2-3-8）。

（3）实用的渔猎仓储建筑

在渔猎生活中，还有一种非居住的建筑是不可或缺的建

图 2-3-5　抗战遗址"地窨子"（来源：网络）

图 2-3-7　立面与"马架子"十分相像的地窨子（来源：高萌 提供）

图 2-3-6　简易的"马架子"（来源：网络）

图 2-3-8　新生鄂伦春族的"木刻楞"房（来源：高萌 提供）

筑类型，这就是仓库。这些仓库虽然简陋，但却十分实用，有的至今还在沿用。

鄂温克人的仓库，叫做"靠老宝"，是鄂温克先民的一大发明。长期的游猎，鄂温克猎民不可能修建固定的仓库，只能就地取材，这种仓库以自然生长的树为四柱，锯掉树冠后搭成。横竖四根木杆搭在四柱的断面上做底梁，铺上木杆，上面盖上桦树皮，用来贮藏工具、猎物、食品等。为上下方便还要钉做梯子，用时将其立起来，不用时放在一边。四根柱子须剥光树皮，这样既防止过早朽烂，还能防老鼠等动物爬上祸害存放的东西。一般要搭在游猎中心或经常路经的地方，是家族公社公用的仓库。其他家族公社的人出猎没了粮，也可来此拿取，这显然保持了原始氏族的遗风。"奥伦"（图2-3-9）是鄂伦春族的狩猎仓库。建造方法和"靠老宝"大同小异，只是多数"奥伦"为防日晒雨淋及鸟、鹰的叼啄，要在仓库平面上面用树枝做一半圆形的架子，覆以桦树皮或松树皮，为防被风刮走。直到现在，赫哲人在距离住房不远的东南或西南面还设有"鱼楼子"（图2-3-10），并且和传统的做法十分相近。"鱼楼子"主要供储藏鱼干之用，它是用圆木架起来的，仓底架空，仓底离地三尺多高，仓壁用木板或树条编结，前有小门和木梯，顶盖木板、桦树皮，或苫茅草，夏季"鱼楼子"还可以睡人。与

"鱼楼子"相近的仓库在其他民族也有出现，比如达斡尔人的"塔日特格日"、满族人的玉米楼子等。

这些仓储建筑和居住建筑一样具有搭建方便、就地取材等特征，由于储存食物是人们能在恶劣环境下得以生存的根本，因此这些建筑相对来讲更加合理，这也是"鱼楼子"等至今仍然沿用的重要原因。

（4）相对完善的游牧建筑

黑龙江的西部草原自古以来水草肥美，这里居民以蒙古族为主，世代畜牧为业。蒙古包是当地主要的传统建筑形式。蒙古包是否产生于黑龙江地区已无从考证。有证据证明蒙古包的发展大致经历了由森林狩猎时代的支架式锥体建筑，演进为圆形拱顶的帐幕，经顶开天窗的改造，成为今日的蒙古包式样，其产生与北方游猎民族经济生产方式的转变密切相关，与他们的生产力水平相适应。

这一建筑类型是由北方游牧民族为适应牧业生产和生活习俗而创造出的一种易于搬迁、便于组装、拆卸和运输的活动式毡帐式居住建筑。蒙古包的建造是由几种固定的"零件"组合而成，便于拆卸、组合和运输，这是由游牧的生活特点决定的。黑龙江与其他地方的蒙古包并无本质上的区别，这是由历史上蒙古民族的不断流动性决定的，其差别是局部的，比如地域材料选择的不同，空间的布置也不是严格遵循固定的形制。

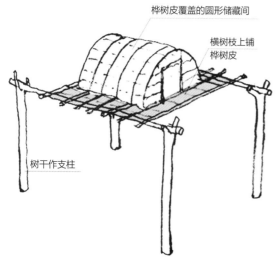

图2-3-9 "奥伦"草图示意（来源：徐洪澎 提供）

图2-3-10 某赫哲人的鱼楼子（来源：徐洪澎 提供）

## （二）多民族文化变迁表现

民族文化是历史的产物，它是总在不断地发展和演变。但在整个文化变迁的过程中，文化的民族特征是相对稳定的，特别是凝聚民族群体的伦理道德、思维方式、价值观念而形成的民族文化精神，作为民族文化的基本特征，作为民族文化的基本传统，是不会轻易改变的。在各个民族文化发展的过程中，由于民族文化之间的融合与冲突，文化之间的相互碰撞也体现在建筑文化的发展与演变的经历上。经济文化类型的转变促使整个民族的生存方式发生了巨大的变化，也催生了整个民族的文化变迁。这种变迁是基于与其他自立文化的相互交往中发生的，是本民族文化涵化过程的作用结果。

### 1. 黑龙江传统建筑文化变迁表现

在黑龙江省传统建筑文化中，土著渔牧文化与传统农耕文化在多民族文化变迁方面体现较多。近代外来建筑文化与现代建筑文化主要是随着我国建筑技术的发展、外来文化的融入以及国内人民思想的变化而有所发。异体文化的传播是多民族建筑文化变迁的根本原因。

#### （1）土著渔牧建筑文化

对于黑龙江土著渔牧建筑文化来说，异体建筑文化的影响包括中原建筑文化、近古以后在本区域中发展起来的农耕建筑文化、近代以后在本区域中迅速形成的其他建筑文化以及现代时期的全球化影响下的建筑文化等等。无论是何种异体建筑文化的影响，都会对土著渔牧建筑文化的发展起到了一定的促进作用。在古代，中原文化与黑龙江的中南部地区交流较多，这些地区率先受到中原先进文化的影响，使农耕文化逐渐取代了渔牧文化，并在与渔牧区域的互动交流中逐渐扩大范围；在近代，工、商业的发展进一步缩小了渔牧文化的控制范围；而如今，全球化的文化传播对渔牧文化构成了极大的颠覆，很多特色的文化内容正在消失，渔牧文化区域的建筑也少有了土著渔牧文化的色彩。

#### （2）传统农耕建筑文化

对于黑龙江农耕建筑文化来说，在其发展历史中的异体

文化影响主要来自于中原的建筑文化。从影响的结果来看，两种文化的碰撞与融合都是非常温和的。高等级的建筑很多仿照中原建筑的做法，但也融入了一些地方的建造方法；普通的平民建筑一方面具有很强的本土建筑特征，另一方面也有效地吸取了一些中原建筑的先进做法，中原建筑文化丝毫没有造成对地方农耕建筑文化的冲击。

#### （3）近代外来建筑文化

如果把黑龙江省区域的外来建筑文化作为本体文化，那么，黑龙江省的地方文化便是与之相对的异体文化。两者之间的相互作用，直接决定了外来文化在黑龙江省区域的存在状态。这也是天津、青岛、大连等中原地区城市在近代时期外来文化势力不比哈尔滨弱，但是所遗留的外来建筑文化痕迹却不如哈尔滨丰富和纯粹的根本原因。

#### （4）现代多元建筑文化

如果把在黑龙江省开始发展的新生建筑文化看作本体，那么与其发生作用的异体建筑文化就有两方面内容：一方面是黑龙江省的本土建筑文化，包括土著渔牧、传统农耕和近代外来建筑文化；另一方面是外界的流行建筑文化，也包括一些新生文化的传播源本身。从这些异体建筑文化的异化作用来看，作用程度是有很大区别的，本土建筑文化的异化作用相对较小，而外界建筑文化的异化作用相对很大。除近代外来建筑文化对新生建筑文化的异化作用比较明显外，土著渔牧和传统农耕建筑文化的异化作用几乎没有体现。而每当外界流行的建筑文化有所变化，很快就会对这些新生建筑文化形成异化作用，甚至冲击。

### 2. 满族建筑文化的变迁表现

满族是一个典型的由采集渔猎经济文化类型向农耕经济文化类型成功转换的民族。满族的民居建筑由"幕帐式"、"构筑简单、易于迁徙"的采集渔猎经济类型居所形态转化为固定的农耕经济类型居所形态就是对变迁过程的直接印证。对文化变迁现象的研究可以使我们更清楚地认识到满族民居构筑形态演进过程中又一新的外在动力。作民族文化精神的传承中不可或缺的要素，在变迁过程中，民族文化特征

的稳定性则反映出了对满族民居特色形制的制约作用，为满族民居乃至整个满族的文化特色传承起到了积极的意义。

（1）构筑方式的改变

满族民居建筑在构筑方式上也经历了由从穴居/巢居发展到半穴居/半巢居又发展到地面居所的历程，但是，冲突、选择、融合却一直伴随在这一历程中。渔猎和采集是自古以来就生息繁衍在长白山以北的松花江和黑龙江中下游这一广阔的地区里满族先民的主要经济生产活动，这一严重依赖自然资源的经济文化类型从肃慎人与挹娄人开始一直延续到勿吉人与靺鞨人的时代。低下的生产力使得满族的先民们一直处于原始的社会形态之中。由于营造能力限制，"穴居"和"半穴居"成为满族先民的主要构筑方式。

在文化的接触与传递过程中，以渔猎和采集/游牧为主要经济类型的满族先民同以农耕定居生产为主要经济类型的中原文明在相互接触中产生了剧烈的文化碰撞，结果促使低生产力一方的经济文化类型开始向高生产力一方的经济文化类型转化，反映在文化上则出现了高端文化特质和思想通过传播的各种渠道被传递到接受的一方，产生影响，从而发生文化变迁。因此，同为满族先民的女真族随着农牧业经济的发展，逐步摒弃了传统的渔猎和采集或游牧生活，开始修筑城寨走向定居。随着定居生活的发展和火炕这一采暖设备的引入，他们摆脱了过去的穴居式居住方式，开始在地上建造居住场所，于是出现了地面居所。这既有文化变迁的外在动力作用也是居住本体的人选择的结果，并以这种选择为契机促成两种建筑文化之间的相互融合。通过对外来建筑文化的吸收、改造和重建及对自身建筑文化的重新估价、反思、改造来实现。在这种动态的演变过程中，两种以不同经济文化类型为背景的建筑文化体系相互对流、相互作用，接受了外来建筑文化的某一特质与自身建筑文化传统相和谐的方式加以理解、消化和吸收，并且在建筑文化之间的接触和转换过程中，渗入了自身理解的信息转译结果，其准确精度是难以把握的，但恰恰是这些不准确的"译本"适应了社会的需要，因为它们适应了接收方建筑文化的传统习惯，很快便传播开来。

（2）建筑材料的运用

在以采集渔猎经济为主导的年代里，满族先民要根据需要去收集生态系统在循环代谢过程中产生的剩余能量，从而形成了移动迁徙、逐水草而居的生存模式，在这种状态下，满族人在修筑居所时当然不会将永固、耐久和精神层面的奢华需要作为头等要务加以考虑。所以，在选材上俯拾即是的木材、茅草、石块和泥土等天然材料就成了理想的构筑用材，并只采取粗加工或不加工的方式而因时就势地将这些材料应用于民居的构筑，所以，早期满族民居的构筑形态较为粗陋。

随着采集渔猎经济与平原集约农耕经济的进一步交融，旧有文化系统与外来文化系统的变迁趋势愈加明显，文化变迁作用的巨大推进力凸现出来。平原集约农耕经济相对稳定的收获使满族不必再为生存而奔走，满族人走出山林，走向平原。生存环境和生存方式的变迁带动了居住文化的变迁，较为安稳的生活使他们向永固、耐久、精致的居住方式转变。折射到民居的物质因素上则转变了对原有民居构筑材料的认识，转而把目光投向了青砖、泥瓦等平原集约型农耕文化所创造出的人工建筑材料。他们在通过与之杂处和杂居中逐步掌握了这些人工材料的制作方法和加工工艺，进而通过与本民族传统材料体系整合的基础上，创造了"砖石混砌"、"内生外熟"等复合用材体系。以"砖石混砌"方式砌筑成的"五花山培"，石材多用于墙心，可组成不同形式图案，既节约了用砖量，也打破了大面积山墙的单调感，成为一种十分经济的装饰手段。而以砖砌墙外皮、土坯为墙内皮的"内生外熟"墙，更有利于提高墙体的保温效果，并节省了用砖量。

烟囱是黑龙江建筑外观一个比较明显的特征。满语称"呼兰"，在满族民居中多建在房屋侧面，烟囱用空心木或砖、坯砌成，直接立于地面之上，通过地上的水平烟道与建筑相通，称为"跨海烟囱"（图2-3-11）。烟囱体积宽大，向上逐渐变细，呈阶梯状，高过屋檐数尺，呈现坚固和敦实的视觉感受。迁入平原地区以后满族并没有放弃这种烟囱，将其一并带到这一地域，但砌筑的方式和用材则发生了变

图2-3-11　满族民居"跨海烟囱"（来源：周立军 摄）

式做法有差别，在于它以一种双檩结构代替枋。出于防风的需要，屋顶的举折比清式的要缓。室内空间高大开阔，主要是因为天花板置于梁上皮，也显示了满族人豪迈大气的民族个性。

### 3. 朝鲜族建筑文化的变迁表现

黑龙江区域的朝鲜族基本上都是在清末以后由朝鲜半岛迁移过来，并将具有特色的朝鲜建筑文化带到了黑龙江。朝鲜族在黑龙江的总人口不足百万，其中农业人口只有不到20万人，他们绝大多数自成村落，聚居在54个县和市郊的17个朝鲜族乡、2个朝鲜族满族乡、499个村内。正因为人口相对较少，鲜族民居在黑龙江只占很小的比例，尤其现存的传统民居已经很少。这些民居主要有两种：一种为咸镜道人的民居，分布在黑龙江中、东部的饶河县、虎林县、密山市、东宁县等地；另一种为庆尚道人的民居，主要分布在黑龙江西部地区。这两种朝鲜族民居只是在布局等方面略有区别，在其他方面基本保持了相同的特征。朝鲜民居常常以聚落的形式存在，保持其特有的生活习惯与建筑形式，但由于长期受到满、汉等民族的影响，其后来的建筑形态与汉族民居大同小异。

（1）空间布局的融合

黑龙江的朝鲜族民居平面多是在完整矩形里进行简单划分，这是为了保证建筑形体有较小的体型系数，有利于冬季的保温。房间的数量不多，靠外门的一间是厨房，主要设置了做饭兼顾烧火炕的炉灶。有火炕的房间都是人们寝食起居的主要房间。朝鲜族民居的火炕普遍采用满屋炕的形态。这种满屋炕被称为"温突"或"gudul"，是朝鲜族独特的居住文化，黑龙江的朝鲜民居也保留着这种火炕形式，不论什么类型的房屋，均为大炕，正是由于大房内也设置了温突，得以使会客、起居、家务等活动真正和卧室分离开，成为住宅的中心空间。（图2-3-12）朝鲜族的火炕与其他民族的火炕相比较，具有面积最大、高度最矮的特点，这与朝鲜族过坐式生活相适应。不过后来朝鲜族住宅平面布局受到了汉族、满族等其他民族的影响，为了隔绝厨房的炊烟、气

化。新的构筑材料与稳固的生活方式很适配，更显示了居住者的生活水平，于是土坯或青砖砌筑的烟囱替代了原有的老树干，并在截面形式上也吸收了汉族民居中烟囱的砌筑方式以方形为主。整个烟囱的造型逐级上收、状如小塔，也是汉族砖构筑技术的沿袭。

（3）构筑技术的传播

以天然材料粗加工为构筑用材的早期满族民居，不论从坚固耐久还是构筑形态的美观讲均显现出粗陋的一面。从根本上讲，这是早期满族的采集渔猎经济文化造成的，同时，也反映出早期满族在建筑构筑技术方面的欠缺。在建构方式和建筑材料与汉族和其他民族逐渐合拢以后，尤其是木材作为结构承重材料的确立，标志着满族民居在构筑技术方面完全接受了木构架系统。满族民居的结构形式大体上也分为抬梁式与穿斗式两种，但有所创造。其中抬梁式的大木作与清

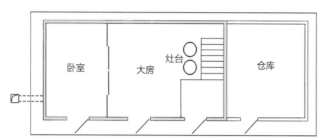

图2-3-12　黑龙江省朝鲜族民居的一种典型平面图（来源：徐洪澎 提供）

图2-3-13　牡丹江镜泊湖朝鲜族民居（来源：李同予 摄）

图2-3-14　黑龙江省传统民居北向不开窗（来源：程龙飞 摄）

味以及提高室内的热效应，局部内部空间发生了分化。寝房采用半炕式，炕的面积较小，仅占寝房面积的三分之一，其余空间都是地面。但生活习俗依旧保留传统的朝鲜族特色，内部空间通过满炕、朝鲜族灶台、橱柜等处理手法突出民族特色。

（2）建筑形态的改变

普通满汉民居和朝鲜族民居的建筑形象一般有三部分作为主要构成要素，即烟囱、屋面和墙体。朝鲜族民居的烟囱在建筑侧面，也是直立于地面，只是材料用木板做成长条形的方筒形状，口径每边约25厘米左右，高达房脊，具有向上的视觉感受。随着中原文化的影响，在现在的民居中，大多把烟囱建在屋顶，烟道与墙融为一体，使烟道内的余热进一步散发到室内，取暖效果更佳。早期没有这样做，是因为多数建筑屋顶全是用草苫的，烟囱从屋面穿出不利于防火，也容易造成雨水渗漏腐烂屋面下的木结构。在黑龙江民居中的火炕决定了烟囱存在的必然性，也为建筑形象带来了变化，与简洁的房屋体量形成一横一纵、一大一小的和谐构图关系。

朝鲜族民居的屋顶，形式为悬山和四坡顶，草厚度很大，有30到50厘米（图2-3-13）。后来出现了前后双坡顶，这种屋顶是受满族、汉族等住宅形态影响后出现的屋顶形态，里面左右对称。结构采用砖混式，东西两侧山墙底部用毛石砌筑，并用水泥勾缝，这种结构大大增加了住宅的稳定性。

朝鲜族建筑墙体的做法与满汉两族民居做法基本类似，只不过朝鲜民居又在外面刷上了白灰或抹上黄泥。具有一种

简洁、干净的立面特征。在林区普遍用木材做墙，建筑形象与环境形成了非常和谐的对话关系。如今，这些墙面材料都已经被砖石替代，但仍然保留了墙面干净利索、简单装饰的特征。其次是门窗洞口的特点。黑龙江民居一般不在北向开窗（图2-3-14），侧面不开窗，只在南向开窗，有的人家为了通风和采光要求，只开很小的气窗。因而墙面的实体部分明显多于开洞部分，使建筑形象非常厚重，这是东北民居的一个共性特征。

（三）外来文化的融入

黑龙江省的外来文化建筑产生于近代社会，在区域历史上属于后期发生的建筑文化类型，其产生来源并非是当地传统建筑的传承和变异，而是典型的外源文化移植。同时，

黑龙江省传统建筑文化对于外来文化包容性强，并在适应了当地的自然环境和人文环境的基础上，形成具有旺盛生命力的、新的地域建筑。

## 1. 强势表现的建筑景观

黑龙江省风格独特的外来文化建筑景观，使城市洋溢出浓郁的异国情调。哈尔滨是外来建筑文化的核心区域，同时也是解放后"大屋顶"建筑、"苏联式"建筑以及改革开放后多种风格建筑文化的内核区域。在这些外来建筑中包括住宅、办公楼、教堂、商店、厂房、影剧院等多种建筑类型，正是反映了近代时期城市在受外来文化影响进行城市化和现代化进程的状况。同时，这些建筑包括了俄罗斯风格、多种折衷主义风格、新艺术运动风格、现代主义风格等几乎涵盖了近代时期西方流行的所有建筑风格，也是反映了当时多国移民大量涌入，多元文化同时存在的社会状况。与其他文化的历史建筑相比较，黑龙江省外来文化建筑类型和建筑风格都体现出更为多样的特征，使这一文化建筑成为区域的重要地域建筑。

## 2. 中西结合的建筑精品

相比较黑龙江省的其他城市而言，哈尔滨可以说是中西建筑文化结合的典范，产生了很多中西结合的建筑精品。哈尔滨近代建筑融合了中国传统建筑文化与西方外来建筑文化，形成了中西合璧、以俄罗斯折衷主义与新艺术运动风格为主要特色的哈尔滨近代建筑文化。哈尔滨道外区的近代建筑就是在这个时期由中国民间匠师在强势的西方文化影响下建造而成的，它具有典型的中西建筑文化交融的特点和浓厚的地域特色，是传统文化与西方文化结合的产物。独具哈尔滨特色的"中华巴洛克风格"，是由居住在傅家店地区的中国工匠仿造外来文化建筑的模式建造的，因在建筑形象细部中加入了中国传统式样而呈现独特的形态风格。

### （1）中西融合的平面布局

中华巴洛克建筑在平面布局上采用了中国传统建筑的思维与模式，在此基础上结合了当地的实际情况加以改良与创新，形成了独一无二的院落形式，这种"前店后宅"的四合院式的民居商市建筑，而且是双层，或者三层的四合院，就是老哈尔滨人所称的圈楼。"圈楼"里有天桥、天井和回廊，四面围合，只有靠街的一面有通街之门。每一个院落的外墙高，单面坡，传达着中国的"肥水不流外人田"的用意。这些中华巴洛克式建筑在西洋建筑立面背后，几乎全部采用中式院落。往往几座建筑构成一个独立的院落，院落有门洞，或一进，或二进，穿越门洞，便进入豁然开朗的大院。大院中，外廊式栏杆、雕刻精美的楣子，这些中国传统装饰给人别有洞天的感觉。多组院落常在一起构成一个街坊，形成了区域性的建筑群落，这体现了中国人传统的建筑思维与模式。

### （2）传统文化的装饰主题

院落的平面布局和功能是民族传统的，外墙的立面风格上，极尽了巴洛克建筑之风，而装饰和雕花的纹样却全部取材于中国传统民间文化元素传达出中国的福、禄吉祥的含义，体现出工匠们对传统装饰主题的偏爱。中华巴洛克建筑的细部装饰图案还出现了大量的传统吉祥纹样，如回纹、如意纹等。被用在木楼梯、木栏杆、雀替、挂落和楣子上，一些檐下的挂檐板则是俄罗斯木构建筑上常见的细密层叠的几何形齿状装饰，体现出中西合璧。不仅如此，道外区中华巴洛克建筑群的细部装饰图案还具有区域性的特点，工匠们受当期的文化、气候及地理环境影响，创作出一种新的图形样式，一个圆环，下面有三条垂下来的竖线图案的纹饰，这种纹饰叫什么名还没有一个明确的说法，但从直观上看它是拴船的环，下面是船绳。建筑的装饰图案极具多样性。

总之，"中华巴洛克建筑"是中国人对外来文化与本土建筑文化相结合的探索，是中国人对不同地域文化进行融合的尝试，是中华民族在强势的外来文化影响下，对民族的自信心文化的坚持。它是哈尔滨近现代建筑的宝贵财富，同时也是世界文化遗产的一块奇葩。

黑龙江省近代外来文化建筑的类型丰富、风格多样；其创作的空间观念具有明确和舒适的特征；其创作审美取向具有多元和高雅的特征；其创作的环境意识具有公共和协调的特征；其创作的技术思想具有丰富和成熟的特征。不过这些建筑空间依然强烈地体现着传统建筑规整、明确的特征。同时建筑形象依然偏重传统建筑的特征，常常采用对称的形式，对空间的组织造成很大的限制，常常为此做出一定的牺牲。

# 三、技术成因

建筑是技术的诗性表达。建筑是物质的，而技术是产生物质的手段，是建筑中所有物质构成和精神构成得以实现的基础。建筑技术随着时间的推移也在不断地更新进步。一个民族传统建筑中所使用的建筑技术，是这个民族经过长期的建筑实践之后，保留下来的相对固定的要素，它总是与民族所处的特定的民族建筑形式和功能服务，与民族文化相互交融。建筑技术是传统建筑文化的一部分。它反映着民族特定地域的环境需求与特定人群的行为需求。建筑技术既能够体现建筑的时代性，又能够体现出强烈的地域民族特色。

## （一）原始技术表征

黑龙江省在民族形成以后的很长一段时间内，民族的文化类型都是以渔牧文化为主导。在这种文化背景下，在与恶劣的生存环境抗争过程中，各民族逐步形成了以游居为主、少量定居的建筑模式，使土著渔牧文化建筑产生了比较明确的体系特征。建筑一般结构简单，搭建与拆卸都十分容易，具有可移动性的特点，同时又在地域气候的制约下，建筑具有一定的适寒性。

### 1. 移动性技术

原始技术的使用与体现可以追溯到黑龙江省少数民族建筑中。鄂温克族、鄂伦春族、赫哲族的生活方式是我国众多民族中较为早起的。他们的生活以生产活动为中心，行为活动需求大，多源自生产活动的需要。鄂温克族的生产活动以牧猎生产为主，鄂伦春族以狩猎为生，赫哲族以渔猎生产为主，其中放牧、游猎、渔业活动地点都根据劳动对象的不

固定性而频繁变化，所以这三个民族不会长期在一个地方居住。民族活动的移动性使这三个民族的居住建筑中都包含着适应这种生活需求的移动性技术。

鄂温克族的居住建筑"斜仁柱"与鄂伦春族春夏秋季的居住建筑"斜仁柱"以及赫哲族的撮罗安口、昆布如安口、乌让科安口都采用了"木框架+轻质表皮"的建筑技术来满足民族居住的移动性需求。

易于搭建的建筑框架"斜仁"，鄂伦春语为木杆，"柱"是屋子，"斜仁柱"即木杆屋子之意。"斜仁柱"类建筑一般都建在背风、朝阳、有水、干柴多和打猎方便的地方。"斜仁柱"类建筑的骨架搭建方法大同小异，有的是三十根左右的五至六米长的木杆搭盖而成的。首先将六、七根顶端带杈的杆子互相咬合、支立起来，呈圆锥形，倾斜约七十度左右。其余木杆则架在这六、七根木杆之间便完成了结构搭建。也有的是只用十几根木杆子搭起上尖下粗的简单圆锥形架子即成（图2-3-15）。这种结构的建筑也并非只有这三个民族拥有，在亚洲北部的西伯利亚、贝加尔湖沿岸和黑龙江北岸，这种圆锥形帐篷的分布是非常广泛的。就连北美洲的印第安人，和欧洲北部以放牧驯鹿为生的拉普人也有类似的圆锥形木屋。这说明了渔猎文化相似环境条件导致了文化景观的相似性。

除了"斜仁柱"类建筑以外，渔猎民族还有几种游居

图2-3-15 正在搭建的"斜仁柱"类建筑（来源：高萌 提供）

模式的建筑形式，如鄂伦春族还有"林盘"、"枯米汗"、"买汗"，赫哲族还有"阔恩布如昂库"等。这是为适应季节的变化和游猎不定居的生活特点而建造的，也是在"斜仁柱"类建筑的基础上，建筑向多样性发展的结果。遗憾的是这些建筑如今已经被淘汰，也没有留下任何图像资料，但从文字资料的记载来看，其建造方法并不十分严格，经常会根据材料和具体的需要做一定的变化。但是，其总体上的特征却非常明显，就是建筑框架也都是易于搭建的。

这些建筑的搬迁十分频繁，因为游猎民族在一处顶多住上十天左右就移动到其他山区寻找猎物，冬天为了猎取貂鼠皮则三天左右就搬一次家。这是建筑易于搭建的根本原因。

简单加工的建筑材料　无论是"斜仁柱"类的建筑，还是其他形式建筑，渔猎文化游居建筑的结构材料都是选择植物的树干或枝条经过简单的去枝处理后便直接使用。同时，建筑的另一主要部分，围合物的选择虽然会因季节和民族的不同而形成差别，但是，其材料也是简单加工的植物和动物材料为主，比如桦树皮、草、兽皮等。"斜仁柱"类建筑一般屋顶用桦树皮覆盖（图2-3-16），冬天用兽皮围盖（图2-3-17），夏天也有用布、草等做围子，并不严格。

移动性技术具有两个优点：第一，黑龙江省动植物资

图2-3-17　兽皮围合的"斜仁柱"类建筑（来源：高萌 提供）

源丰富，建筑材料容易获得，搭建快速。木杆、桦树皮都是大兴安岭与三江平原中唾手可得的自然材料，兽皮则是这些民族从事狩猎活动的主要产物。第二，框架和表皮可以相互分离，建筑的表皮材料是固定在结构框架上的，在拆除时可以很容易地从框架上剥离。这几个民族的生产生活随着季节而不断迁徙调整地点，很好地适应了他们频繁搬迁的举止特点。

## 2. 地域生态技术

黑龙江省冬季漫长严寒，夏季短促凉爽，气温年较差较大。面对这种自然环境特点、鄂温克族、鄂伦春族、赫哲族的传统建筑中采用了一些能够适应地域气候条件的生态技术。

鄂温克族和鄂伦春族的居住建筑"斜仁柱"中的采用了根据季节变化更换建筑表皮的方法，使建筑适应地域气候条件。"斜仁柱"的顶端都要留有空隙，一可通烟，二可采光。门一般留在南侧或东南侧，挂上用狍皮做的门帘即可。到了春季，如不需要再搬迁时，可把皮围子揭开，再覆以桦树皮做成的围子。"斜仁柱"的表面夏季采用桦树皮，冬季则用兽皮。夏季的建筑表面由桦树皮层层叠合覆盖形成，能

图2-3-16　桦树皮围合的"斜仁柱"类建筑（来源：徐洪澎 提供）

够提供遮风避雨的居住空间，层层叠合的桦树皮之间的空隙由下斜向上，使建筑外部的空气能够通过这个缝隙进入到室内，经过室内循环之后通过斜仁柱顶部流向室外，在建筑内部形成动态的气流循环，促进建筑内部的通风与降温，适应夏季气候条件。冬季制作一个"斜仁柱"约需五六十张鞣制过的狍皮，覆盖时要把钉在围子上的带子系在木杆上即可。为了保护皮张，有的还在围子上面围上芦苇、草帘子或树枝，这样皮围子就可多用几年。兽皮的保温性能非常好，使火塘所产生的热量积聚在室内空间，适应冬季寒冷的自然环境。

"马架子"、"地窨子"和"木刻楞"类建筑最大的优势是更加抗寒。首先，这些建筑的形体或构造利于抗寒。所有建筑都以南向为入口和开窗的主要方向，最大限度地吸取太阳的能量。有些"地窨子"在北向的屋面直接插入地面，最大限度地降低了冬季的西北向寒风的侵害（图2-3-18），而这一做法对当今的建筑创作仍有很大的启示作用。"地窨子"和"马架子"的墙体和屋面都使用了很厚的泥土和茅草的材料，相比桦树皮和兽皮保暖性更好。而"木刻楞"圆木墙体的保温性能甚至超过现代建筑的砖墙；其次，建筑室内都搭有火炕，有的是东、西两边炕，有的是东、北、西的环形炕，多数炕和灶连在一起，之间砌成小墙，以为安全考虑，灶设在一旁，取暖也用火盆。后期的"木刻楞"空间体量出现了较复杂的变化，因此火炕和灶形成分离，与现在的火炕趋于一样。

游牧文化下的蒙古包建筑在防寒设计方面也非常突出。蒙古包的门一般向东或东南方向开，室内空气流通，采光条件好，冬暖夏凉，不怕风吹雨打，非常适合于经常转场牧民

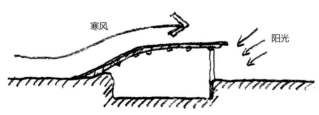
图2-3-18　某"地窨子"的剖面分析（来源：徐洪澎 提供）

的居住和使用。冬季在蒙古包外西北处设置防雪栅，用以避风防雪。室内地面正对天窗设火塘或炉灶，炉前设有灰坑，为炊饮和取暖用，灶的周围铺牛皮、毛毡或地毯。室内地面铺有很厚的毡毯，以防潮湿。

## （二）中原技术的传入

中原技术的融入主要是在传统农耕文化时期。在这一阶段中，大量中原地区汉族，以及一些其他少数民族的移民大量涌入黑龙江区域。他们带来了先进的农业生产技术，因此这里的农业得到了迅速的发展，成为区域产业的绝对主体。显然这一阶段黑龙江的文化核心主要是受中原地区影响的农耕文化。中原移民进入到东北地区，促进了民族的融合。中原地区建筑技术自然对于当地的建筑营造与施工方式产生了影响。

这一时期黑龙江人在建造房屋时，运用了很多适宜的建造技术。这些技术普遍都比较简单，没有复杂的材料，也没有复杂的工艺和长久的工期，却达到了很好的实用效果，比如火炕、拉哈核墙、垡瓮等。有一种观点认为最简单的技术也是最合理的，黑龙江建筑中的技术充分证明了这一论点，这从另一方面说明了技术创造的巧妙和黑龙江人的智慧。中原技术的传入对于黑龙江省传统建筑的发展与建筑营造起到了推动作用。

### 1. 建筑院落与布局技术

黑龙江满汉民居的院子主要有四合院、三合院、二合院和单院几种类型，大多是矩形的形状，以南北向布置为主。官式府邸由几进院子相连，比较富裕人家的以四合院为单元，数院相连，族人紧聚；贫苦人家院落则以单院、二合院或三合院相聚而居。但并不严格，有些地方的院子形制虽然清晰，但是人们在多年的生活中往往灵活的加建一些建筑，形成丰富变化的建筑群落关系。黑龙江的四合院是由河北、山东等地的移民传播而来，与北京的四合院非常相似，最显著的区别是大门的位置。北京四合院院门开在正面院墙右侧的角上，而黑龙江的四合院院门则多设于南面正中。这一差

图 2-3-19 黑龙江省靠河村民居二合院（来源：张明 摄）

别使两地四合院给人的感觉有所不同。北京的院，进门必须绕过影壁，而院内也给人以封闭压抑之感。相比较黑龙江的院中布置得很松散（图2-3-19），正房与厢房之间有较宽的距离，正房间数越多，则院子就更宽阔。这主要是由当地居民在院子中的活动习俗所决定的。黑龙江人习惯车马进院，同时还要有空间储存杂物，而且院内设有菜园。黑龙江朝鲜族民居院子也结合了当地满族民居开放、大气的特点，最大的不同是不太讲求布局的轴线与对称关系，更加自由随意。建筑的正房基本为南北向布置，主要是为冬季获得更多的日照。

## 2. 建筑材料与采暖技术

因为黑龙江冬季严寒的气候，黑龙江农村民居的技术特点主要体现在采暖与保温方面。总体上表现为善于应用简单、直接的低技术手段和善于利用地方的廉价易得材料两个主要方面。

建筑材料可分为矿物性、植物性两大类。矿物性材料包括土、泥、砖、石材等，早期多用木料、土坯、茅草、石块甚至动物肢体等。后期随着中原文化的融入，建筑开始使用青砖和泥土瓦，建筑质量得到较大提高。在当时，由于砖、瓦较贵，经常与土坯和石头混用，比如以砖、石合用砌筑成"五花山墙"，既减少了用砖量，也丰富了山墙建筑立面，

是一种十分经济的装饰手段。砖石作的装饰主要集中在山墙的迎风石、墀头以及靠近墀头的博风上，从中经常可以看到汉文化对满族的影响。另外，满族民居的"跨海烟囱"之所以形成主要是因为早期的满族住宅，在构筑材料上以桦树皮为屋顶材料，以木刻楞为围护板材，若将烟囱置于山墙极易引起火灾。但满族人迁入到中原后，建筑材料发生了转变，青砖墙、泥屋顶均具有防火作用，可是烟囱的形式依然如此，如此"跨海烟囱"成为了满族民居独特建筑文化的一部分。

采暖技术方面，火炕是黑龙江农村民居最主要的采暖技术。早在渔牧文化时期火炕就已经是采暖的主要手段。建筑室内都搭有火炕，有的是东、西两边炕，有的是东、北、西的环形炕，多数炕和灶连在一起，之间砌成小墙，以为安全考虑，灶设在一旁，取暖也用火盆。随着中原技术的融入，火炕的做法有新的变化。按照炕洞来区分，可分为长洞式、横洞式、花洞式三种。长洞式，是顺炕沿的方向砌置炕洞，和炕沿成平行。当入睡时，人体和炕洞成垂直交叉，自上至下热度很均，是最适于居住而又温度均匀的一种炕洞形式。炕洞数量根据材料和面积大小的不同，一般从三洞至五洞不等，选择哪种形式，无固定规定，由工匠临时决定（图2-3-20）。炕洞一端与灶台相连，一端与山墙外的烟囱相连，形成回旋式烟道。炕上以草泥抹面，铺苇席炕褥等。灶台做饭时，烟道余热可得到充分利用，加热炕的表面。土坯砖蓄热能力强，散热时间长，因此更常用。火炕中还巧妙地设计了防止风雪从烟囱处倒灌进入灶膛的方法。火炕有三个通口，第一个通口是向灶膛中输入燃料的，第二个通口是灶膛与炕内烟道的连接口，第三个通口是火炕烟道与烟囱道的通口。灶膛中通过燃烧柴火产生的热烟就通过第二个通口排入火炕，从第三个通口中排出。在烟囱道底部挖一个深坑，作用是让冲进来的大风直接砸到深坑中，而不是直接灌入第三个通口，还要在第三个通口斜搭一块铁板，只露出洞口的大约五分之三，这样的斜台即阻碍从灶膛中产生的烟气，又能阻挡从外面进入的风雪（图2-3-21）。

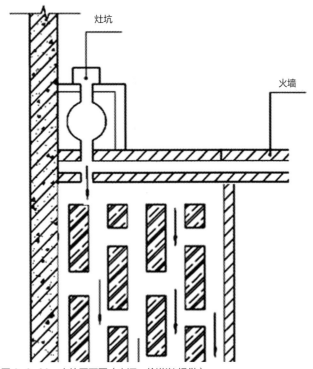

图2-3-20  火炕平面图（来源：徐洪澎 提供）

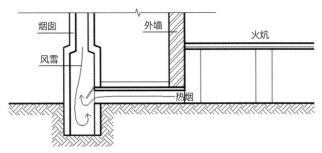

图2-3-21  黑龙江建筑满汉民居火炕与烟囱连接处剖面图
（来源：徐洪澎 提供）

从技术角度讲，火炕非常直接而且高效，此外，围护墙体和屋面的做法都体现了这种低技术手段的简单性和合理性。门窗也是围护结构中保温的薄弱环节，在围护结构整体热损失中，门窗的热损失达到的40%，其中传热损失约占25%，通过缝隙的冷热风渗透约占15%。在传统农耕文化建筑中南向大窗，背向不开窗或开小窗，入口设在厨房，这些做法都有效地解决了这一问题。同时，在这些民居中，建筑

材料都是廉价、易得的地方材料。黑龙江四季分明的气候条件对建筑材料的选择和使用提出了更高的要求，这也从客观上决定了黑龙江民居更加善于利用这些材料，能够充分地挖掘这些材料的性能，比如拉核辫墙、垡瓮墙等。

## 3. 建筑单体营造技术

黑龙江传统农耕文化民居的屋面材料以最经济的"草"为主（图2-3-22）。满汉民居屋顶基本上都是硬山式，屋面的等级区分不明显。坡度较大，在高度上与墙体的比例接近1:1，不易积雪。其房子的梁架是由梁、檩、椽组成的木构架，而房顶以草覆盖，十分朴实。所用的草因地而异，有莎草、章茅、黄茅等野草（俗称房草）和谷草、稻草等，以草茎长、枝杈少、不易腐烂和经济易得为选用原则。也有"瓦房"，主要是仰瓦和覆瓦的屋面，不易积雪。瓦房的保暖效果虽不如草房，但是耐久性要好一些。朝鲜族民居的屋顶，形式为悬山和四坡顶，草厚度很大，有30到50厘米。虽然黑龙江民居屋顶的形制不多、材料简陋、形象简单，但相对于形体单纯的建筑整体来说，它仍是显著的形象要素之一。

在门窗方面。黑龙江民居一般只在南向的正面开窗，侧面不开窗，背立面通常也不开窗，有的人家为了通风和采光要求，只开很小的气窗。因而墙面的实体部分明显多于开洞部分，使建筑形象非常厚重，这是东北民居的一个共性特征。尽管门和窗的样式与做法比中原地区粗糙些，但在简洁墙面背景的衬托下，自然成为了建筑形象的又一显著点，有些高等级的住宅，更在门窗装饰上下了一番功夫（图2-3-23）。普通满汉民居的门窗（图2-3-24）样式为：门下半

（a）草梢向下用草绳拦固着的　　　（b）草梢向下用灰泥团拦固
图2-3-22  黑龙江满汉族民居两种常见草屋面（来源：徐洪澎 提供）

图 2-3-23  呼兰萧红故居（清末民居）的窗（来源：李同予 提供）

部为板，上半部为窗棂，窗棂系关东式。门旁有窗户，窗户由三扇组成，向上向外开启，用棍支或用勾挂；也有的窗户分上下两扇，上扇可向外开，下扇一般情况之下不动。窗户纸均糊在外面，主要是防止冬天窗棂上的积雪在中午阳光照射时融化，使窗户纸因湿润而脱落。窗格有横格、竖格、方格、方胜、万字等多种形式。朝鲜族的门窗通过细致的窗格划分，使立面尺度符合人的视觉感受和心理感受，显得朴素大方，与整座建筑协调一致，体现出乡土民居的亲切和朴实无华。

在墙体方面，建筑外墙不承重，但是出于防寒保温需

要，仍做的很厚重。内隔墙则区别很大。内部间隔墙的材料很少用砖，目的是为了减少墙的厚度，增加室内空间。寒冷的气候决定了黑龙江建筑墙体具有强烈的地域特点。首先是材料做法的特点。旧式老屋的墙体多为泥墙，在满汉传统民居中的草房墙壁有：拉哈核墙、垡瓮、土筑等不同的类型。拉哈核墙，也称挂泥墙、草辫墙。建墙方法是先在地基处埋数根木柱，将植物杆秸和泥而成的拉核辫，拧成麻花劲儿，再在木骨上搭接而成墙体，一直编至屋顶。这样墙身便可自成一体，坚固耐久，保暖防寒，表现出特别的材料质感（图2-3-25）。"垡瓮"的筑屋形式，其方法是充分利用自然植物的特性，将野草甸子盘结的草根先切成砖型的草垡子，趁潮湿砌筑，挤压密实形成墙体，不用抹泥，不怕雨水冲刷。土筑墙体是将草和泥混合后，切成砖块，然后垒筑，这也是朝鲜族建筑墙体的主要做法，只不过朝鲜民居又在外面刷上了白灰或抹上黄泥。

## （三）多元技术的结合

建筑技术的发展是促进建筑变革的主要诱因之一，在西方由传统建筑向现代建筑转型的时期，也正是建筑技术飞速发展的时期。随着外来文化建筑的建设，西方的建筑技术体系被引入到黑龙江省。新的技术体系包含着丰富的内容，要远远先进于当地原有的建筑技术，并且已经发展得比较成

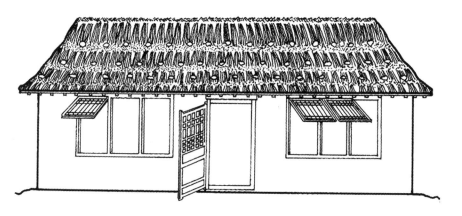
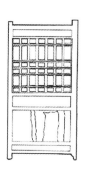

图 2-3-24  富裕三家子屯旧式老房（来源：徐洪澎 提供）

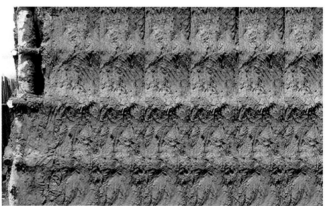

图2-3-25  拉核辫与拉哈墙面质感（来源：程龙飞 提供）

熟。在新技术的应用下，传统建筑文化与西方建筑文化得到了更好的结合，在某一方面可以说新兴技术的出现推动了传统建筑的发展与演化，直到现代如今的建筑形态。

### 1. 外来技术的融入

自从黑龙江省近代的外来文化融入到黑龙江后，西方传统的建筑技术仍然普遍地运用，同时现代科技也促使一些新的建筑技术开始出现。此外，源自多个国家移民建设和使用的多种建筑类型和风格是导致近代黑龙江省外来文化建筑技术内容丰富的原因。第一，这些建筑开始应用多种结构体系，最多的结构是砖木结构。其次是砖混结构，此外还有木结构，如江畔公园饭店等；砖钢结构，如东省铁路哈尔滨总工厂木材加工车间等；钢筋混凝土结构，如中东铁路哈尔滨总工厂木材加工车间（图2-3-26）等；砖石的拱券结构，如索菲亚教堂等。第二，材料及设备制造业多样发展。外来文化建筑所用的材料多种多样，砖、瓦、陶瓷、石材、钢材、木材、水泥、多种玻璃，以及很多防水、防潮材料等都在这一时期的建筑中得到运用。第三，建筑构造与施工做法多样。材料的多样必然带来建筑构造做法的多样化，单是墙的做法就有砖墙、石墙、井干式木墙、石灰板条木龙骨墙等做法，这要比20世纪八九年代末的建筑采用统一厚度砖墙的做法要丰富得多。

外来文化建筑技术对于黑龙江省原有的建筑技术来说，无疑是非常先进的，因此，很快得到了推广。由于在哈尔滨道外区居住的都是从山东等内地移民过来的中国人，因此这里在1910年以前的建筑很多还是传统农耕模式的建筑，而在1910年以后，由于中国人已经掌握了外来的建筑技术，并且也认可了外来建筑的诸多优点，所以利用外来技术建设了很多模仿外来文化建筑，又有传统建筑痕迹的"中华巴洛克"建筑。因此，新技术的引用对于传统建筑文化与西方建筑文化的融合有一定的促进作用。

虽然对于黑龙江省当地来讲，外来文化建筑技术是全新的技术体系，但实际上这些技术在西方已经经过了长时间的发展和检验，加之当时的科技发展很快，为建筑技术的应用提供了更大的保障，因此，外来文化建筑技术在实际应用中表现得非常成熟。首先，在制造工艺上非常精致，外来文化建筑的施工看起来比较有难度，比如立面上复杂的装饰，有石材的，有仿石材的，有木艺的，还有铁艺的，这些装饰形

图2-3-26  中东铁路哈尔滨总工厂厂房（来源：李同予 提供）

式各异，对制作的要求很高。然而，从建成的结果看，做的非常精确，惟妙惟肖，是建筑增色的主要手段之一。而这些建筑的施工者多数是中国国内的劳工，一开始并不熟悉这些施工技术，但是他们却能很快掌握，一方面说明中国工人的聪明智慧，另一方面，也说明建筑的构造技术和施工技术是很完备的，能够保障最后的建成效果。其次，在使用效果上非常优异，表现在技术设计上已经比较成熟，比如，在住宅设计中应对寒冷气候的技术措施已很完备（图2-3-27）。此外，这些外来文化建筑至今已经有近100年的历史，很多建筑只是经过简单的维修仍在使用，即使是很多已经被拆毁的建筑多数也不是因为建筑到了使用寿命，而是因为城市的再开发中的利益驱使。这说明这些建筑的技术水平是非常高的，增加了建筑的寿命。第三，具有很强的推广力，只有成熟的技术才会被广泛地采用，不但建筑技术体系在区域不断横向扩张，而且新中国成立以后，甚至在国民建造传统风格建筑欲望最强烈的50年代初期，仍然沿用外来文化建筑的很

多技术，直到今天，很多建筑技术和那时十分相似，比如，坡屋面的排水做法、仿石材的施工方法、栏杆与地面的连接方式等。这进一步证实了外来文化建筑技术的成熟性。

## 2. 现代技术的应用

在现代建筑技术应用中，全面、灵活地采用高技术、低技术和中间技术的技术手段，以实现不同的建筑需求和创作观念，是当今国内外建筑技术创作的发展趋势。在黑龙江省，由于地方经济技术实力的限制，真正的建筑高技术很少出现。新生文化建筑最普遍采用的技术还是低技术和中间技术。

低技术多指造价低廉、在地区应用已经成熟的传统技术或新创技术。很多新生文化建筑就采用了低技术手段，比如一些低、多层住宅或普通的办公楼出于造价的考虑采用最常见的建筑技术，即使是技术力量很弱的施工队伍也可以完成。中间技术最早是由英国学者舒马赫提出的，是一种介于先进技术和传统技术之间的技术。它与传统技术相比，效率要高得多；与先进技术相比经济得多。很多重要的新生文化建筑或为实现特殊的创作观念，或为提高建筑的整体质量，往往那个采用中间技术。个别建筑会采一些高技术做法，比如新型的高节能玻璃幕墙等，但是在数量上仍较少，而且和国际先进技术比较起来还算不上真正的高技术。

应该说，横向比较起来看，黑龙江省新生文化建筑的技术思想还不成熟。一方面，大部分的技术设计是图集上常规的做法，另一方面，很少出现以技术表现的巧妙构思为建筑主要特征的建筑作品。建筑的品质和地域性的表达都因此受到制约。但是，总体来说为适应建筑多样化的需求，当今的建筑技术飞速发展，在技术种类和技术水平上都达到了历史最好的时期。建筑技术的发展是黑龙江省劳动人民在长期的生产、生活实践中不断创新的结果，同时技术的革新也与黑龙江省当地的自然条件、风俗习惯等联系密切。

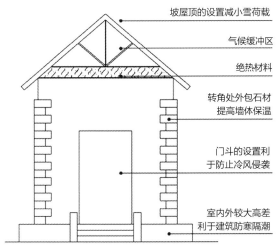

坡屋顶的设置减小雪荷载

气候缓冲区

绝热材料

转角处外包石材提高墙体保温

门斗的设置利于防止冷风侵袭

室内外较大高差利于建筑防寒隔潮

图2-3-27　外来文化建筑适应气候的技术处理方式（来源：徐洪澎 提供）

# 第三章　黑龙江省传统建筑的类型特征

　　黑龙江地处我国的边陲之地、北疆之区，受文化传播与扩散的影响，传统建筑既有文化中心区建筑的特征，同时还兼具本地域独特的建筑特征，因此在黑龙江地区形成了类型丰富的传统建筑。本章依据现有资料结合实地调查，对黑龙江整个区域内的传统建筑类型进行归纳总结，并从中甄选具有代表性的建筑进行分析总结，以期能够找出其地域性的代表性特点，为下一章分析做准备。

　　本章以不同建筑的功能类型进行分类，分析内容涵盖了宫殿、衙署、府邸、坛庙、寺观、民居等类型，这些建筑类型因为地域差异、人文社会环境的不同，具有多个文化区的传统建筑语言：如别具一格的富有满族地域特色的建筑布局、外檐装饰、山墙处理；技艺精湛的砖仿木、木仿砖清真寺建筑；带有异域风情的中西合璧的传统建筑；以及多民族从各成一派到变迁趋同的传统聚落民居等，这些区别于文化中心区的个性正是本章所要阐述的内容。

　　本章拟通过对黑龙江传统建筑的类型和特点的梳理，理清其发展演化的脉络及地域特征，为接下来研究黑龙江传统建筑的演化发展提供资料并打好基础。

# 第一节　宫殿、衙署、府邸建筑

黑龙江省地处北方寒地的白山黑水间，由于远离中原中心区，所以一直属于各少数民族的盘踞、发展之地。早在公元755年，渤海国即建上京城龙泉府于牡丹江宁安县，城仿唐制，从城市规划到建筑形制都明显看出其尊唐制，又兼具其民族特色和地方特色，目前渤海上京城已被定为国家级文保单位，遗址被大量挖掘和保护。金朝最早建立政权于现黑龙江省哈尔滨阿城区，初期城市格局随地势呈不规则长方形，内外城并列布置。城门外有瓮城。城外有行宫、台榭、园林、皇陵。现金上京城墙和宫殿台基保存比较完好，至今犹存。金上京是东北著名古都之一，1982年被列为国家重点文物保护单位。

清末滨江关道衙门，俗称道台府，是哈尔滨当时最高级别行政机构，是中国封建王朝建立的最后一个传统式衙门，建筑也完全遵从清衙署建筑的标准形制，等级较高。随着滨道的撤销，道署建筑历经风雨，大部分建筑已破败不存在。2005年被重新修复。下将黑龙江省各传统建筑按类型进行建筑特征研究。

## 一、空间布局

### （一）宫殿类

#### 1. "三朝制"的殿庭划分

上京城由于遵循王宫制，所以也采用了"三朝制"的殿庭空间布局方式，由于目前宫殿只剩遗址，所以学者们对其三朝制度的构成以推测为主。推测其有两种可能：一种是宫城正南门是外朝部分，第一宫殿是常朝部分，第二宫殿是日朝部分，第三、四宫殿为寝殿。另一种是，第一宫殿是外朝部分，第二宫殿是常朝部分，第三宫殿是日朝部分。而这两种划分方式，都有据可循，唐太极宫和洛阳宫的布局方式即类似前者，大明宫的布局方式则类似后者（图3-1-1）。

大朝部分一般为是大赦、宴请和宣布政令的场所。第一

宫殿是面阔十一间，进深四间的大殿，正南门与第一殿前有较为广阔的广场，应为大朝区，从建筑的等级上来看，没有超过唐朝的含元殿和太极殿面阔13间。第二宫殿从遗址情况推测为面阔19间，进深4间的大殿，这样大的宫殿形制已经超过了当时唐代都城的任何一座单体宫殿的规模，所以第二宫殿具有常朝的规模形制，越礼的规模则反映了渤海国王称帝的意愿。

第三宫殿与第四宫殿由"十"字形连廊连接，共同作为宫城的寝殿部分。上京城延续了唐朝宫殿的做法，与第四宫殿不同，第三宫殿没有烟道和烟囱等取暖设施，并不具有寝殿构造形态，更有政务空间的特征，故作为日朝的可能性比较大。上京城存在着"三朝制"的划分，具体划分形式与唐代宫城三朝划分形式不同，可以体现在特殊政治背景下，渤海国特殊文化背景下的特别宫殿空间布局方式，也是文化差

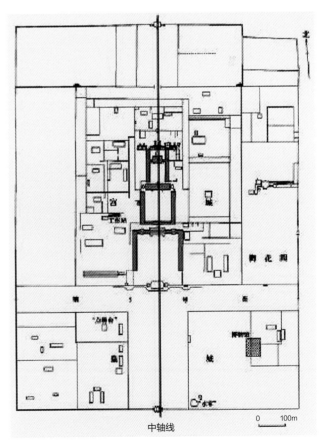

图 3-1-1　上京城平面图（来源：孙志敏 提供）

图 3-1-2　金上京宫城复原图（来源：董健菲 提供）

异性的一种体现。

金上京的宫城，在内城的西部，周长2290米。在宫城的北门为端门处，为三门式，由中御门和东、西掖门组成（图3-1-2）。

金上京的宫城分为左、中、右三路，中有界墙相隔。中路与端门相对，从南而北，遗址为五个平台，根据《金史》的记载，中路亦为五进院落，依次为皇极门、皇极殿（乾元

殿）、延光门、敷德殿及寝殿宵衣殿、书殿稽古殿址。皇极殿即为朝初的乾元殿，其中皇极门和皇极殿（乾元殿）应为外朝区，是金太宗时代举行大型典礼的场所。敷德殿建成于金熙宗天眷元年（1138年），为常朝之处。敷德殿之后为寝殿宵衣殿，日朝区并不明显。

## 2.　"前朝后寝"制度

"朝"是宫城中帝王进行政务活动和礼仪庆典的行政区，"寝"是指皇帝和诸侯的起居之所，后则专指皇帝起居生活的建筑群。

从渤海上京城宫城的总体布局来看，上京城主要模仿的是唐代宫城的布局模式，也遵循了前朝后寝的布局形式，基本属于州府制的等级。上京城的前朝区包括第一、二、三号三座宫殿，朝区第一宫殿区和第二宫殿区性质和等级不同，布局方式较为特别，两殿庭之间有一道横街，使二者各自独立，寝殿区是第三、四宫殿相连接的工字殿形态，是寝殿与日朝结合的一种简化模式。这种简化的布局方式在渤海国的其他两座宫城中京城和东京城也有体现。金上京会宁府城虽日朝形态并不明显，但严格遵从前朝后寝的布局方式（图3-1-3）。

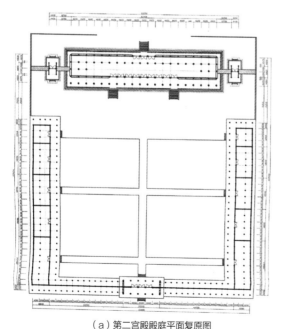

（a）第二宫殿殿庭平面复原图

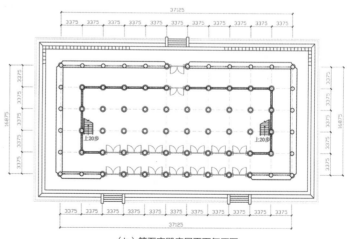

（b）第五宫殿底层平面复原图

图 3-1-3　上京城宫殿群平面图（来源：王赫智 提供）

### 3. 民族个性的自由式布局

遵循金国女真族人自由、随性的性格，受辽代影响较深，金熙宗在参观了辽中京宫殿以后，于皇统二年（1142年），在皇城内又修建了五云楼、重明殿、凉殿等建筑。位于宫城西路，南部和中部、后部，若干规模比较小的宫殿基址，应为凉殿所在，屋顶筑以青砖施以绿色琉璃瓦。"凉殿"由五云楼、重明殿为主建筑，配以东西两庑4座殿宇和主殿后面的两座宫殿建筑，是一组规模很大的宫殿建筑群，至少由8座殿宇楼阁组成，形制规整，规模宏阔。五云楼规模宏大，建成后金熙宗即在这里大宴群臣，数量达百人之多。由于其皇家精神信仰为佛教，对封建礼制并不严格遵循，宫殿内即布置有皇家寺院储庆寺，也位于西路。

## （二）衙署建筑

道台府是清官署类建筑的重要代表，官署一般选址于城市中心或重要地带，布局与宫殿建筑相类似，中轴对称和合院式院落。中路尊前堂后寝制，从南至北一般布局照壁，牌坊，衙门（即大门，一般为三间，东间前部置鼓），仪门（中门、东西有小门，一般只在上级官员莅临或审判要案时开启，东小门称生门，西小门称死门），戒石坊（三间四柱坊、一般额南刻"公生明"），大堂（三至五开间，又称公堂、正堂），二堂（为官员休息、预审之所，也作为审理部宜公开的案件，也有公案、执事等，二堂公案后也有屏门，当有上级官员莅临时开启，二堂也称作穿堂），三堂等，一般三堂开始为寝殿，所以又称正宅、内治，即官员内宅。殿后也多布置花园，东西路第一段布置寅宾馆，供客人住宿，对面设神庙，西南设监狱、狱神庙。第二段东为典吏廨，其北设县丞廨，西为吏舍，北为主簿廨等公事房。第三段左右各为东西花厅，为官员内眷的住地，此外还设有"库阁架"（档案房）、库房、马厩等（图3-1-4）。

现存的衙署多为清代所建，早期的例子多见于文字和图像资料，如南宋《平江图》中的江平府衙、山西新绛的元代衙署，应该为现存较早的实例。清朝除哈尔滨滨江道台衙署

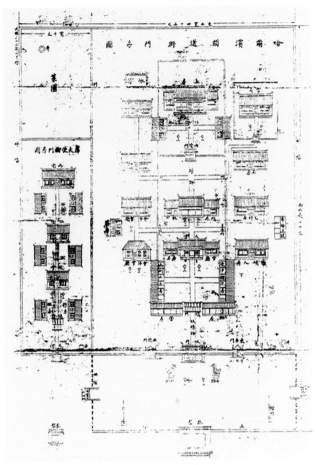

图3-1-4　衙署平面图（来源：董健菲 提供）

外，还有河南内乡县衙、河北保定直隶总督府、山东曲阜衍圣公府等实例。

## 二、建筑平面形态组成

### （一）宫殿建筑的"工"字形殿格局

上京城第三宫殿、第四宫殿采用的是廊阁相连的"工"字形殿格局形式（图3-1-5、图3-1-6）。渤海国都城的几座"工"字形殿的格局，突出于周围廊庑，前殿为日朝部分，后殿为寝殿部分。这种宫殿格局也见于渤海国的其他两座宫殿遗址，如中京西古城遗址和珲春八连城遗址。所以这种"工"字形殿格局应是渤海国宫殿建筑主要采用的组合方式之一。这种组合形式少见于唐以前而在宋代以后较为常见。从宋

图 3-1-5　一号宫殿遗址（来源：朱国忱 提供）

图 3-1-6　三、四宫殿遗址（来源：程龙飞 摄）

代宫殿的遗址平面形态来看，其前殿等级高于后殿，如北宋东京城大庆殿遗址，在后代各朝宫殿建筑中也较多见。

## （二）宫殿建筑的"凹""凸"形平面布局

"凹"字形平面在唐宫殿遗址和壁画中较为多见，是宫殿建筑群之间的一种组合方式，是由中间主殿、左右辅殿、中间连接的连廊组合。这种组合式布局存在对称式和非对称式两种形式。上京城东半城1号宫殿正殿采用的就是这种形式。另一种形式是非对称式布局，即左右两小殿与主殿之间的连廊形式不同，连廊形式可以是直线形、折线形和曲线形多种形式，这样就形成了不对称式的平面。上京城东内苑主殿采用的就是这种平面布局，即主殿和两个小殿之间分别由曲尺形回廊和直线形廊连接。

"凸"字形建筑平面，是指主殿和左右配殿之间直接相连的平面组合方式，一般配殿作为主殿的附属建筑，故也可以看做是复合型建筑平面的一种形式。从遗址形态来看上京城的寝殿第四宫殿采用的就是"凸"字形平面，从现有的考古资料来看，渤海国西古城第二号宫殿遗址和珲春八连城第二号宫殿遗址，采用的也是这种平面，这种形式在唐代壁画中也出现过。宋代有较为广泛的应用，如北宋宫殿大庆殿前殿遗址、元大都大明殿寝殿遗址，并一直沿用的明清时期。

## （三）官衙建筑的"一"字形平面形态

明清朝时期，较为高等级的官衙建筑也多采用"工"字形平面，特别到了清以后，建筑平面更为简化，等级较低的官署建筑多与一般民居建筑无异，采用硬山式屋顶结构，"一"字形平面，如道台衙署主殿建筑大堂有前出抱厦外，二堂、三堂，衙神庙和书院等红的重要建筑都采用"一"字形平面，并如民居中重要殿宇，分带耳房和不带耳房两种布局方式。

## 三、建筑立面形态

## （一）宫殿建筑

渤海上京城宫殿建筑。从第一宫殿遗址来看，建筑为面阔十一间，进深四间的规模，台阶采用了青砖砌筑，采用一定的收分形式，第一宫殿台基南北两侧都有踏道遗址，其中北部踏道正对当心间位置，宽约4米，长5米左右，与台基连筑。南部则采用东西两阶的古制。这种东西两阶制是唐宋宫殿较多采用的一种踏道形式。根据第一宫殿台基高3.15米，推断第一宫殿台基共有27级踏道。台基周围应该设置勾栏（图3-1-7）。

从唐宋平柱高与明间开间相等之制，推得柱高应为15.5尺，且中间平柱逐渐向两侧角柱高起，根据第一宫殿的等级应为庑殿顶；参考第二宫殿、第三宫殿和第五宫殿遗址中有

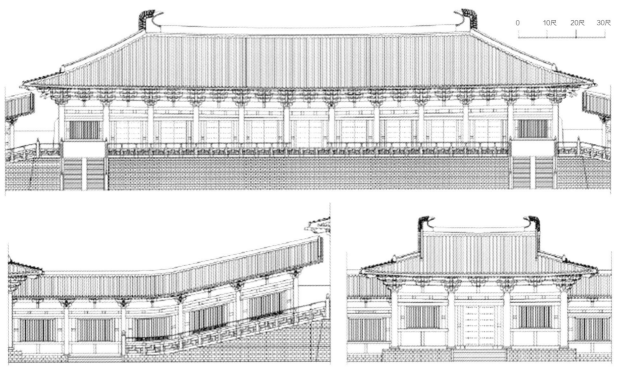

0　　10尺　20尺　30尺

图 3-1-7　一号宫殿立面复原图（来源：孙志敏 提供）

土坯墙遗迹，第一宫殿亦应属于土坯墙。大殿两侧为有连廊相连的东西阁门，东西阁门处台基高出室外地面50厘米，东西长15米，南北宽12米。建筑为面阔三开间，进深两间的厅堂式构架，木门扇，歇山式屋顶。

金上京早期正殿乾元殿建于1米多的高台之上，与渤海上京城的正殿遗址相似，院落内修有土坛，数丈见方，曰龙墀，为皇帝举行大典和朝见之所。建筑为木结构，很多装饰构件也为木制，屋顶亦推测采用庑殿顶。

## （二）高等级硬山式官衙建筑

清代各官衙主要殿宇多与民居建筑立面形式相似，只是装饰等级更高，并会加入更多的装饰元素。

道台府大堂作为处理重大政事，主持审判的厅堂，也是举行重大典礼、迎接上级的主殿建筑，下有较高的砖石台基，大堂正房五开间，前突出三间的卷棚抱厦，较为突出正殿入口，两侧分别为一开间的耳房，抱厦地面略低于正堂地面，抱厦和外檐两垂脊头各施垂兽，大堂东西两侧分别是文

库和银库，文库存储档案、文书的地方。建筑为侧开门，全槛窗式（图3-1-8）。

二堂是处理一般民事案件的地方。由于等级较低，所以没有采用抱厦，二堂区域由正堂、东西耳房和厢房组成。东

图 3-1-8　大堂抱厦（来源：宫力权 摄）

西耳房各两开间,东耳房道员喝茶休息,西耳房收集的奇异珍宝。东西厢房则分别为三开间卷棚硬山。

三堂也叫内宅或上房,这里是道台的日常寝居空间,道台接待上级官员,会见宾朋之处,也保持了一般民居建筑的主要立面形态,建筑主体五开间,左右两次间分别设槛窗,两侧各有一间耳房,亦为槛窗。院两侧则为东西厢房,各为三开间卷棚硬山式。

## (三)其他辅助类建筑

### 1. 衙神庙

清朝的各种祠堂庙宇建筑数量多,各神道教教建筑非常普遍,小到村野街巷、大到皇宫御园随处可见。神庙建筑也按照其归属和捐建人喜好各有区别。黑龙江省道台衙署中的衙神庙根据道台衙署的等级,同样延续了道台衙署整个建筑群体的建筑风格,体现了北方的地域特色,建筑亦采用硬山式屋顶构造形式,建筑遍施外檐彩画,室内则采用井口天花,绘白鹤彩绘。

### 2. 书房

书房也是衙署建筑中的重要附属建筑,一般位于道署建筑群西路,或后院,黑龙江道台衙署中的书房建筑与三堂比邻在原菜地前,独居一院,正房三开间,建筑亦为硬山式屋顶构造形式,复原现状采用素朴的装饰风格,庭中有简单的庭院景观设计,并设有施外檐彩绘的四角攒尖顶的读书亭,书房院落兼具读书小憩,会客休闲等功能。

## 四、构造细部

## (一)建筑构造

### 1. 寝殿的独特采暖构造

由于处于寒冷地区,渤海地区的居住建筑遗址中可见炕、灶和烟囱三者结合的完备的采暖体系。

图3-1-9　火炕遗址(来源:董健菲 提供)

火炕是中国北方寒冷地区重要的取暖设施,最早的关于火炕的文献记载见于《旧唐书·高丽传》:"其俗贫篓者多,冬皆作长坑,下燃温火以取暖。"在高句丽时期很多的遗址中都有炕洞烟道等痕迹,渤海居住遗址中发现了很多火炕的遗迹,建筑的规模等级的不同,采用不同的火炕、灶和烟筒形式。一般的居住建筑所设火炕面积较小,一个房间设一个,并配置灶和烟筒,形状多为长方形或曲尺形炕。重要宫殿建筑的室内取暖形式较为复杂,会在屋子四周靠墙部分设置多处炕,同时配置多个灶和烟囱。图3-1-9为渤海遗址中保存比较完整且比较有代表性的火炕遗址。

火炕下面有烟道,烟道一般紧贴墙壁而与圆形或方形的灶坑相连接,几条烟道最终汇聚到烟筒处,形成完整的取暖系统。根据烟道的数量,可分为单烟道、双烟道、三烟道三种形式,双烟道逐渐演变为主要的烟道形式。烟道越长炕的取暖效果越好,所以较大面积的宫殿建筑为了增加烟道长度,得到更好的取暖效果,除了增加烟道曲折度也多采用曲尺形双烟道形式,是渤海国寝殿建筑中最为典型的取暖设施形式。

这种火炕的取暖方式,一直延续下来,辽金时期宫殿如金上京城的居住建筑中也有这种火炕的设施,并广泛用于东北地区的汉族民居、朝鲜族民居和满族民居。

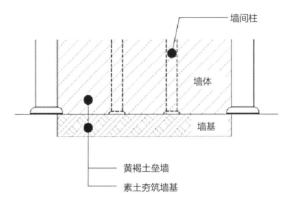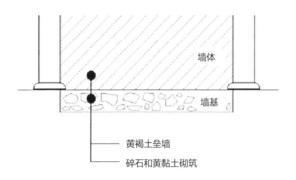

图 3-1-10 木骨土坯墙（来源：董健菲 提供）

### 2．木骨泥墙为主的墙体构造

上京城等级不高的主要建筑或是等级较高的次要建筑采用的都是木骨版筑墙的形式。相关文献中较为明确提到墙体砌筑程序的有两种：一种是"在础石上立柱，柱间施墙间柱，然后用灰褐土垒墙，墙两面用黄沙土抹平，墙的内侧抹白灰面"，如第二宫殿西廊庑；另一种是在台基面上挖基槽，在基内砌墙基，墙基经过夯实加固，其上砌墙体（图3-1-10），墙体两侧抹白灰，部分墙体有彩绘，见于东内苑主殿东廊，这种形式不多见于遗址中，其中前者是上京城建筑遗址中较为常见的类型，而后者不常见。

从勘察报告和文献记录中可知，木骨土坯墙也是上京宫城宫殿建筑较多采用了一种墙体结构形式。木骨土坯墙，是在墙体的内部间隔一定的距离立木柱。上京城宫城的主要宫殿中的木骨土坯墙其土坯由沙性土掺杂草梗制成。根据遗址信息推测，大致的构造方式为：先在础石之间，立小垫石，其上立木柱，然后垒砌土坯，土坯采用横向相错叠砌的方式，土坯之间用细泥沙土抹缝，然后在砌好的墙面上抹一层细泥沙土，再刷上一层厚约1～2厘米的白灰，等级较高的墙面上还绘有彩绘。

## （二）装饰细部

### 1．屋顶脊饰

渤海上京城和金上京城遗址出土了大量的屋顶脊饰，包括鸱尾、垂兽和戗脊兽。

鸱尾是建筑屋顶两端最常用的饰物，上京城遗址中出土了鸱尾实物，但以残片较多，仅有部分残片能被复原成形。

渤海国鸱尾形态基本类似鱼尾，都有联珠纹、鱼鳍、鱼刺浅浮雕装饰纹样。只是在具体细部处理上有不同，大体可以分为三种形式：一种是形如靴状，头部形如蛟龙的浅浮雕，蛟龙的牙齿、胡须、眼睛形象逼真，背部有鱼鳍和鱼刺浅浮雕装饰，这应该是渤海早期鸱尾的一种形态，较为独特，在同时期的唐和高句丽建筑中少见。第二种是形如鱼尾，主体部分为平素无装饰纹和浅浮雕卷草装饰纹，背部有鱼鳍和鱼刺装饰，并且鳍内有联珠纹，这是上京城和中京城鸱尾的普遍形态。第三种是形如鱼尾，鸱尾的头部只有部分用蛟龙装饰，背部也有鱼鳍和鱼刺以及联珠纹进行装饰。这种鸱尾形态见于渤海国的边缘地区（图3-1-11）。

图 3-1-11 脊饰（来源：董健菲 提供）

图 3-1-12　金上京宫殿遗址出土套兽（来源：金上京博物馆 提供）

### 2. 套兽

上京城的宫殿建筑除使用彩釉的鸱尾，也大量施用垂兽和戗兽作为装饰。垂脊的侧面采用重唇板瓦，是与唐代宫殿建筑屋顶相似的处理方式。还出土了用于仔角梁的端部的套兽，保护角梁端部不受雨水侵蚀的同时，起到了美观的作用，在京上京会宁府的遗物中，也发现有形象生动具象的龙头仔角梁套兽和垂兽，形象具象生动，刻画细致，比后期的很多套兽形象更为鲜活（图3-1-12）。

### 3. 石作柱础

在上京城和中京城遗址中出土了覆盆式柱础。从装饰纹样上可以分为两种：素平覆盆和莲瓣覆盆，其中素平覆盆较多见。

从柱础与柱子的连接构造来看，也分为两种：一种是覆盆和础石一体雕刻而成的，见于宫城正南门遗址，多见于唐中原地区。第二种则是覆盆和础石分别制作的，即覆盆预先制作，柱子立在础石之上后，然后覆盆围绕。这种构造做法在唐不多见，应该是渤海国地区独特做法。这种类型的覆盆施工方便、拆装灵活（图3-1-13）。

图 3-1-13　覆盆式柱础（来源：董健菲 提供）

### 4. 瓦作

上京城址出土了大量的瓦件，按瓦的质地可以分为素白瓦和琉璃瓦两种。前者铺头黏土瓦，呈青灰色，后者除瓦唇外通体施绿釉；前者数量较多，后者数量较少（图3-1-14）。

上京城采用的是高等级的筒瓦屋面，其中板瓦作为底面，筒瓦扣于板瓦之上，采用琉璃剪边的做法，即用琉璃瓦作檐头和屋脊，用素白瓦作屋面，瓦当的纹样以莲花为装饰主题，分为当心间纹饰、间纹、莲瓣纹等，见于渤海国多处建筑遗址中，是中后期较为常用的一种典型的瓦当装饰纹样。金上京城也出土了龙纹滴水瓦，从纹饰来看，其遵循等级标准，使用三爪龙，龙身肥硕。

图 3-1-14　金上京遗址出土 瓦构（来源：金上京博物馆 提供）

#### 5. 匾额

匾额是官式建筑中特别是宫殿和官衙建筑中的重要装饰元素，它能强调建筑性质，体现建筑使用者品位，同时起到装饰建筑的重要作用。

在黑龙江省道台衙署的各重要官堂中更是体现得淋漓尽致，从主堂到书房、衙神殿无不例外，记录着历代道台的风骨决心和怡情意趣。

大堂前有抱厦，上悬"公廉"二字，明确昭示着"一心为公，清廉行政"，抱厦柱上有一副对联，上联是："看阶前草绿苔青，无非生意，"下联是"听墙外鸦啼鹊噪，恐有冤魂。"堂中央悬匾额"明镜高悬"，二堂建筑，悬挂匾额"清勤慎"亦施有柱联，两侧厢房亦施有匾额，东厢房是待客的地方，官员和绅士拜见道员首先在这里等候，门上悬"仁恤"二字。西厢房是道员接待官员、绅士，与他们喝茶闲聊的地方，虽然是喝茶闲聊，但也决不会与政事、民事无关。所以门牌上方写"恪勤"两字，为的是提示官员要勤于职守，绅士要尽心竭力地履行社会责任。三堂，即上房则悬"退省"的匾额，传达道台在退为私居仍反省自身修为之意，两侧厢房分别悬挂"恪守"和"古契"的匾额。

### 五、典型案例

#### （一）宫殿

##### 1. 渤海上京城龙泉府

渤海是中国东北靺鞨人建立的地方政权，靺鞨为肃慎后裔、女真和满族的祖先，靺鞨人于公元698年建立震国，唐玄宗封其首领大祚荣为渤海郡王，从此有"渤海"国号，共经历15世229年，从建筑制度到国家法度大量吸收汉文化，上京龙泉府除规模稍小外，城市和宫殿建筑布局都与唐长安城相似，宫殿的布局还表现了其民族特点和风俗。

上京龙泉府现遗址位于黑龙江省宁安县。城平面为长方形，东西约4600米，南北约3360米。宫城位于外城中偏北，宫城南北约720米，东西约1060米。皇城位于宫城南，

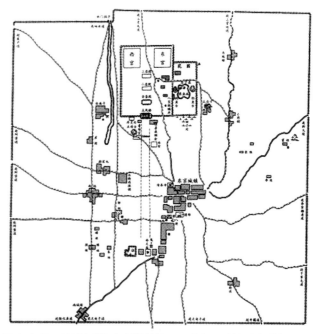

图3-1-15　1921年渤海上京城遗址复原图（来源：韩东洙 提供）

东西长与宫城同，南北长约460米。与长安城相同，贯通城市南北的中心大街为朱雀大街，直通宫殿北门和皇城正门（图3-1-15）。

宫城分中东西三路，中部院宽620米，分五个院落，五座殿堂沿轴线布置，基本上是按照三朝五门的布局，前两进院落为外朝，宫门规模较大，基址大概为60米×20米，正殿规模较大，从其遗址情况来看，第三、四进院的殿为寝殿，各殿都有左右配殿，并采用廊庑连接各殿，保持了汉唐建筑的风格。寝殿格局中第四殿遗址中有烟道等的遗址。

##### 2. 金上京宫殿

金上京会宁府位于阿城，由于其特殊的历史地位和文化背景一直被学者们关注，金朝上京宫城由彼此相连的南、北内外城组成。有城门六：南城三，北城三。城门外有瓮城。城外有行宫、台榭、园林、皇陵。金上京的城墙和宫殿台基保存比较完好。金上京的早期宫殿为翠微宫和乾元殿，还有一些宫殿如桃源洞、紫极洞。《鄱阳诗集》中记述了汉人彭汝励到辽朝皇帝冬季行宫，以及辽朝行宫的布局和屋宇名

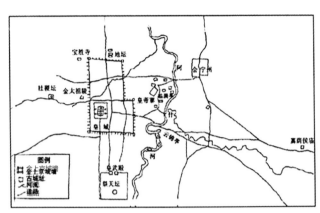

图3-1-16  金上京遗址平面图（来源：那海州 提供）

称，"行宫/作山棚，以木为牌，左曰紫府洞，右曰桃源洞，总谓蓬莱宫。"可知金上京皇城内的翠微宫、桃源洞、紫极洞等建筑，有受辽代影响之嫌（图3-1-16）。

金太宗时期，皇城再次完善规模，加建了庆元宫、听政楼等建筑。金熙宗时期扩建了皇城和金上京城附近的皇陵区与行宫。皇城内主要完成了朝殿（敷德殿）、寝殿（宵衣殿），书殿（稽古殿）等宫殿建筑，用于皇帝的朝政、居所和收藏图书典籍。

### 3. 宁古塔城遗址

除了渤海上京龙泉府、金上京城遗址，清朝时期黑龙江省宁安市，还曾是宁古塔城遗址。宁古塔城有新旧二城：旧城在今海林市旧街。据《盛京通志》第三十一卷载：宁古塔旧城，在海兰河（今海浪河）南岸有石城（内城），高丈余，周一里，东西各一门。经实测内城（即石城）为正方形，边长171米，周长684米，外城边墙周围2.5公里，四面各一门。康熙五年（1666年）迁建新城，即今宁安市区，称宁古塔新城。清初宁古塔为设置在盛京（今沈阳）以北管辖黑龙江、乌苏里江广大地区的军事、政治和经济中心，但目前没有完整府衙建筑遗迹，只留有宁古塔将军府遗址，位于海林市，于1981年1月被列为省级文物保护单位；以及清钦差大臣吴大澂私院内的望江楼，位于黑龙江省宁安市宁安镇西南角，是黑龙江省第四批文物保护单位之一。

## （二）府衙

### 1. 滨江道台府

"滨江道台衙署"是哈尔滨作为一级政府行政管理机构最早的官署，由第一任道台杜学瀛于1907年修建，位于黑龙江省哈尔滨市道外区，北起春和巷，南至北环路，西至十八道街，东至十九道街，用地面积大约24000平方米。后随着滨江道的撤销建筑一度萧条，占地面积28000余平方米，遵循封建礼仪，呈对称布局，左文右武，前衙后寝。其南北轴线长七十丈，东西宽四十五丈。中轴线上由外至内依次为照壁、大门、仪门、大堂、二堂、宅门、三堂；东侧线上有衙神庙、书房、厨房、戈什房、杂项人房；西侧线上有冰窖、督捕厅、洪善驿、会华官厅、会洋官厅；院墙内有车棚、马厩、茶房、粮仓等。

关道的大门是立于两层三级台阶之上，清墙灰瓦，乌梁朱门，门两侧各设石狮一尊，大门两侧有东西两个角门，东西侧设有仪门，仪门通常是关闭不开的，只有在道台上任、恭迎上宾，或有重大庆典活动时才可以打开，而且每任道台上任第一天都有拜仪门的仪式（图3-1-17、图3-1-18）。

### 2. 齐齐哈尔将军府

黑龙江将军府是清代黑龙江第一官邸，始建于清康熙二十二年（1683），距今已有三百多年的历史，这期间规模不断扩大，逐渐形成了结构完整、气势恢宏的清代古建筑。将

图3-1-17  滨江道台府入口透视（来源：宫力权 摄）

图 3-1-18  滨江道台府大堂（来源：宫力权 摄）

军府始驻瑷珲，后来迁至墨尔根（今嫩江县），康熙三十八年（1699）移住齐齐哈尔城。将军府设置期间，清政府共任命了76位将军，先后有71位将军在府里居住过，光绪二十六年（1900年）齐齐哈尔城失陷，沙俄曾经占据将军府7年之久。

（1）空间布局

黑龙江将军府为三进式四合院，青砖瓦房，周围是3米多高的青砖围墙，院内置花草景物，形成了一个结构完整、设计精美、气势恢宏的古建筑群。空间功能也根据不同布局产生一定变化，将军府内多重院落的组合让其在封闭的大空间内也能实现庭园深深的效果，既保留了私密性又增加了公共的活动空间，在将军府中行走，前院和后院有着不同的心理感受，前院简单严肃，后院则轻松谐趣，有假山、花坛和水池组合成了视觉中心点，建筑四周用绿地来进行围合，建筑与建筑之间搭配小型灌木，绿意盎然，均采用规则式种植，规整严谨，对称种植，并且局部点缀花卉，整个院子生机勃勃。后院的布局在使用功能上划分明确，体现了森严的法制

制度，最显赫的位置供主人居住。首先由门厅进入院落，院落左方的建筑是黑龙江将军府历史陈列馆，正前方是寿山将军生平陈列馆，继续向前进入第二个院子是将军府的起居室、家属的起居室、侍卫的起居室和东西厢（图3-1-19、图3-1-20）。

（2）建筑形态

将军府的屋顶形式为悬山顶。悬山有一条正脊、四条垂脊，其特征是：各条桁或檩不像硬山那样封在两端的山墙面中，而是直接伸到山墙以外，以支托悬挑于外的屋面部分，也就是说悬山建筑不仅有前后檐，而且两端还有与前后檐尺寸相同的檐，于是其两山部分便处于悬空状态，因此得名。悬山顶是两面坡屋顶的早期样式，但在唐朝以前并未用于重要建筑，和硬山顶相比，悬山顶有利于防雨，而硬山顶有利于防风火，因此南方民居多用悬山，北方多为硬山（图3-1-21～图3-1-27）。

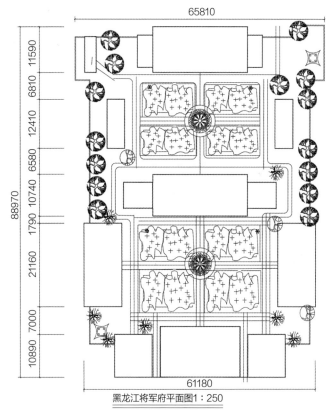

黑龙江将军府平面图1：250

图 3-1-19　将军府平面图（来源：马本和 提供）

图 3-1-20　将军府鸟瞰图（来源：马本和 摄）

图 3-1-21　悬山式屋顶（来源：马本和 提供）

图 3-1-22　将军府（来源：马本和 摄）

图 3-1-23　雀替（来源：马本和 摄）

图 3-1-24　瓦当（来源：马本和 摄）

图 3-1-25　檐柱（来源：马本和 摄）

图 3-1-26　内柱（来源：马本和 摄）

图 3-1-27　梁柱结构（来源：马本和 摄）

### 3. 钦差大臣吴大澂府院

相关史料记载，原建筑为封闭式庭院，除望江楼外，还建有大门、卷棚顶二门、花墙拱形角门，以及正房5间、东西厢房各3间。规模不大，属一般官署建筑形制，近牡丹江北岸，官府后园有休憩楼亭望江楼。光绪二十六年（1900年），沙俄军队入侵宁古塔城，放火焚毁大部分建筑群，现仅存有望江楼建筑，于1992年修复（图3-1-28）。

望江楼始建于光绪八年（1882年），由清代宁古塔副都统容峻（也有称容山）专为奉旨督办边务的钦差大臣吴大澂所建。此楼为硬山卷棚顶两层楼阁，通高7.54米，东西长8米，南北宽6.45米，前有凹入式廊，后为外挂半步外廊，建筑两侧分别与廊门和院门相连，二层前廊两侧墙均开圆形窗洞，上加砖雕假檐。山墙博缝头加简单雕饰，建筑外檐遍施木雕、彩绘、砖雕等建筑装饰，位于二层廊下的砖雕贯通建筑整个开间，檐下连额绘青蓝彩绘，背立面外挂廊东侧连以直梯，一二两层西侧都施双开门灯笼锦隔扇门，中间各开两个万字棂纹圆形窗洞，檐下各施浅廊额，下加挂落。

### 4. 齐齐哈尔·藏书阁

坐落于齐齐哈尔市龙沙公园内的藏书阁，始建于1906年5月，题名为"万卷楼"，由德国工程师马克斯设计，是黑龙江省以及中国东北地区建立最早的一座图书馆，也是继浙江、湖南、湖北三省之后，建立的第四座省级公共图书馆，是全省地市图书馆中唯一的国家一级馆。

第一座藏书楼建于1909年，定名为"黑龙江省立图书馆"。第二座藏书楼建于1930年，定名为"黑龙江图书馆"。

（1）空间布局

藏书楼坐北朝南，是一座采用近代设计技术、建筑材料与民族形式相结合的仿古建筑，主要是钢筋混凝土结构，占地2470平方米，建筑面积1457平方米，设计精巧、造型别致，在四周现代化游园设施的衬托下，它显得更加古朴和典雅。

四周环形楼廊由26根白色柱子组成（图3-1-29）。该楼在设计上不仅美观合理，还考虑到它有藏书和阅览的用

图 3-1-28　望江楼（来源：程龙飞 摄）

处，在建造时就想到了气候和采光等问题。墙体的宽厚有利于冬季取暖、夏季隔热等特点。楼内控制在一定的温度，使保存的图书很少受到虫蛀。

（2）建筑形态

其外观仿照北京故宫内的"延春阁"，整个建筑为重檐歇山的宫殿式三层楼房，半地下一层，地上二层，四周饰以雕花楼廊，造型精致，格调典雅，藏书楼及附属共有房舍14栋，其中正房10栋，厢房4栋，楼内面阔五间，进深三间，二层四壁有2米高的木制雕花裙，欧式吊灯，地面用精工细制的朱红和青灰两色地砖铺盖，半地下层和三层为条格图案的对花水磨石地面，整个建筑气宇轩昂，古色古香（图3-1-30）。

（3）构造细部

屋脊为歇山顶，顺山脊，绿色琉璃瓦（原灰色瓦片）。最高顶两侧是龙头的形态，寓意"龙头吞脊"，建筑形式仿造明清建筑。脊顶最中间，由石材雕铸的牡丹花，与两侧的"龙头"交相呼应，具有一定的中西合璧之意。楼脊两端是吻兽吞脊的图案。楼檐四角雕刻的是象头吐牙鼻上卷，侧脊上是精雕细刻栩栩如生的走兽，檐头分别有白色象头（图3-1-31、图3-1-32）。

建筑前后各有八个柱子，左右各有三个，柱式前后对称、左右对称。每个柱子间距相等，样式、大小完全一致。柱身白色，为石材所建，具有西式建筑特征。柱头为祥云形态，象征着吉祥之意。

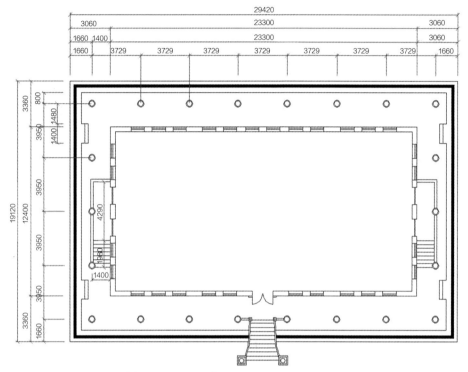

图 3-1-29 藏书楼平面图（来源：马本和 提供）

图 3-1-30 藏书楼（来源：马本和 摄）

图 3-1-31 走兽（来源：马本和 摄）

图 3-1-32 吻兽（来源：马本和 摄）

一层每一个柱头顶端都绘制有相对的图案，各不相同；二层柱头顶端由三种色块组成的立体方块，分别是深蓝、浅蓝、黄色，每种颜色绘制有不同的图案，具有明显的伪满时期的风格（图3-1-33）。

建筑内部地面均由拼花砖铺设，红色、黑色、灰色三种

颜色构成花砖的图案组成，典型的西方风格，给人以端庄、内敛、典雅、庄严肃穆的审美感受。采用对称均衡的布局方式，含蓄高雅，追求稳重的效果（图3-1-34）。建筑内部柱式是典型的西方风格（图3-1-35）。

### 5. 齐齐哈尔·寿公祠

寿公祠，位于齐齐哈尔市龙沙公园内，民国15年（1926年）为纪念民族英雄黑龙江将军寿山而建。

（1）空间布局

寿公祠为青砖灰瓦三进式建筑，占地1650平方米，由门殿、前殿、后殿、东西配殿，共12间殿堂组成。前殿（亦称将军殿）和后殿（俗称三代殿）建筑形式相同，均为3间单檐硬山顶式建筑。

寿公祠整体沿一条中轴线采取对称均衡的方式进行布局，院子两侧用回廊将主次建筑连接，周围以长廊和庭园环绕并配以矮小的附属建筑（图3-1-36）。

图3-1-33　藏书楼细部（来源：马本和 摄）

图3-1-34　建筑铺砖（来源：马本和 摄）

图3-1-35　柱式（来源：马本和 摄）

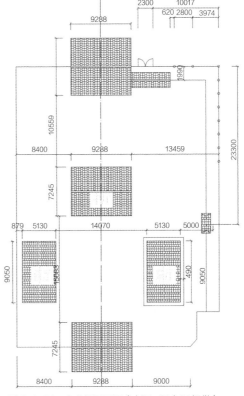

图3-1-36　寿公祠平面图（来源：马本和 提供）

（2）建筑形态

从屋顶建筑形态来说，寿公祠属单檐硬山卷棚式建筑，东西厅采用的是具有阴柔之美的卷棚顶（图3-1-37）。寿公祠门口两侧坐落两个狮子门墩，样式威严，具有庄严肃穆的效果（图3-1-38）。

门殿为单檐硬山式建筑，进深一间，面阔三间，两端设门房，中央一间为门洞，门洞左右各有三根明柱，柱头无斗拱，直接支撑檐柱。

前殿为单檐硬山式建筑，进深一间，面阔三间，檐下用前后对称的四根明柱直接承托挑梁檐枋檩及屋架。前殿檐下设有进深2米的殿廊（图3-1-39、图3-1-40），后殿与前殿的形制基本相同。

东西厢房位于门殿与前殿中轴线两侧，建筑式样相同，均属单檐硬山卷棚式建筑，进深一间，面阔三间。寿公祠以其亭、廊、路、栏杆等高度错落，疏密有序的布局组成一条游览路线，为人们展现出步移景异的景致（图3-1-41）。

（3）构造细部

寿公祠山墙上下用水泥塑成花纹图案，主体建筑的四周，砌有青砖墙。围墙顶端作有大式瓦顶墙帽，由于受当地的条件所限，围墙的西侧偏北处略成弧形（图3-1-42）。

寿公祠后殿正脊中央有一宝瓶（图3-1-43），正脊上安放吻兽或望兽，垂脊上安放垂兽，戗脊上安放戗兽，另在

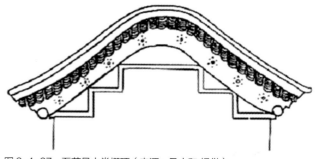

图 3-1-37　五花悬山卷棚顶（来源：马本和 提供）

图 3-1-38　狮子型门墩（来源：马本和 摄）

图 3-1-39　前殿（来源：马本和 摄）

图 3-1-40　殿廊（来源：马本和 摄）

图 3-1-41  鸟瞰图（来源：马本和 摄）

图 3-1-42  浮雕（来源：马本和 摄）

图 3-1-43  檐脊宝瓶（来源：马本和 摄）

屋脊边缘处安放仙人走兽（图3-1-44、图3-1-45）。

寿公祠瓦当由灰陶制成，圆形，图案均为龙的形态；殿顶扣青灰色小瓦，瓦头上饰有兽面瓦当和寿字滴水（图3-1-46）；墀头镶有砖雕（图3-1-47）。

寿公祠每间堂室的体量都较小，所以檩构件隐藏与屋脊之中（图3-1-48）；椽的颜色为朱色，屋脊的底色为墨绿，典型的中国式色彩。

寿公祠对门两侧分别有两柱子支撑，并且两根柱子均镶嵌在窗与墙之间，其颜色均为朱色。柱子顶部施有彩绘，柱子底部，是鼓形花岗石础石，与建筑结合成一个整体，具有一定的隐含性（图3-1-49、图3-1-50）。

寿公祠整体建筑的外围墙，呈圆弧形，曲面流畅，顶层建有两层瓦当，每间隔一定的距离，就修有大小不一、形状各异的漏窗（图3-1-51）。

**石碑**

寿公祠前殿前原有碑二通（图3-1-52、图3-1-53）。

图 3-1-44　脊兽（来源：马本和 摄）

图 3-1-45　走兽（来源：马本和 摄）

图 3-1-46　瓦当（来源：马本和 摄）

图 3-1-47　砖雕（来源：马本和 摄）

图 3-1-48　梁、檩构件（来源：马本和 摄）

图 3-1-49　檐柱（来源：马本和 摄）

图 3-1-50　寿公祠门（来源：马本和 摄）

图 3-1-51　圆弧形墙体（来源：马本和 摄）

图 3-1-52　碑座（来源：马本和 摄）

图 3-1-53　碑身（来源：马本和 摄）

### 6. 瑷珲海关旧址

瑷珲海关旧址位于珲镇政府院内、始建于1909年，该建筑南北长18.8米，东西宽8.6米，高6米，面积约160平方米，为砖木结构的单层建筑。1909年，清政府在此地设立滨江关瑷珲分关。1911年，瑷珲分关移往黑河，在此设分卡。1921年，珲分关改为独立关，直辖于北京总务司195年，日军侵入瑷珲，瑷珲海关因中苏贸易中断和商埠撤销而关闭。

新中国成立后，海关房舍被挪作他用，门楣上至今留有"人民公社"字样。

整个房舍由青砖垒筑，正中一扇拱门，上嵌几排黄铜铆钉，给人一种威严感。大门两侧各有一个略小一点的拱形门，中间有青砖门柱相隔。大门上方呈牌楼状，檐头为波浪式造型，窗户为拱形，整体建筑风格极具艺术感（图3-1-54）。

（a）瑷珲海关旧址正面

（b）山花上的中式装饰细部

（c）瑷珲海关旧址建筑细部

图 3-1-54　瑷珲海关旧址（来源：周立军 摄）

## 第二节　寺庙建筑

黑龙江的寺庙建筑是现存传统建筑数量最多的类型，包括清真寺、佛寺、关帝庙、文庙等，其中又以清真寺数量最多，装饰也更精美。

### 一、空间布局

在建筑组群空间方面，各清真寺均东西向布局，其他寺庙为南北向布局。阿城清真寺和依兰清真寺采用传统的门堂之制，即位于主轴线上的拜殿与门殿相对，卜奎清真寺的门殿位于主轴线一侧，拜殿对面是一个对厅。阿城文庙原来有规范的文庙形制，有大成门与大成殿相对，现只有大成殿为遗构。宁安兴隆寺为清代重建的寺庙，在正院的南北中轴线上筑有五重殿宇，自北向南分别为三圣殿、大雄宝殿、天王殿、关圣殿和马殿，整个院落布局紧凑合理。虎头关帝庙分前殿、正殿两部分，两殿南北向前后相对，无厢房或配殿建筑（图3-2-1）。

在依兰清真寺中，中轴线上入口门殿的背后，有一字影壁与拜殿相对。卜奎清真东寺主入口两侧小门楼的内侧有小型的一字影壁。阿城清真寺的入口两侧小门楼则使用了撇山影壁的做法。在肇东衍福寺中也用了一字影壁。

### 二、建筑形态

各清真寺的拜殿均采用勾连搭做法，这是省内清真寺建筑造型的最典型特征。阿城清真寺与卜奎清真寺的东西两寺均为三进勾连搭，呼兰清真寺与依兰清真寺为两进勾连搭。各清真寺第一进建筑都是卷棚屋顶，第二进建筑为尖山式硬山。卜奎清真寺的第一进为卷棚歇山的抱厦，其余各清真寺第一进为卷棚硬山前出廊，廊内山墙做廊心墙。除依兰清真寺无窑殿外，其余各寺均在拜殿后面设三层塔形的窑殿。卜奎清真寺东寺与呼兰清真寺的塔形窑殿与勾连搭式拜殿连为

图3-2-1　兴隆寺山门（来源：周立军 摄）

一体，阿城清真寺的楼阁式塔形窑殿位于勾连搭的最后一进建筑正中。各清真寺的前殿山墙都向前出墀头，墀头的戗檐盘头部位均做精美装饰。各清真寺拜殿的山墙上均开牖窗，牖窗上方均有精美的窗头（图3-2-2）。

阿城文庙大成殿的歇山构架做法简单利落，山面檐椽后尾插入山金缝梁架中的五架梁，省却了踩步金梁，形成"周围廊歇山"的构架。前檐柱及与山金柱之间采用单立栏，自山金柱向后改用上大下小双立栏的做法。大成殿台明前伸出月台，月台正阶为两垂带石夹一御路石，无台阶踏垛（图3-2-3）。

各清真寺以及阿城文庙、双城承旭门等建筑的大木结构有以下特点：檐柱上置宽大的平板枋（卧栏），檐柱间是薄而高额枋（立栏），普遍采用檩枋做法，即檩下边置断面直径稍小的"枋"代替垫板和枋，雀替均为雁翅形，多为木透雕做法。

各单体建筑檐口的檐椽均为等大的方形断面，飞椽的方形断面则根部大于梢部。卜奎清真东寺的入口抱厦仔角梁起翘很高，出翘深远，使翼角舒展飘逸。卜奎清真东寺与阿城文庙、宁安兴隆寺大雄宝殿有斗栱，斗栱形制不一。阿城文庙的斗栱坐斗硕大，正心位上的横栱出三重栱，即在正心万栱之上施一加长的栱。宁安兴隆寺的斗栱正心位上出四重横栱。卜奎清真寺东西寺的斗栱分斜栱和直栱两类，角科和柱头科用斜栱，坐斗硕大。卜奎清真寺东寺后檐墙及窗头上的斗栱为木制，但表面涂砖灰色。

衍福寺双塔为藏传佛教的喇嘛塔，由基座、塔肚、塔脖子、塔刹组成，塔脖子修长纤细，塔肚轮廓线上弧下斜向内收，基座宽大。基座由台基、下枋、半腰、上枋组成，逐层内收。二塔造型的区别在于，一塔的基座自下至上均为方形平面，另一塔基座的上枋部位平面变为圆形（图3-2-4）。

图 3-2-2　呼兰清真寺（来源：刘洋 提供）

图 3-2-3　大成殿（来源：刘洋 提供）

图 3-2-4　衍福寺双塔（来源：刘洋 提供）

## 三、构造细部

　　檐柱上方向前伸出的大柁（五架梁）或接柁（抱头梁）梁头多雕成蛇探头形状。穿插枋有中间向上凸起的做法，呼兰清真寺前檐穿插枋伸出檐柱的榫头雕成龙头状。阿城文庙与宁安兴隆寺大雄宝殿柱头科斗栱上方的梁头雕成龙头状，二者递角梁的梁头以及后者平身科斗栱的耍头雕成生动的象头形。雀替轮廓线为雁翅形，多做木透雕。阿城清真寺和呼兰清真寺的上下两层立栏之间也使用了木透雕（图3-2-5）。

　　外檐装修方面，阿城清真寺窑殿顶层檐柱间采用了精美的花罩，檐柱外使用了平坐栏杆。除卜奎清真寺用抱厦外，其他各清真寺拜殿都采用了金里装修。隔扇心用得最多的形式是码三箭，此外也有灯笼框、盘长等图案。

　　屋顶的正吻多用卷尾形龙吻，龙嘴张口吞脊。垂兽与戗兽也多做吞脊兽。勾头上有三滴水宝塔形的钉帽。卜奎清真东寺和阿城清真寺窑殿的宝顶用宝葫芦式，葫芦尖上镶月牙。

　　石雕方面，柱础石多用有鼓钉的鼓镜石。阿城文庙月台正中为两垂带石夹一御路石，御路石四角雕莲花瓣，中间圆形图案内雕二龙戏珠，周围廊内的山墙下碱部位有腰线石和带植物花纹的角柱石。

　　砖雕在各作装饰中最为精彩。墀头是砖雕比较集中的部位。卜奎清真东寺前檐墀头的上身分上下两部分砖雕，上部雕出一剔透的灯笼，下部又分上下枋和束腰，上枋雕龙，束腰雕花，下枋雕暗八仙，下枋之下雕卷草。山墙上部的山坠和腰花也是砖雕集中之处。阿城文庙山坠砖雕的主题为一正两厢式合院建筑的屋顶。呼兰清真寺的山坠和腰花一花卉为母题，一外凸一内凹形成凹凸对比，其前殿山墙的圆窗上方辟有横向方池子，内雕刻有荷叶、莲藕与玉兰花。影壁与廊心墙也是展示砖雕的部位，阿城清真寺后殿的影壁中心有四块斜拼方砖大小的动植物主题砖雕，前殿廊心墙内四个岔角及中心设砖雕。阿城文庙周围廊下的两山墙及后墙有祈福和教化主题的精美砖雕。依兰清真寺的影壁及廊心墙相应部位也做砖雕（图3-2-6）。

图3-2-5　拜殿前厦（来源：刘洋 提供）

图3-2-6　砖雕（来源：刘洋 提供）

## 四、典型案例

### （一）卜奎清真寺

卜奎清真寺分为东西两寺，建筑格局相似，主要建筑都是由拜殿及与之相连的窑殿、对厅、讲经堂、浴室等组成。两寺仅一墙之隔，且有门廊相通，共同组成了具有地方文化特色的伊斯兰教建筑群。

东寺主入口设在东南方向，主入口正中是个三开间的门楼，在其两边设置了两个带左右影壁的小门楼（图3-2-7）。东寺门楼为塾门型大门，明间为门道，两次间设房间，前后出廊。两次间的房间向外面开矩形窗，向内开六角形窗。屋顶为硬山，黑色筒板瓦。正脊两端有鸱尾，垂脊中部有垂兽，兽后高于兽前（图3-2-8）。两边带左右影壁的小门楼的屋顶是硬山顶，檐下有砖仿木的椽飞及望板。

东寺的拜殿和窑殿是整个建筑群中的主体建筑。拜殿坐西朝东，由前厦、中殿和后殿组成。前厦面阔五开间，进深一间，卷棚歇山式屋顶。屋顶翼角起翘很高，出翘也非常深远。平板枋高同额枋，宽大于额枋，平板枋上边有斗栱，坐斗硕大，斗与斗之间用纤细的枋相连，金檩下边有上下两圈枋。中殿和后殿的形式大体雷同，室内空间连通为一体。屋顶采用硬山顶，窗头屋面采用灰瓦的筒板瓦，端部有瓦当滴水。除斗栱为木制并涂以砖灰色外，其余木构件部分采用砖构仿木的做法（图3-2-9）。

窑殿为方形塔式建筑，三层三重檐，各层自下而上依次内收。顶层正面东面刻有"天房捷镜"四个金字，四面都开六边形窗，屋顶为四角攒尖，莲花座上镶有镀金莲座葫芦，葫芦尖上嵌有0.4米长的金色新月朝向麦加圣地，是伊斯兰教"弯月涵星"的象征，金光闪耀（图3-2-10）。

清真寺西寺的大门是一个悬山顶的大门带两个硬山式的小门楼。西寺的主体建筑由前厦、中殿（拜殿）和后殿（窑殿）组成。前厦三开间，卷棚歇山顶。中殿部分面阔比前厦稍大，硬山顶。正脊较高，山墙中部开圆窗。后窑殿平面为矩形，二层楼阁式建筑，面阔小于中殿部分。底层外墙体为砖砌，二层平面向内收进，外露木构架，庑殿顶。底层檐下

是砖砌仿木的椽飞望板、檩垫枋、雀替和垂莲柱，南北外墙上开八角形窗。

图3-2-7　东寺入口门楼（来源：刘洋 提供）

图3-2-8　出翘（来源：刘洋 提供）

图3-2-9　西寺拜殿（来源：刘洋 提供）

图 3-2-10　窑殿（来源：刘洋 提供）

## （二）阿城清真寺

阿城清真寺旧称阿城礼拜寺，始建于清乾隆四十二年（1777年）。光绪十六年（1890年）于旧址重建清真寺，至光绪二十六年（1900年）竣工。

清真寺的主体建筑礼拜殿坐西朝东，由前厦、中殿和后窑殿组成，三殿用勾连搭方式连接为一体。前殿三开间，屋顶为卷棚硬山，殿前出月台。礼拜殿对面为3间对厅，两侧为角门。隔扇做金里安装，形成前出廊，廊内穿插枋中段呈向上的弓形。檐柱上边有卧栏，檐柱间有上大下小两个立栏，大小立栏之间用木透雕垫板。檐柱两端为雁翅形透雕雀替。山墙前部出墀头，墀头上身的上部做玲珑剔透的砖雕。山墙前廊内侧做廊心墙，上有墙帽，池心磨砖对缝，四角和中心设砖雕。山墙中部开半圆额窗，窗上方有较小的窗头，窗头

有屋脊屋面和砖砌的椽飞望及额枋。山墙后部与中殿连接处开半圆额门洞，门洞底部有门鼓石。

中殿五开间，屋顶为尖山式歇山。两梢间前檐墙开方池子，池心用方砖磨砖对缝，中间施砖雕，两梢间后檐墙开圆窗，南北两侧山墙各开三个半圆额窗。檐墙与山墙墙顶用冰盘檐，檐下有砖构仿木的檩垫枋和垂莲柱雀替。拜殿面积为323平方米（图3-2-11）。

后殿面阔三间，进深三间，后殿南北山墙各开三个窗，窗上部呈多边形。后殿卷棚山花部分有腰花，后檐墙次间开两个六角形窗。窑殿位于后殿正中，为六角攒尖式三层楼阁，其内金柱为四根贯通全楼的朱漆大柱，顶端有宝葫芦式锡鼎，上镶月牙（图3-2-12）。

阿城清真寺共占地面积约5800平方米，南北各有对称

图 3-2-11　中殿梢间前檐墙（来源：刘洋 提供）

图 3-2-12　后窑殿（来源：刘洋 提供）

的5间讲堂。阿城清真寺是东北地区规模较大、历史悠久的清真寺之一，造型端丽舒展，秀雅精致，是珍贵的历史文化遗产。

## （三）呼兰清真寺

呼兰清真寺始建于清嘉庆十五年（1810年），初创时仅有3间草房。"文化大革命"期间该寺曾遭到严重破坏，"文化大革命"后修葺了部分大殿，1982年10月竣工（图3-2-13）。

清真寺通进深12.8米，通面阔11.15米，主入口朝向东。清真寺的主体建筑是连为一体的拜殿和窑殿。拜殿为分为前殿和后殿，屋顶为一殿一卷式勾连搭，前殿为卷棚硬山式，后殿为尖山式硬山，木构架结构体系，外墙为青砖砌筑。窑殿为青砖砌筑的三层方形塔式建筑，四角攒尖屋顶。前殿屋顶用橙色筒板琉璃瓦，后殿屋顶正面中间用橙色琉璃筒瓦，两端及后殿屋顶背面用蓝色琉璃筒瓦。

前后殿均三开间。前殿隔扇门做金里安装，形成前出廊。隔扇门裙板及绦环板有华丽的雕刻。前后殿的山墙正中均有"山坠"和"腰花"砖雕，并施彩绘。前殿两侧山墙偏后位置开圆窗，后殿每侧山墙开一大二小三个窗户，大窗居正中，二小窗左右对称地设置，窗户上圆下方，每个窗户上方均有精美的窗头。屋面采用灰瓦的筒板瓦，端部有瓦当滴水。山面的博风头做圆形的砖雕装饰。檐下有椽飞望板，檐椽下面是檐檩、大额枋、垫板及小额枋，中间的窗头另有垂柱和雀替，这些木构部分采用砖构仿木的做法。

窑殿檐下的砖构件都采用仿木的做法，有砖构的椽飞望板与檩垫枋，垫板部分正中和两端有砖雕装饰。窑殿首层在南北立面上开圆窗，二层和三层每面上圆下方的窗。西立面三层窗上正中有"清真寺"三字，两端写有"西"、"域"，南立面三层顶部两端有"古"、"风"，东面写有"宗"、"风"，北面同一位置则为砖雕花饰。整幢建筑造型古朴典雅，装饰与构造结合紧密，局部与整体相呼应（图3-2-14）。

图3-2-13　正立面（来源：刘洋 提供）

图3-2-14　窑殿（来源：刘洋 提供）

## （四）渤海兴隆寺

兴隆寺俗称"南大庙"，坐落于宁安市渤海镇西南隅，唐代渤海国上京龙泉府外城内的中轴线——朱雀大街南端东侧，距外城南垣600余米。现在的兴隆寺建在渤海上京城内的寺庙旧址上，始建于康熙五十二年（1713年），道光二十八年（1848年）兴隆寺的部分殿宇被火焚毁，咸丰五年（1855年）重建，咸丰十一年（1861年）竣工。

兴隆寺的院落为矩形，南北长142米、东西宽63米。在南北中轴线上有五重殿宇，自南向北分别为马殿、关圣殿、天王殿、大雄宝殿、三圣殿。各殿用大木构架承托屋顶，墙体均为青砖和规整的玄武岩石块砌筑，台基均为玄武岩石块。五座殿宇中以歇山顶的大雄宝殿最为华丽，其余四座硬山顶建筑则以三圣殿最具代表性。

三圣殿长13米，宽11.5米，三开间硬山前出廊。台基用月台与台明组合，月台与台明同宽，前设三步正阶踏跺。北面用檐墙封护，东西两山墙在南面出墀头，墀头的盘头部分有荷叶墩和枭混线脚，戗檐砖上雕有狮子踏绣球。大殿正脊中段前雕四龙戏珠，中段后雕四凤与芙蓉花，两端做透空花脊，花脊外有卷尾吞脊的鸱吻，鸱吻下方的山墙上有悬鱼，垂脊中段有垂兽。檐柱上做卧栏，柱间施立栏，卧栏与檐檩之间除梁头外无隔架构件。明间用较大的云龙透雕雀替，两次间用较小的卷草平板雀替。檐口有檐椽和飞椽。南面采用金里装修，各开间均做五抹隔扇四扇，码三箭式隔心。殿内有一座3米高的大石佛居中而坐，是渤海时期遗留下来的石佛造像（图3-2-15）。

大雄宝殿长14.5米，宽10.8米，五开间七檩歇山周围

图3-2-16　大雄宝殿（来源：程龙飞 摄）

廊。台基低矮，前后设正阶踏跺。正脊略呈下凹曲线，上有二龙戏珠浮雕。四条垂脊的上下端部均安有垂兽，四条戗脊上端始于戗兽，下段布有五个跑兽。檐柱上置卧栏，柱间施立栏，明间用较大的龙透雕翅形雀替，两次间用较小的卷草透雕雀替。卧栏上方置28攒斗栱，除廊间外每间用一攒平身科斗栱。除正心檩和挑檐檩外，其余各檩采用檩枋组合。脊瓜柱前后使用了脊角背。采用金里装修，明间南北各用六抹隔扇四扇，两次间南北各用四抹槛窗四扇，下为槛墙，明次间均用码三箭式隔心，次间山面用山墙。大殿内供奉的横三世佛同坐于佛坛之上（图3-2-16）。

兴隆寺是黑龙江省为数不多的清代寺庙之一，对于研究黑龙江建筑的历史序列，建筑的营造风格及文化交融等方面有重要价值。

### （五）肇源衍福寺双塔

衍福寺双塔和影壁，坐落于黑龙江省肇源县民意乡大庙村西侧一处台地之上，南临嫩江，西靠新新湖。衍福寺始建于清顺治六年（1649年），康熙二十三年（1684年）扩建时增修了双塔，完工于康熙二十六年（1687年），庙名为"都布度贵扎尔拉古鲁克奇"，汉译为"广福寺"，后改译为"衍福寺"。

衍福寺双塔分列东西，面向南，两塔相距32米，双塔均

图3-2-15　三圣殿（来源：程龙飞 摄）

为覆钵式形制，青砖砌筑，塔高15.05米，由塔基、塔身、塔刹三部分组成。塔基分为基台和基座两部分。底部是边长8米、高3.2米的白色正方形基台，用大青砖以"三虎五顺一丁法"砌成，朴素大方，厚重坚实，平滑光洁。基台上方是基座。

基座分上下两部分，下部为方形须弥座，须弥座四角有方形角柱支撑，束腰较高，四面束腰都刻有"双狮护光珠"的彩色图案。下枭、下枋尺寸明显大于上枭、上枋。基座上部是逐级向上收进的阶台，东塔的阶台有三级，圆形平面，西塔的有四级，方形平面。阶台的表面刻有梵文"唵嘛呢叭咪吽"。

基座上方是覆钵形白色塔身，高约4米，上有八个独角兽，嘴里各衔彩色璎珞。双塔塔身南面都设一个佛龛，东塔龛门四周刻有双龙飞舞，西塔龛门四周为莲花蔓草。

覆钵形塔身的上部为塔刹，刹干中部为圆台形十三重白色相轮，每重相轮均环布五字梵文。刹干底部与覆钵形塔身相接处变为方形。刹干东西两侧从上到下，有两条用木头透雕出蔓草纹饰图案的支柱支撑着宝盖作为刹饰。刹干顶端是由宝珠、全日、仰月和宝盖组成的金顶（图3-2-17）。

图 3-2-17　衍福寺双塔（来源：刘洋 提供）

山门的影壁距双塔27米。影壁长16米，高5米，宽0.9米，全部用青砖干摆砌成。影壁底部是束腰部分较长的朴素须弥座，顶部为硬山顶，中间为墙身。屋顶上铺筒板瓦，正脊平直，两端为龙头向外的正吻，垂脊下有雕花的戗檐砖。檐口部分椽飞望板及勾头滴水一应俱全。影壁中部的方池子四岔角有砖雕彩绘的蔓草花纹，中央的圆形图案，南面是"海马朝云"，北面是"二龙戏珠"（图3-2-18）。

衍福寺双塔造型敦厚古朴，比例匀称，细节生动，方圆交接自然得体，雕饰的繁简对比张弛有度，色彩明艳而沉稳，有较高的艺术价值，影壁的造型朴素而舒展，与双塔相得益彰。双塔作为黑龙江省仅存的喇嘛塔，见证了黑龙江这一文化边缘区多种文化的交融并存。

图 3-2-18　影壁（来源：刘洋 提供）

## （六）阿城文庙

阿城文庙位于哈尔滨市阿城区金都街道办事处文庙胡同。据史料记载，阿城文庙始建于道光七年（1827年），于咸丰年间（1851年~1861年）扩建，同治元年（1862年）落成。光绪二十二年（1896年）重修，成为一处完整的建筑群。

大成殿为文庙建筑群中的主体建筑。大殿殿身面阔五间，进深两间，带周围廊。通面阔17.81米，通进深9.7米。单檐歇山顶，砖砌台明，前出月台，凸显出大殿在建筑群中的显要地位。大成殿两侧及后檐包砌砖墙；殿内为砌上明造，七檩前后廊式梁架，七架梁架立在前后金柱及前檐柱柱头科斗栱上。明间及次间四缝梁架，金檩与七架梁之间设金瓜柱，上金檩与七架梁之间设上金瓜柱，前后金步采用单步梁；山墙内的山金缝梁架保留了五架梁。前后脊步架为三架梁，脊瓜柱立于三架梁上。

构架中的檩部采用"檩枋"组合取代正统官式做法的"檩垫枋"组合，即在檩子下部采用尺寸略小的圆形断面的"枋"来顶替"垫板"和"枋"，这是东北地区的通行做法。

大成殿的檐部采用卧栏立栏的做法，前檐柱及与山金柱之间采用单立栏，自山金柱向后均改用上大下小双立栏的做法，大小立栏之间用木雕垫板于两头及中部（图3-2-19）。

前檐明、次、梢间均施平身科斗栱两攒。斗栱形制特殊，正心位上的横栱采用三重栱做法，即在正心万栱之上施一加长的栱。斗栱为五踩，里拽用重翘，外拽用重昂。

大成殿的歇山构架做法简单利落，山面檐椽后尾插入

图3-2-19　大成殿（来源：刘洋 提供）

山金缝梁架中的五架梁，省却了踩步金梁，形成"周围廊歇山"的构架。两侧山尖做排山勾滴。山坠砖雕的主题为一正两厢式合院建筑的屋顶。

殿内青砖墁地，"人"字缝直铺。在前檐金柱之间用条石铺砌。周围廊下的两山墙及后墙有青砖制仿木的椽飞望板及其上的勾头滴水，在檐下则有精美的砖雕，砖雕的主题多为祈福和教化。墙身下碱部位有腰线石和带植物花纹的角柱石。

## （七）呼兰文庙

呼兰文庙位于黑龙江省哈尔滨市呼兰区，建于民国16年（1927年），1937年全部完工，有青砖围墙，南北长160米，东西宽80米。呼兰文庙亦称孔子庙，属典型清晚期古典式民族建筑风格，典型的三进式古建筑群，是东北地区保存最完整、规制最全、规模宏大的古建筑群，是黑龙江省内仅存的三个文庙之一，其规模仅次于哈尔滨南岗文庙，是展示呼兰深厚文化底蕴的窗口。

建筑群由崇圣祠、大成殿、东庑、西庑、大成门、棂星门、东华门、西华门、状元桥、月牙河组成。牌楼前的状元桥宽5米，桥下有半圆形的泮池。牌楼主体结构为两排明柱，侧配斜脚，顶架横梁。中间大门宽5米，上悬"棂星门"三字，东西配门为"道冠古今"和"德配天地"两座牌楼。

棂星门，也称"先师门"，是文庙的第一道大门。棂星门为呼兰文庙中轴线上的牌楼式建筑。

大成殿面积300平方米，面阔五间，进深三间，高7米，正面8根红柱映衬木雕画门，端庄大方。东西庑殿分列在大成殿两侧，面阔五间，进深二间，面积各为140平方米，6根通天柱间排列彩门，与大成殿浑然一体。全庙没有塑像，各立木牌。呼兰文庙东庑和西庑建筑都是顶覆灰瓦苏式彩画，面阔五间，面积各为140平方米，对列于大成殿两侧，门前六棵通天柱间排满彩门，与大成殿一体天成，井然不俗。东庑和西庑是大成殿东西两面的配房。庑内供奉的先贤是文庙中从祀的第三个等级，大多数为孔子的弟子，其位次和等级是清朝颁定，成为文庙礼制，为后世继承。

（a）大成殿正面图　　　　　　　　　　　（b）大成殿细部　　　　　　　　　　　（c）棂星门

图3-2-20　呼兰文庙（来源：程龙飞 摄）

大成殿后另建一崇圣祠，面阔五间，进深二间，建筑面积为159平方米，为祭祀孔子前五代父祖之殿。崇圣祠的建筑顶覆灰瓦，苏式彩画，面阔三间，进深一间。这座曾经颇具规模的古建筑群，现呼兰文庙遗址存于哈尔滨市呼兰区黑龙江省结核病医院院内（图3-2-20）。

## 第三节　传统村落与民居

### 一、村落与院落布局

#### （一）村落布局

由于黑龙江地区平原居多，地势平缓，地带上的村落主要道路大多沿东西向成带形分布，民居间的距离较大，南北向道路较小，主要起辅助交通的作用，这也是考虑严寒气候下充分采光的结果。在传统民居群体布局形式上，大都采取行列式布局，其特点是绝大部分建筑物可以获得良好的朝向，从而有利于建筑争取良好的日照、采光和通风条件（图3-3-1）。而且黑龙江地区地广人稀，土地资源相对丰富也是采用行列式布局的原因之一。但行列式布局的地形适应性也较强，但它不利于形成完整、安静的空间和院落，建筑群体组合也比较单调。而周边式布局由于建筑四周排列，难以保证朝向均好，而且不利于自然通风，所以很少见到这种形式的布局。有些传统民居群体在行列式布局的同时故意错开了一个角度，构成错列式布局，这样可以改善夏季的通风效果。因为通风效果与当地主导风向的入射角度有很大的关系，当行列式布局与主导风向垂直时，由于前排建筑的遮挡，后排建筑的通风效果不理想，为了获得较好的通风效果，只有加大前后排之间的间距。当于主导风向的夹角为30°时，其效果实际上是在气流的方向上增加了建筑的间距。这种布局能更好地将风引向建筑群内部。

黑龙江省传统村落布局较为松散，选址都尽量选择在南低北高的向阳坡地上。从日照的角度看这样选址的好处很多，因为建筑位于向阳坡地上可以争取更多日照，温度与背阴坡地相比要高10℃左右。建筑大多坐北朝南，并且一些民居还把主要入口设置在了南面，从太阳照射的时间和照射的深度方面来说，向南的房间具有冬暖夏凉的特点，从主导风向方面来说，东北地区民居在朝向的选择上应该尽量让正房的长轴方向垂直于冬季的主导季风方向，加强建筑之间的挡风作用，降级热损耗。要尽量避免北向，这不仅是因为北向的房间冬季较难获得足够的日照，还因为冬季来自北面的寒冷空气会对建筑热工环境产生非常不利的影响，且空气流速越快，建筑围护结构的外表面热阻越小，通过建筑开口处的散热量就越大，所以传统民居北向开口的甚少。

#### （二）院落布局

传统民居大多以院落的形式存在。院落是外界环境和室内环境间的一个融合与过渡的区域。在中国人的日常生活

图3-3-1　黑龙江省瑷珲村全景图（来源：周立军 提供）

中，院落更是在使用上不可或缺的一部分，很多生活中的活动，如游戏、乘凉经常是在这样一个露天却又围合的良好空间中进行的。院落式的布局具有重要的气候调节功能，封闭而露天的庭院能明显地起到改善气候条件和减弱不良气候侵袭的作用。利用冬夏太阳入射角的差别和早晚日照阴影的变化，庭院天井和廊檐的结合，可以有效地抵抗寒风侵袭，阻隔风沙漫扬。黑龙江传统民居的院落主要是通过调节院落的大小、高低、开合，适应了北方强调日照、防风的要求，充分发挥建筑组群内部的小气候调节作用。不同气候区，院落空间的构成形式有很大差异（图3-3-2）。

黑龙江传统民居的院落布局同中国其他大多数民居一样也是采用中轴线对称的格局。一户人家至少有一个院落，人口多的家庭有几进院落，沿纵轴线一进一进向外扩展。不过

这种布局对土地要求比较高，须有一块地势平坦面积较大的土地，因此在人口拥挤、土地资源短缺的市镇或坡度较陡的山地，就很少有这种布局的建筑，其中最具代表性的是三合院和四合院这两种类型。合院的平面布局上一般由四部分组成，即大门入口部分、外院、内院和后院。合院构成要素一般有：正房、内厢房、外厢房、院门、腰墙、二门、影壁、风叉、配门、角门、院墙、烟囱、索罗杆子、花园或其他附庭院，布置得比较松散，正房与厢房之间的间距较宽。北京四合院宽深比接近1：1，越往南院子比例越长，而黑龙江传统民居大部分院落的宽深比在1.2～1.9之间不等。从外院到内院，房屋的台基和体量也是从低到高的，从而突出正房的高大和宽广明亮。

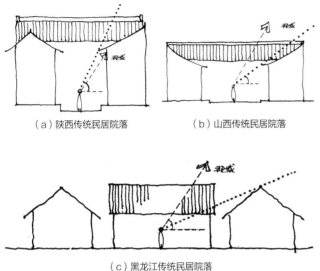

（a）陕西传统民居院落　　　（b）山西传统民居院落

（c）黑龙江传统民居院落

图 3-3-2　不同院落空间视域分析：院落的空间限定程度比（来源：李同予 提供）

## 二、建筑形态

特殊的自然环境决定着黑龙江省传统民居的存在形式，大部分在形体上属于横长方形，具有良好的地域气候适应性：在平面布局上，为了接受更多的阳光和避免北方袭来的寒流，故将房屋长的一面向南，大部分门和窗设于南面，其规模随着居住者的经济条件不同，且不同民族的民居各具特色；由于各地区自然条件上的差异，墙的结构有板筑墙、土堑墙、砖墙、乱石墙、木架竹笆墙与井干式等数种；屋顶形状有近乎平顶形状的一面坡与两落水，以及囤顶、攒尖顶、硬山顶、悬山顶、歇山顶、四注顶等不同的式样。

### （一）汉族传统民居

该类型民居主要有面阔两开间、三开间、多开间不等。面阔二间的传统民居，一般内部以间壁分为二间：东侧作为起居室，西侧为卧室，而土炕紧靠于卧室的南窗下。墙内以木柱承载梁架，上覆麦秸泥做成的屋顶。这种麦秸泥做成的坡度平缓的屋顶，除了一面坡的形式以外，还有前后对称或前长后短或前短后长的两落水屋顶，以及微微向上成弧形的囤顶等数种样式，黑龙江省西部地区使用囤顶的较多。它产

生的原因，首先是气候方面，黑龙江地区的最大雨量，平均每年在400～700毫米，70%～80%。的降水集中在夏季6、7月份，人们只要在雨季前修理屋面一次，便无漏雨危险；其次是经济方面，因坡度较低可节省梁架木料，而麦秸泥较瓦顶更适合农村中的经济水准。因此在许多乡村甚至较小城市中，几乎大部分使用这几种屋顶，也有在同一建筑群中，仅主要建筑用瓦顶，而附属建筑用一面坡或囤顶，这也可见气候、经济是决定建筑式样和结构的基本因素。另外，井干式房屋也属于面阔二间的传统民居类型，因当地木材比较丰富，故内外壁体用木料层层相压，至角十字形相交。这种传统民居在我国东北大多分布在山岳地区，其木料的断面有圆形、长方形与六角形数种，再在木缝内外两侧涂抹泥土，以防止风雨侵入。主要有平房与楼房两种式样，平房的规模颇小，内部划分为大小两间，东侧一间下作卧室，上设木架，搁放什物，所以它的外观比较高耸，西侧一间作为厨房与猪圈之用，皆仅有一门，无窗及烟囱。楼房入口多设于东侧一间，门内为起居室，西侧一间较小，作卧室，内有木梯通至上层，供存放粮食之用。梁架结构仅在壁体上立瓜柱，承载檩子，颇简单。屋顶式样用坡度较缓的悬山式，正面和山面都挑出颇长，覆以筒瓦和板瓦（图3-3-3）。

"一明两暗"三开间的布局模式较为常见——堂屋（俗称外屋地）居中，两侧对称布置东屋、西屋。堂屋是出入各屋的必经房间，常用作厨房，设有灶台。另外，汉族人祭祀祖先的地方常设于正房堂屋靠北面的墙上，或有人家在堂屋中间木隔墙上设大型花窗，在窗上做祖龛，堂屋因此也多了一层礼神空间的色彩。东、西屋则为日常的寝卧空间，置南炕或是南北炕，也有人家学习满族置炕的形式而建造"万字

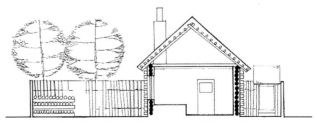

图 3-3-3　井干式传统民居示意图（来源：周立军 提供）

炕"。三开间的小型房屋，各功能空间逐个连接，空间流线及分区简单明确（图3-3-4）。

五开间或七开间的房屋在汉族大型民居中较为常见，于堂屋两侧对称布置四间或六间房屋，称谓较中原亦有所不同，次间称为腰屋，梢间称为中屋，尽端的两间称为里屋。富户人家常将堂屋的前半部分用作厨房，置炊具，而在其后半部分隔出小屋称"暖阁"，内设火炕，"为给老人暖衣暖鞋而用，以避免冬季出门穿衣的当时感觉寒凉"。除堂屋外，其余的几间便都是用于家人寝卧之用（图3-3-5）。

由于汉人的住宅正房开间数多在三间以上，住在两端的里屋的住户，出入堂屋房门时多要穿过腰屋较为不便，这也就涉及了房屋联系方式的优化问题。为了使得住屋内部的空间流线更加合理，东北汉族传统民居主要采用以下三种各具特色的空间联系方式：其一，除了里屋以外，其他各间基本都留出一个过道的空间作为各房间相互联系的交通空间，即建筑形态学中所说的线式序列中的构成要素逐个连接，这种情况下，里屋的私密程度是较高的；其二，在堂屋两侧，沿南向设置狭长的交通联系空间，即线式序列中的构成要素共有一个独立的联系空间，使得各寝卧空间都能拥有较高的私密性；其三，采取第一种联系方式的同时，在东西两间里屋开设独立的房门，确保了里屋与中屋的私密性要求（图3-3-6）。

## （二）满族的"口袋房"

黑龙江省满族民居建筑伴随其社会的发展，逐渐形成了

自己独特的格局，其中最有特色的就是"口袋房"。"口袋房"屋门开在东侧，一进门的房间是灶屋，西侧居室则是两间或三间相连。卧室分为一楹、二楹、三楹等。

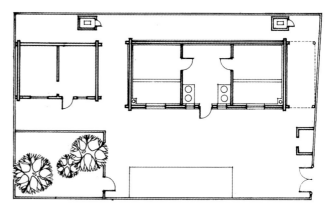

图 3-3-4　面阔三间横长方形传统民居（来源：周立军 提供）

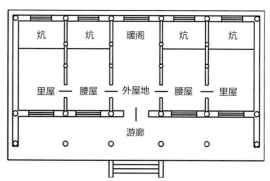

图 3-3-5　面阔五间横长方形传统民居（来源：李同予 提供）

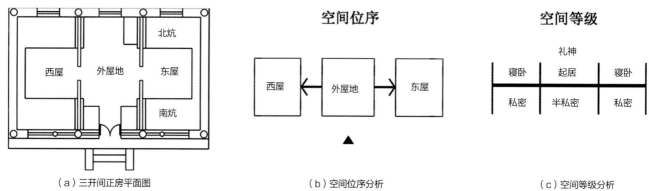

（a）三开间正房平面图　　　　（b）空间位序分析　　　　（c）空间等级分析

图 3-3-6　呼兰县八旗屯八棵树谷宅正房（来源：李同予 提供）

满族主要生活在东北地区较寒冷区域，为适应北方地区的严寒气候，抵御冬季风雪，墙体的厚度为：北墙450～500毫米，南墙400～420毫米，山墙370～380毫米，隔墙80～200毫米，同时为了实现采光充足、便于通风，传统满族民居南北均设置窗户，南面的窗户较宽大，北面的窗户较狭窄，既通风又保暖。窗户上、下开合，上扇窗户为结实的木条制作。木条上刻有"云字文"等满族人喜爱的传统花纹。窗户纸糊在窗外，不仅可以加大窗户纸的采光面积，抵御大风雪的冲击，还可以避免因窗户纸的一冷一热造成脱落的现象。为了增强窗户纸的经久耐用性，通常将其用盐水、酥油浸泡，从而不会因风吹日晒而很快损坏。窗户在下面固定，可以向外翻转，避免大风吹坏窗户。在房门的设计上采用双层门，分内门和风门。内门在里，为木板制作的双扇门，门上有木头制作的插销，风门为单扇，门上部为雕刻成方花格子，外面糊纸，下部为木板（图3-3-7）。

满族睡的炕称为"万字炕"，或称"转圈炕"、"拐子炕"、"蔓枝炕"等。满语称"土瓦"。满族的火炕有自己的特点：第一，环室为炕，卧室内南北砌通炕，西边砌一窄炕，也有的西炕与南、北炕同宽的，且与南、北炕相连，构成了"Π"形，烟囱通过墙壁通到外面；第二，炕面较为宽大，有五尺多宽。炕既是起居的地方，又是坐卧的地方；第三，也是最为重要的一点——保暖，满族使用和发明的火炕是通过做饭的锅灶来供热的，做饭、烧水等锅灶所产生的

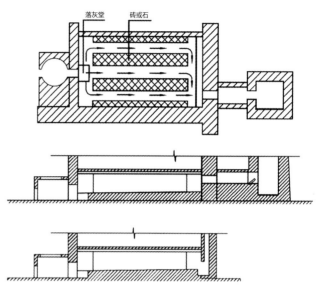

图3-3-8　满汉的炕与烟囱做法的比较（来源：李同予 提供）

热气都通过火炕，所以炕总是热的，有的人家为了更好地保暖，把室内地面以下也修成烟道，称为"火地"或者也叫"地炕"；第四，烟囱出在地面上，也是满族传统民居的又一个特色，满族炕大，烟囱也粗，用砖和泥垒成长方形，满语称为"呼兰"，烟囱高出屋檐数尺，通过孔道与炕相连。满族人喜欢热炕，他们往往在炕沿下镶上木板，上面雕刻着卷云纹等图案，朴素而美观的装饰与铺地的大方青砖相映成趣（图3-3-8）。

## （三）朝鲜族传统民居

朝鲜族传统民居的形态多为单层横长方形，门窗的设置也与汉族、满族民居相类似，但是在平面布局上有些变化，主要有四种类型：仅有正房的单幢房子，为单排房；正房和外房呈并排布置的双幢房；正房与外房的平面布置呈"⌐"形折角房；正房、外房、长廊和大门的平面布置为"口"字形，即四合院。正房分成里屋、上屋和头上屋，各屋之间用"横推门"隔开，需要时，推开门扇就成了一个大通间。各屋都有通向外面的门，门前有木板廊台，方便人们脱鞋进屋。

朝鲜族传统民居的结构最能表现其民族特色的是房柱和

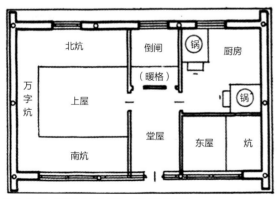

图3-3-7　满族民居（来源：李同予 提供）

屋顶。房柱分为圆柱和角柱，圆柱有直圆柱和鼓形圆柱；角柱有四方柱和八角柱。房柱沿屋四周分布，下端可装置环形的木栏杆，顶端连接梁和檩，再用斗顶托房檐。屋顶均为有屋脊的结构，采用悬山式和歇山式屋顶。为了装饰屋顶的四角，把椽子架成扇形，有时还装上双层的椽子。

朝鲜族讲究庭院的布置，一般的院子有里院和后院，里院四周全是房屋，很像一个外间大屋。里院有井和放酱缸的台子，还有吸引人们观赏的花圃。有的地区，里院还设有一层或两层的长台，把各样花盆摆在上面，使人感到美好和温馨。后院和里院周围栽有各种树木，并砌有围墙。这就使得房屋的庭院绿树成荫，房内清爽宜人。里院像外间大屋，后院就像果木园，很适合人们憩息。院里或房前有井，自古以来，我国人民在选房基时，首先要勘定可供挖井的地方。

图 3-3-9  朝鲜族民居（来源：金日学 提供）

水井有用吊桶的井，用庀斗的井和浅井。井边一般都栽有树木，绿茵蓊郁，凉风习习。过去，因为以务农为主，住家都设有保管农具、谷物的库房和喂养家畜的牲口圈。这些与营生有关的建筑，都建立在紧靠大门的地方，这样，与人的居室距离较远，又有一定的遮掩性。

朝鲜族室内的取暖设施也是火炕，而朝鲜族火炕的特点也主要在炕面，浸透了油而发黄的、又光又滑的"炕油纸"铺在炕面上，显得干净爽快，而且容易擦拭。住家的油纸炕上，备有莞草席子或各种坐垫。按照习俗，老人坐卧在热炕头，年轻人坐卧在"炕梢"，长幼有序，非常和谐（图3-3-9）。

## （四）其他少数民族传统民居

赫哲族、鄂温克族与满族、朝鲜族和汉族交错杂居在黑龙江、松花江、乌苏里江的三江平原的沿江地带，从古至今"夏捕鱼作粮，冬捕貂易货"，属于渔猎经济文化类型。

赫哲族传统民居的代表形式是"马架子房"和撮罗安口。马架子房一般是在平整的地面上埋上柱子，用土坯砌成墙体，在柱子上钉上横梁，在横梁上垫上条子抹上泥，再铺上一层洋草作盖；窗户和门都开在南山墙上，有的不开窗户；房内东、西两边搭火炕，与设在南端的锅灶相连，连接处设有矮墙，其外呈"马鞍架"形，所以叫马架子房（图3-3-10）。赫哲族人用树桩或较粗的树枝围绕马架子及鱼楼子等建起的栅栏限定出院落。院落为方形，近代较为有钱的人家也有用羊草搓成草绳，再用草绳编成草辫，用泥土筑在一起，宽约1.2米、高3米多的拉哈墙，或是土墙或将圆木堆在一起筑成的木围墙。马架子位于院落的中心，鱼楼子位于院落的东南角或者正南方向，用以储存食物。晾鱼架与晒网架建于住房南向，厕所设在房东侧或房后，马厩位置不定。整个院落作为建筑内部空间与外部自然环境的过渡，既是屯落中的居民储存食物、用具，满足基本生活需求的空间，又是从事修补渔网、晾晒鱼等生产劳动的场所。

撮罗安口是赫哲族早年渔猎时住的草房。撮罗是尖顶的

图 3-3-10  马架子房（来源：高萌 提供）

意思，即尖顶式窝棚。撮罗安口是赫哲族夏季鱼汛期间在网滩上建造的居住建筑。撮罗安口以杆扎搭成圆锥体形上覆苫草或桦树皮而后加以固定而成，一般门朝南开，没有窗户，屋内以木杆搭铺，上面用草或树皮铺好即可（图3-3-11），屋内北面为老人住卧，东、西面为青壮年坐卧。做饭一般在屋外，特殊情况如风雨天气，也可在屋内支起吊锅做饭。撮罗安口的南面还会搭晾鱼架，上覆苫草，保存收纳晒好的网具、鱼肉制品等。撮罗安口里面东、西、北三面搭铺，北面是上位，是老年人的睡处，东、西两侧是青壮年坐、卧的地方。

图 3-3-11  撮罗安口（来源：高萌 提供）

　　鄂温克族在民族的发展过程中形成了两种传统建筑形式：居住建筑"斜仁柱"、仓储建筑"格拉巴"，以及由这两种建筑组成的原始聚落。这两种建筑形式以及原始聚落都是在民族传统文化的影响下形成的，聚落的形态特征、建筑的构筑方式以及建筑空间形态特点都自然地表现出鄂温克族的传统文化特色。斜仁柱是鄂温克人的移动性居住建筑，它的构筑方式是为了满足驯鹿文化的移动性需求产生的。斜仁柱由细木杆与树皮或动物皮毛构成，外形呈圆锥形（图3-3-12、图3-3-13），其周围多设置仓库建筑格拉巴，格拉巴是他们的固定的仓库建筑，它的构筑方式是在狩猎文化的经济模式影响下产生的。鄂温克人选择了森林中最坚固的自然结构——树木，作为"格拉巴"基础的结构框架（图3-3-14）。建造时以自然树削去树冠为四柱，树根就是建筑最坚实的基础，在四柱之上用一些较细的檩子围合出一个悬空的仓储空间，最终利用自然结构形成一个坚固耐久的永久性仓储建

图 3-3-12  斜仁柱（来源：高萌 提供）

筑。格拉巴这种底层架空、上层呈半开敞的空间类型，以及使用陡峭的垂直交通构件的空间组织模式，展现出了鄂温克族的狩猎文化（图3-3-15）。

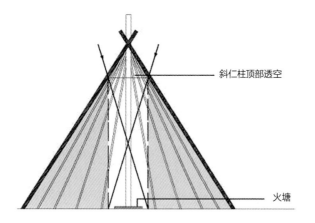

斜仁柱顶部透空

火塘

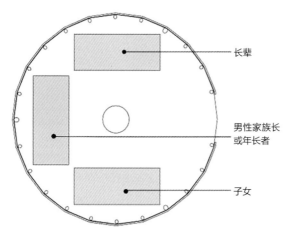

长辈

男性家族长
或年长者

子女

图 3-3-13　斜仁柱内部空间示意图（来源：高萌 提供）

图 3-3-14　格拉巴（来源：高萌 提供）

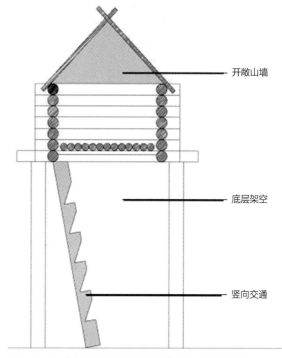

开敞山墙

底层架空

竖向交通

图 3-3-15　格拉巴构筑方式示意图（来源：高萌 提供）

　　鄂温克人每当迁移时，就提前到新的地方使用木杆搭出一个锥形的"斜仁柱"结构构架，只需要将原来"斜仁柱"上的桦树皮围子或兽皮围子拆下运到新的地方重新围护在搭好的构架上，等到他们沿着钟摆式的迁移路径再迁徙回来的时候，原来弃置不用的结构构架也可以重新利用。这种构架与表皮相分离的构筑方式充分反映出了鄂温克人的驯鹿文化特点。

## 三、构造细部

### （一）墙体构造

　　黑龙江传统民居历来就非常注重墙体的保温，形成了独特的做法。传统民居的墙体大都是几种材料组合而成，纯木、纯草、纯石头的民居较少，即便是采用单一的材料为主体，也会进行添加或涂抹泥土等保暖措施。一般来说，为了抵御冬季寒冷的西北风，北墙最厚，南墙其次，山墙再次，室内隔墙由于不承重，而且不需要保暖隔热，普遍做得很薄。总体而言，住户经济状况差的用草泥墙，经济状况好的用砖墙。

砖墙体一般是用青砖砌筑的清水墙。满族民居中一般人家砖是不用加工的，砌时用月白灰（泼浆灰加水调匀）砌筑，灌桃花浆，随砌随用瓦刀耕缝。有一些人家对砖的要求比较高，须对砖的上下两面进行加工打磨，要求高的甚至打磨五面。砖块的摆砌以卧砖使用最为常见，一般采用全顺式。也有采用立砖形式的，一顺一丁，内填充草泥。墙体的砌筑，一般都是外层为好砖，内用碎砖衬里，这种做法可以节省大量用砖。

用东北地区特有的黑黏土作为主要材料，与经水浸泡后的谷、稻草等胶合在一起拧成长约60～80厘米的泥草辫子，用它垛砌而成的墙壁叫作拉哈墙，又称草辫墙。另外还有幛子，一般是用取材方便的材料制成的，主要有秫秸障子、柳条墙等，也有用木条、木板、柴杆等制作而成。秫秸障是指用高粱干制成的障子，先把底部埋在地下，再把中间部分和上部用草绳连接起来。柳条墙是指在地面上立木柱之后，横向连接细树枝做成的障子，多分布在平原地带。

夯土墙，又称"土打墙"，其做法是将土填入夯土木模板中经反复拍打夯实而成，常常按照每两米长分段施工，这样一板板夯筑直到需要的高度。为了延长墙的使用年限，土打墙面表面要用细泥抹面，常用的材料是由细羊剪（音草）混合黏土构成，墙面需要一年抹一次。土坯大墙是用土坯块垒成的，土坯块的做法是用黏土或碱土、碎草搅和在一起，入模成型晒干后而成并用黄泥浆砌筑成墙，这是东北民居使用最广泛的一种墙材料（图3-3-16～图3-3-19）。

满族人还发明创造出来的一种采暖设施——火墙。火墙是中空的墙体，一般与灶台连接，取暖做饭两用，通常设在炕面上。火墙的应用可以弥补单纯靠火炕供热的缺陷，使室内温度分布更均匀，形成更为舒适的活动空间，后来广泛传播到东北各地。火墙的一般做法是用砖立砌成空洞形式，厚度约30厘米，而长度、高度则视室内空间大小决定。内表面用沙子加泥，以抹布沾水抹光，这样可以使烟道内烟气流通毫无阻碍，升温更快，外部涂以白灰或石膏。对于火墙的维

护至关重要，不能使之受潮，须经常掏出洞内烟灰。如果不常掏烟灰，不仅会缩短火墙的寿命，而且积聚时间太长，烟灰结块容易燃烧，造成火墙爆炸。

图 3-3-16　砖墙（来源：李同予 提供）

图 3-3-17　秫秸泥墙（来源：李同予 提供）

图 3-3-18　五花山墙（来源：李同予 提供）

图 3-3-19  草编墙（来源：李同予 提供）

此外，黑龙江传统民居也考虑到"冷桥"的应对措施。冷桥是现代建筑冻害中存在较多的一种形式，它主要是由于构造不合理，建筑外围护结构局部墙体过薄或用材不当使得建筑局部导热系数过大而引起热量损失，而黑龙江传统民居很早就考虑了这类问题，例如满族民居位于建筑外墙部位的柱子全部埋在墙体之内，这种特殊的做法是为了防止在柱子处产生"冷桥"，提高保暖性能，同时柱子也能免受外力损害。而汉族的民居中，砌墙时在平面上砌一个"八"字形的豁口，把木柱暴露在外面，这样做是为了防止木料受潮腐烂。这种墙柱位置关系的不同，充分体现了不同气候对建筑形式的影响。

## （二）屋面形式

黑龙江传统民居的屋顶按屋面材料分有瓦顶和草顶两种

形式。瓦屋面一般采用小青瓦仰面铺砌，瓦面纵横整齐。瓦顶的屋脊上，有的用瓦片或花砖做些装饰，梁头椽头皆不做装饰。它不同于北京地区采用合瓦垅，其原因是东北地区气候寒冷，冬季落雪很厚，如果采用合瓦垅，垅沟内会积满积雪，待雪溶化时会侵蚀瓦拢旁的灰泥，屋瓦容易脱落。特别是经过反复的冻融，更易发生这种现象。因此，该地区的做法是屋瓦全部用仰砌，屋顶成为两个规整的坡面以利雨水的流通。在坡的两端做两垅或三垅合瓦压边，以减去单薄的感觉。在房檐边处以双重滴水瓦结束，既有装饰作用，又能加快屋面排水速度。

草屋顶是传统民居中较为多见的屋面形式。一般草房都建在立柱上，首先置檩木再挂椽子，多为三条椽子。椽子以上铺柳条或者苇芭或秫秸。在这些间隔物顶上再铺大泥，称作望泥，也叫巴泥，厚度约10厘米。为了防止寒气透入，再加草泥辫一层，这样可以防寒又可延长使用。最顶部稗草，铺置平整，久经风雨，草作黑褐色，整洁朴素，俗称"草泥房"。草房做法，屋檐苫草要薄，屋脊苫草要厚，正如俗语所说"檐薄脊厚气死龙王漏"。

屋脊的样式主要有两种，一种是实心脊，即屋脊全部为实体，造型简洁；另一种是花瓦脊，屋脊用瓦片或花砖装饰，又叫"玲珑脊"，做法比较讲究。花瓦脊的具体做法是：在铺完瓦屋面后，在两排青瓦的接缝上方正扣青瓦一排，在空隙部分填充泥灰。这样的构造做法可以在泥灰渗水时依然可以防止雨雪渗入屋内。之后在上面铺砌一皮或两皮的胎子砖，铺一层脊帽盖瓦，在上面用瓦片拼出图案。上面再设一层脊帽盖瓦，两端则用青砖砌实。在做实心脊时则将拼花瓦片部分以青砖代替（图3-3-20）。

黑龙江传统民居的屋顶相对华北地区来讲比较陡峭，也是由于不同气候的影响。东北地区多雪，尤其是在冬天，气候长期严寒，降落在屋顶的雪可能会很长时间也不易融化，这样就给屋顶增添了很大的雪荷载，对于房屋的结构体系造成了不小的负担，从而降低房屋的使用寿命，因此，将房屋屋顶的坡度增大，首先可以使积雪在自身重力的作用下，很快滑落，另一方面，在积雪融化时，也可以使雪水迅速沿瓦

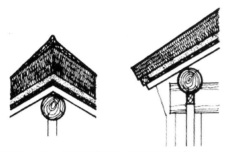 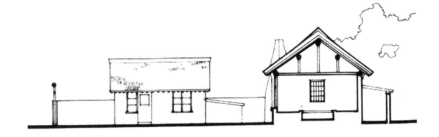

图 3-3-20　草屋顶（来源：周立军 提供）

沟排出，如果屋顶坡度过缓，则容易造成排水不畅，这样到晚上融雪重新结冰，对屋面结构的破坏是十分严重的。

## （三）采暖方式

黑龙江地区传统民居大量采用火炕取暖，提高室内温度。富户人家也兼用火盆、火炉取暖。火炕以砖或土坯砌筑，高约60厘米左右（图3-3-21）。火炕有不同的做法，

按照炕洞来区分，可分为长洞式、横洞式、花洞式三种。炕洞数量根据材料和面积大小的不同，一般从三洞至五洞不等，选择那种形式，无固定规定，由工匠临时决定。炕洞一端与灶台相连，一端与山墙外的烟囱相连，形成回旋式烟道。炕上以草泥抹面，铺苇席炕褥等。灶台做饭时，烟道余热可得到充分利用，加热炕的表面。土坯砖蓄热能力强，散热时间长，因此更常用（表3-3-1）。

满、汉及朝鲜族炕对比表　　　表 3-3-1

| 民族＼炕 | | 满 | 汉 | 朝鲜 |
|---|---|---|---|---|
| 炕的室内布局 | | 沿墙呈"凵"形 | 单面或双面布置，为"一"字形 | 满铺 |
| 炕的用途 | | 睡觉、生活、取暖，在祭祀时亲戚朋友聚于此 | 睡觉、生活、取暖 | 睡觉、生活、取暖、交通 |
| 炕在室内总面积所占比重 | | 占室内50% | 占室内30%~60% | 占室内100% |
| 炕的构造方式 | 材料 | 砖、石、土砖、土 | 砖、石、土砖、土 | 砖、石、土砖、土 |
| | 烧火口 | 灶台（不两两相对） | 灶台 | 焚火坑（一个下凹的可容一人的坑） |
| | 内部构造 | 炕垅、炕腔、落灰堂、窝风槽 | 炕垅、炕腔、落灰堂、窝风槽 | 炕垅、炕腔、落灰堂、窝风槽 |
| | 烟囱形式 | 独立式，通过水平烟囱脖与炕相连 | 附着在山墙上，与炕直接相连 | 独立式，通过水平烟囱脖与炕相连 |
| 炕的高度 | | 与室内地面高差为500毫米左右 | 与室内地面高差为500毫米左右 | 与室外地面高差为200~300毫米 |
| 炕下空间使用 | | 交通、祭祀 | 交通 | 无炕下空间 |
| 烧炕燃料 | | 煤、柴草、秫秸 | 煤、柴草、秫秸 | 煤、柴草、秫秸 |

黑龙江满族传统民居，无论青砖瓦房还是土坯草房，都有一个显著的特征，即烟囱不是建在房顶，而是安在山墙外，像一座小塔一样立在山墙一侧，民间称之为"跨海烟囱"、"落地烟囱"，满语谓之"呼兰"。这种样式的烟囱来源于满族先民时代在山林中的住宅，由于其房顶是用桦树皮或茅草覆盖，甚至连墙壁也多用树干加工后排列组成，如果把烟囱直接设置在墙壁或房顶上会有发生火灾的危险，所以，远离房屋设置烟囱，有利于防止火灾的发生。另外，烟囱不安在房顶，还可以减小烟囱对房顶的压力，避免在房顶上修烟囱时造成烟囱底部漏水、渗水，春天雪化的时候水就从烟囱底下流入房里，容易腐蚀房屋结构，因此烟囱安在山墙边，再通过一道矮墙围成的烟道连通室内，就可以避免上述种种麻烦。烟囱立在地面上是满族民居最显著的特征之一，形式与功能很好地结合在一起。

早期做这种烟囱的材料，既不是砖石也不是土坯，而是利用森林中被虫蛀空的树干，截成适当长度直接埋在房侧，为防止裂缝漏烟和风雨侵蚀，用藤条上下捆缚，外面再抹以泥巴，成为就地取材、废物利用的杰作。满族走出山林后，这种烟囱也被带到东北的汉族居住区。随着建房材料的变化，逐渐改为用土坯和青砖砌筑，但高于房檐、下粗上细的风格依然如故（图3-3-21、图3-3-22）。由于这种烟囱距房体有一段间隔，其间有内留烟道的短墙相连接，俗称为"烟囱脖子"或"烟囱桥子"。而且烟囱坐在地面上，不仅可以延长室内烟道的长度，提高供暖效力，还适应了满族烟囱过火量大的特点。同时满族人还巧妙地设计了防止风雪从烟囱处倒灌进入灶膛的方法。火炕有三个通口，第一个通口是向灶膛中输入燃料的，第二个通口是灶膛与炕内烟道的连接口，第三个通口是火炕烟道与烟囱道的通口。灶膛中通过燃烧柴火产生的热烟就通过第二个通口排入火炕，从第三个通口中排出。在烟囱道底部挖一个深坑，作用是让冲进来的大风直接砸到深坑中，而不是直接灌入第三个通口，还要在第三个通口斜搭一块铁板，只露出洞口的大约五分之三，这样的斜台既能阻碍从灶膛中产生的烟气，又能阻挡从外面进入的风雪。

图3-3-21　火炕（来源：李同予 提供）

图3-3-22　土打烟囱（来源：李同予 提供）

## 四、典型案例

### （一）碱土平房——齐齐哈尔市郊王宅

碱土平房是东北地区较为有特点的民居形式，主要分布在经济条件并不是很富裕的碱土地带。建筑平面布置常采取两开间的布局形式，例如齐齐哈尔市郊王宅，该宅为黑龙江省西北部传统的碱土平房，由两间正房、两间耳房（用作仓房）和两间西厢房（驴棚）等围合而成，其中两开间的正房进深较大，平面呈正方形，采用这种两开间式平面布局，外墙面积小，既建造经济又有防寒保温的效果。外屋以隔扇分隔成两部分，前面为厨房和过道，后部隔成小间为暖阁。屋里设有南炕，南向开大窗北开小窗（图3-3-23）。

### （二）井干式民居——尚志市亚布力镇宝石村张宅

尚志市亚布力镇宝石村张宅是黑龙江省东部林区传统的井干式民居，三开间正房及其西侧仓房与外围的木帐子围合成梯形的一合院落，院门开在东南角，院内布置有木材堆、鸡舍和果园（图3-3-24）。

井干式民居主要位于大、小兴安岭以及长白山地区林木茂密的地方。井干式民居其从头至尾、从里之外几乎都是用木头做成。东北地区森林资源丰富，木材品质好，因而木构技术在东北汉族传统民居的建造中极为常用，建筑中的

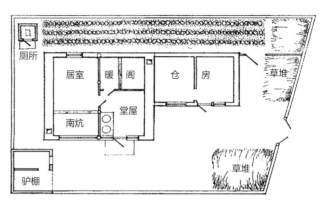

（a）房屋平面图

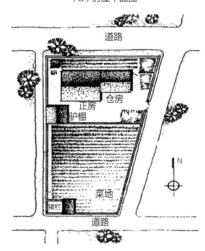

（b）院落平面图

图 3-3-23　齐齐哈尔市郊王宅房屋及院落平面图（来源：周立军 提供）

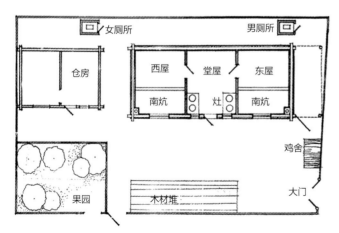

图 3-3-24　尚志市亚布力镇宝石村张宅平面图（来源：周立军 提供）

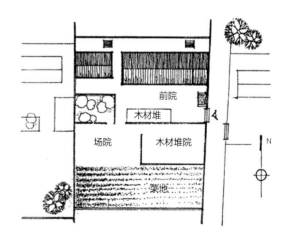

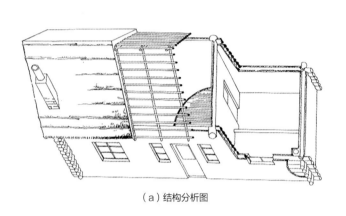

（a）结构分析图

（b）室内一景

图 3-3-25　尚志市亚布力镇宝石村张宅（来源：周立军 提供）

柱、梁、枋、檩、椽等结构构件，门、窗等维护构件乃至围合院子用的木头幛子等，都要用到木材，比如墙体是用圆木垛成的，门窗洞口处是用"木蛤蟆"勒边固定的，屋顶骨架是用木制的叉手或用木立人与檩条搭建而成的，就连铺设屋面用的瓦片也是用木板或者树皮做成的，当地居民常称其为"木楞子房"，它是黑龙江传统民居类型中，因地制宜、就地取材的典例之一。木材的主要品种有红松、幛子松、白桦树、榆树、杨树、柳树等，其中松木的质地坚硬，常用于建筑木构架的建造。由于房主多为当地农民，故常在院内设置菜果园、柴垛、仓房等与正房共同围成小型院落（图3-3-25）。

### （三）瓦房三合院式民居——依兰县赵氏满族老宅

据"黑龙江满族民居及内部空间艺术研究"一文中提到，该宅院位于依兰县县中心巴黎广场东侧，始建于清朝中期，毁于清末沙俄入侵我国东北时期，后在1900年重建，是黑龙江省也是东北三省至今保存较为完整的满族民居。1998年被确定为县一级保护建筑。

该宅是三合院布局，包括前院、中院和后果园共三进

院。果园为主人及家人的活动区域，前院用于放置柴火垛，中院正房居中，体量较大，坐北朝南，面阔五间，东、西各有烟囱一个，拔地而起。院落东、西两侧设有面阔三间的厢房。由垂花门及木质围栅隔成前、中两个院落，垂花门前有屏风影壁一座。老宅的建筑形式均采用陡板脊硬山地做法，灵动不失稳重。泥质青灰仰瓦屋面排列整齐，两侧三垅合瓦压边，以减单薄之感。

### （四）宁安四合院式民居（张闻天工作室）

宁安张闻天工作室位于黑龙江省宁安市宁安镇闻天街和新街路交接处，占地1600平方米，是保存完整的清代民居——四合院。小院青砖瓦舍、雕梁画栋、清净幽深，具有江南地区园林风格和宁古塔地区建筑艺术于一体的特点。宁安张闻天工作室坐落牡丹江北岸的城南公园之中，宏伟壮观的宁古塔大桥矗立其东侧，前面是滚滚东流的十里长河和一望无际的田野山峦。宁安位于祖国的边陲，凡来过张闻天工作室的人，无不对张闻天波澜壮阔的一生留下深刻的印象，对旧居的自然和人文景观也回味无穷。张闻天工作室是宁安一处很有意义的爱国主义教育基地（图3-3-26）。

（a）宁安四合院透视图

（b）宁安四合院鸟瞰图

（c）宁安四合院正立面

（d）宁安四合院细部

（e）宁安四合院细部

（f）宁安四合院细部

图 3-3-26　宁安四合院（来源：程龙飞 摄）

# 第四节　景观类标志物

## 一、类型划分

黑龙江传统建筑除了前边介绍的几种主要类型外，还有一些类型因为资料缺乏或是现存数量较少不能自成一节，但是它们仍然是黑龙江传统建筑重要的组成部分，也是体现黑龙江传统建筑地域性的一部分。本小节将选取景观类标志物中部分比较有代表性的传统建筑或建筑构筑物介绍，以期对全面了解黑龙江传统建筑类型有所帮助。

黑龙江传统建筑中的景观标志物包括牌坊、桥梁、楼阁、石灯等。根据主要构筑材料的不同来划分，可以分为石构、木构与混合材料构筑三类，石构的景观标志物有宁安大石桥、五常蓝旗营石牌坊、渤海石灯幢，木构的有巴彦牌坊，混合材料构筑的有双城承旭门、宁安望江楼；以有无内部空间来划分，则双城承旭门、宁安望江楼有内部空间，其

余标志物只有外部空间；根据标志物的形态要素特点来划分，则可分为线、面、体三类，渤海石灯幢定义了一个垂直的轴线，宁安大石桥则按水平纵向延伸，五常蓝旗营石牌坊与巴彦牌坊定义了一个面的要素，而双城承旭门、宁安望江楼则以三向度体块的效果对景观做出贡献；如果以所处空间要素不同来划分，则渤海石灯幢位于建筑组群轴线的高潮部分，宁安大石桥与巴彦牌坊位于道路中的节点，五常蓝旗营石牌坊为一个区域贡献了标识，双城承旭门、宁安望江楼则为城市的不同边界提供了景观标志。

## 二、典型案例

### （一）双城承旭门

承旭门位于双城市东部，始建于清代同治七年（1868年），是双城堡城墙四座城门之东门。时任双城堡总管的双福监督，重修双城堡城墙，建起四座城门，东为承旭门、西

为承恩门、南为永和门、北为永治门，至今仅存"东门"承旭门一座。1979年，双城县政府拨款进行修葺。

承旭门南北宽9.54米，东西长6.91米，高11.4米。城门分上下两层，底层墩台用青砖砌筑，分上身和下碱两部分，中间有宽4.86米的东西向门洞，横木密梁式。西立面门洞上方的横木过梁作彩绘。东立面门洞起三券三伏砖砌拱券，拱顶上方垛口高起处为双福总管亲笔题写、楷书阴刻的"承旭门"三个大字。门洞将基座底部分为南北两部分，两部分的外侧均辟有一券一伏的发券小门，从两小门进入分别有单跑楼梯通往基座顶部的平台。门洞前后底部嵌有四块花岗岩条石护角，石上雕刻有"暗八仙"（图3-4-1）。

墩台顶部面向城内一侧改垛口为屋檐的形式，故西立面呈歇山重楼造型。下层屋檐在南北侧立面上并不完整，而是在侧面发券小门上方断开。在断开处墩台墙体向外叠涩出挑牛腿和仿木的梁头以及封护垛口作为下层檐口的结束。

墩台之上立有歇山顶的门楼建筑，门楼面阔三间，进深一间，通面阔7.58米，通进深4.75米。檐柱间有翅形雀替。自四角柱向内退次间的一半做外檐装修，形成小阁与周围廊。小阁的四角采用八角形柱，八角形柱与门楼角柱之间做45°斜梁，斜梁外露在角柱外部分雕成龙头状。小阁的西面明间作板壁，其余各间作隔扇，隔扇心采用码三箭式。东

西南北四个额枋上的匾额分别题有"紫气东来"、"护堡咸宁"、"叨隶仁平"和"惠爱无疆"。

屋顶采用绿色琉璃瓦，正脊两端有龙吻。四条垂脊上有垂兽，四条戗脊上各有五只小跑兽。基座西面顶部的檐口有围脊和两条角脊，每条角脊上有戗兽和五只小跑兽。上下层屋檐的檐椽上均出两层飞椽，故檐口出挑较深远。椽子断面均为方形，檐椽断面是等大的，两层飞椽则根部粗端部细。上层老角梁与仔角梁共挂有16只惊雀铃。

承旭门结构坚固，造型舒展大方，带有东北地方特征，它是双城堡悠久历史的见证。

## （二）宁安望江楼

望江楼位于黑龙江省宁安市宁安镇西南部，牡丹江左岸，是座精巧典雅的二层小楼，原名"褒江楼"，亦名"抱江楼"，清光绪七年（1881年）所建。

望江楼是宁古塔副都统容峻为钦差大臣吴大澂建造的住所，该楼原为一庭院式建筑的组成部分。除望江楼外，组群里还有大门、影壁、二门、角门、花墙、正房五间、东西厢房各三间，庭院北建有花园，现在只有望江楼是古迹。

望江楼为三开间卷棚硬山顶两层楼阁，高7.54米，东西长8米，南北宽6.45米。背江一面上下两层的次间开门，明间与对侧次间开有圆窗4个，在墙面外建有木制走廊和扶梯，走廊和扶梯都用寻杖栏杆，走廊上下皆做步步锦倒挂楣子及花牙子雀替。沿江一面的二层做前出廊金里装修，檐柱间施立栏和花牙子雀替，柱上有卧栏，卧栏与檐枋之间有隔架的木雕花饰，廊外侧有栏杆。主梁梁头雕成龙头状。两侧廊心墙开方窗，窗洞外圆内方，山墙上的圆窗洞上方有青瓦窗头。山墙正中有方形斜置的砖雕腰花，博风头做圆形砖雕。前檐墀头的盘头部分亦作花卉主题的砖雕。屋面布青瓦，除靠近垂脊施两垄筒瓦，其余皆用板瓦。檐部临江一侧用木檐椽和飞椽，背面的椽飞望板为砖仿木做法。

楼体临江面首层墙上有一组精美的砖刻浮雕，全长7.8米，四周以卷草纹长砖构成边框，中心一组七块，以三块风

图3-4-1  双城承旭门（来源：李同予 提供）

（a）望江楼北侧　　　　　　　　　　（b）望江楼正面　　　　　　　　　　（c）望江楼檐下空间

图3-4-2　宁安望江楼（来源：周立军 摄）

景砖雕为主体，两端和中间以花瓶砖雕进行装饰。砖雕所表现的内容是宁古塔新城西部的风景名胜，由东向西依次为大石桥、莲花池、观音阁和西来庵。除大石桥外，均已不存（图3-4-2）。

望江楼建筑造型端庄优雅，雕饰精致而适度，有很高的艺术价值。

## （三）宁安大石桥

宁安大石桥位于宁安市区西鸡陵山下，横跨大沟壑上。石桥始建于1634年，位于自宁古塔通往吉林乌拉和盛京的交通要道上，也是前往松花江流域、黑龙江中下游地区与乌苏里江流域各地的必经之处。桥东有著名的泼雪泉，泉水流入沟壑，经大石桥南注牡丹江。

桥最初为木制，当地人称其为长板桥，后改石筑，是黑龙江省仅有的一座石拱桥。宁古塔将军驻地迁到宁古塔新城（即今宁安镇）后，改用青色玄武岩石块重建，又称青石桥，现为黑龙江省仅有的清代石拱桥。桥采用单曲拱，全长25米，宽4.5米，高7.3米。桥面铺方形石块，两侧设石栏杆，56根望柱分列两侧，望柱头为石桃，栏板下部做双拱以排水。端部作抱鼓石，抱鼓刻荷花，卷云收尾（图3-4-3）。桥的中部起拱，下面有4米多高的拱形桥洞。拱券两侧上端各有一个龙头石雕，雕刻粗犷，极富神态意蕴。

大石桥古朴坚实，体现了清代宁古塔边民崇简洁、尚壮美的美学观念。

## （四）巴彦牌坊

巴彦牌坊位于巴彦县县城人民大街东西十字街口，俗称东西牌楼，两坊相对而立，相距500米，是清光绪二十一年（1895年）巴彦乡绅为黑龙江将军依克唐阿、署将军齐齐哈

（a）桥身全景　　　　　　　　　　（b）桥身全景　　　　　　　　　　（c）细部装饰

图3-4-3　宁安大石桥（来源：程龙飞 摄）

图3-4-4 巴彦牌坊（来源：李同予 提供）

尔副都统增祺所建的德政坊。

牌坊系四柱三间三楼柱不冲天式，宽14米，高6.4米。明间屋顶为完整的歇山顶，两次间为半歇山顶，均铺绿色琉璃瓦，各垂脊下端有垂兽，各戗脊分兽前兽后，兽前部分有四个跑兽。翼角有很大的起翘，每个翼角下系一铁制风铃。檐下用双层檐椽、一层飞椽，使檐口有较大出挑。柱子断面为方形，柱子前后有8块夹杆石及8根戗杆。柱间有立栏，立栏下有雁翅形透雕雀替。柱上有宽且厚的卧栏，卧栏上并无斗栱，但有盖斗板型木板。两牌坊各有黑底红字正匾二块、配匾四块。东牌坊正匾书"德培中兴"、"德塞千古"字样，配匾有"恩周赤子"、"惠及苍生"等字；西牌坊正匾书"棠爱常留"、"樾荫永庇"字样，配匾有"泽流恩布"、"德洽惠周"等字（图3-4-4）。

1996年因城市改造，对牌坊采取整体移位，东牌坊向西平移7.2米，至人民大街与东直路十字交叉路口的交通环行岛内；西牌坊向东平移22.7米，至人民大街与西直路十字交叉路口的交通环行岛内，并抬高0.7米，使牌坊高度复原。

### （五）五常蓝旗石牌坊

蓝旗石牌坊位于五常市背荫河镇蓝旗村西南200米处，建于清道光十三年（1833年），是为当地贞洁烈女乌扎拉氏和西特胡里氏所立。据史料记载，额勒德木保之女乌扎拉氏

出嫁当日，战事突起，新婚丈夫还未来得及入洞房就随军出征了。经过了三年的日思夜盼，乌扎拉氏收到了一件来自军营的信函，展开发现，里面包着一根发辫。信中说，乌扎拉氏的丈夫已经战死沙场，为国捐躯，因而将他的辫子寄回，作为信物让乌扎拉氏保存。自此，年仅22岁的乌扎拉氏将辫子放入匣中，抱匣枕边，每日以泪洗面，哀叹自己凄惨的命运，终老一生未再嫁。至道光年间，乌扎拉氏宗族显赫时，多次上书道光帝为其旗中的贞女乌扎拉氏请表。道光帝感于乌氏宗族战功卓著，于道光十三年谕旨为乌扎拉氏立贞节牌记，赐号"洁玉"，予以表彰。

石坊由10块花岗岩石雕刻筑成，方位为正东正西，为四柱三间三楼柱不冲天形式。四石柱均为方形断面，柱身下部左右两侧与夹杆石连做，夹杆石上部有仰俯莲雕刻。明间屋顶为完整的庑殿顶，两次间屋顶为半庑殿顶。明、次间都将额枋与雀替连做，雀替都用骑马雀替。石坊额枋前后均阳刻碑文，正面为汉文，背面刻有同义满文。明间额枋刻有"圣旨旌表贞节，大清道光十三年四月吉日立"，相传为道光皇帝御书；左间额枋横书"精金"，"正红旗已故甲兵西特胡里氏乌兰保之妻孀妇守节五十四岁以昭真义"；右间额枋横书"洁玉"，"正蓝旗已故甲兵额勒德木之女乌扎拉氏于二十二岁时持信守节"。明间额枋文字四周雕刻行龙，两次

图3-4-5 五常蓝旗石牌坊（来源：李同予 提供）

间文字四周雕有暗八仙（图3-4-5）。

　　蓝旗石牌坊造型古朴稚拙，见证了满族与汉族的文化融合。

## （六）渤海石灯幢

　　在宁安市兴隆寺三圣殿和大雄宝殿之间，矗立着渤海时期（公元698～926年）的大型石灯幢。石灯幢由玄武岩石叠筑雕凿而成，现高6米，由下至上可分为基座、幢身和灯室三部分。石灯基座为八角形，有上枋、束腰、下枋和圭角四层，似简化的须弥座，束腰部分每面阴刻壶门。幢身由三层莲瓣的覆盆、覆盆之上的长鼓形圆柱和柱上的三层仰莲莲瓣组成。幢身之上是八角形的灯室，灯室似八角小亭子，有完整的上中下三分，下分为仿台基的八角形底盘，呈上大下小的两层，形成由莲瓣到灯室自然过渡。中分有八根角柱，柱下有圆形的柱础，柱间施阑额和地栿并向内刻出立颊（抱框）和上下槛，柱头上置一斗三升转角铺作，铺作上刻出替木与柱头枋相连，每根柱头枋上置五根檐椽。上分为攒尖屋顶，有八道垂脊，脊间刻瓦垄五道，幢顶由塔刹和四层相轮构成。整座石灯幢构思巧妙，每部分都相对完整又衔接自然，整体比例古雅壮硕，材质粗犷而刻工精练，是不可多得的唐风艺术珍品（图3-4-6）。

图3-4-6　石灯幢（来源：周立军 摄）

# 第四章　黑龙江省传统建筑的特征解析

　　黑龙江地区特殊的地理位置，本身形成了独具特色的寒地建筑形式，同时地处一个多元文化影响下的地区，经历了数次的历史变迁并受到多民族、外来国家的建筑文化、风土民俗的影响，造就了这样多民族、多国家文化氛围融合的局面。而对于黑龙江传统民居建筑，无论是建筑的外部形式或内部结构，其材料的使用也受到地理条件、自然环境的影响，表现出这一地区固有的风格。这些因素反映到黑龙江地域建筑的生成和发展过程中，在特殊地理特征、自然资源储备、不同民族文化的冲击与融合等影响，形成了丰富而特殊的传统建筑类型和特征。

　　本章通过大量传统建筑案例的整理分析研究，总结出黑龙江传统建筑普遍具有适寒性、多元性、适材性三个特征，并将详细解析每一种特征在黑龙江省传统建筑中的表现方式与成因。

# 第一节　黑龙江省传统建筑的适寒性特征

黑龙江省位于欧亚大陆东部、太平洋西岸、中国位置最北、最东，纬度最高，经度最东的省份。气候为温带大陆性季风气候，最低气温出现在一月，由南向北降低，同时我国的极端最低气温也出现在黑龙江省漠河县。全省年日照时数多在2400～2800小时，其中生长季日照时数占总时数的44%～48%，西多东少。全省太阳辐射资源比较丰富，时空分布特点是南多北少，夏季最多，冬季最少，生长季的辐射总量占全年的55%～60%。年平均风速多为2～4米/秒，春季风速最大，西南部大风日数最多、风能资源丰富。

黑龙江冬季漫长，长达6个月，天气寒冷而干燥，风力较大；夏季温热湿润，雨量充沛，风力较小；春秋两季非常短促，天气多变。春季多大风，降水量少，常出现春旱；秋季气候凉爽，常有早霜冻出现。相对特殊的气候条件导致黑龙江地区建筑的首要需求就是适寒性，需要在严寒冬季有效抵挡寒冷、获取更多光照。

## 一、黑龙江省传统建筑营建布局的适寒特征

黑龙江传统建筑的群体布局遵循寒地气候，以阳光院落化解风寒、竖向屏障阻挡风袭、空间梯度诱导风势。

### （一）营建布局特征

黑龙江地区的建筑群选址与中国大部分地区相似，都遵循着背山近水的基本原则。临近水源，无论是生活用水、生产用水都有充足的来源，还能解决排水、排洪、防火以及防御等方面的需要。此外，黑龙江地区冬季气候寒冷，盛行寒冷的西北季风，建筑选址尤其以南低北高的向阳坡地为佳。因为南低北高的向阳坡地比较暖和，与背阴坡地相比温度高10℃左右，而且是西北风的背风面，选择南面朝向的坡地既可以多争取日照，又能够抵御冬季寒冷的西北季风。平原村落在选址时则往往在村北、西两方向种植防风林带，以防从西伯利亚吹来的寒风袭击，使整体在严寒的冬季处于温暖

的小气候环境之中。

传统建筑的规划布局不管是平原地区，还是山地地区，都以争取更多阳光为目的，利用空间组织避免寒风侵袭。

平原地区的建筑朝向大多坐北朝南，并将主要出入口设在南面，北面通常是宅后空地或仅开一道小门，因而，平原村落中的主要道路大多沿东西向成带形分布，住宅于两侧紧密连接，较少有临街成对面布置的情况。南北向的道路较少，主要起辅助交通作用。

山地地区村落的街道一般情况下应顺应地形尽量平行等高线布置，以此节约用地、减少建筑基底开挖量，但是黑龙江地区山地村落的建筑朝向大多向南，因而街道布局受建筑朝向影响，与其他地区的山地村落相比具有自己的特点。坡度较陡的山地村落一般选在向阳的南坡，主要街道也基本上平行等高线布置，另设垂直等高线的宅间小路作为辅助；而坡度较缓的山地村落的主要街道大多沿东西方向垂直等高线布置，建筑布置于街道两旁，垂直于等高线，立面形态呈阶梯状升高（图4-1-1、图4-1-2）。

图 4-1-1　爱辉镇平面布局（来源：程龙飞 提供）

图 4-1-2　新兴村平面布局（来源：崔馨心 提供）

## （二）院落布局特征

黑龙江省的传统民居多以院落的形式存在，院落是外界环境和室内环境间的一个融合与过渡的区域，而在中国人的生活中，院落更是在使用上所不可或缺的一部分，很多生活上的活动，如晒谷、宴客、游戏、乘凉是经常在这样一个露天却又围合的良好空间中进行的。

首先，中国传统民居的院落空间要满足"自然人"的需要。一般要求：一是室外健身活动，呼吸新鲜空气，排放污浊空气和烟尘；二是良好的日照通风，改善室内外环境，并设有排水暗沟，在有条件的地方还有引清流入庭；三是按气候区的不同，利用院落空间形式（包括深、宽、窄）调节温、湿度，以达到冬暖夏凉的效果。

其次，中国传统民居的院落空间还要为"社会的人"提供劳作、交往、集会、娱乐和安全等多种需要的保证，这就是：家务劳动、亲朋交往、节日聚餐、儿童游戏等活动的场所；解决居住的安宁，使休息活动具有私密性和领域感，这是人的心理和行为的环境要求；院落又是联系大门入口和房间的过渡空间，成为活动中心，也是布置庭园山池树木，观赏花卉的空间。

黑龙江地区传统建筑在北方严寒的气候条件下，希望得到充分的日照，无疑是这种庭院类型构成的许多因素中最主

要的依据，院落式的布局具有重要的气候调节功能，封闭而露天的庭院能明显起到改善气候条件和减弱不良气候侵袭的作用。

相对而言，黑龙江民居的院落是中国各地民居中最为宽敞的，占地面积普遍较大，房屋在庭院中布置得比较松散，正房与厢房之间的间距较宽；从外院到内院，房屋的台基和体量也是从低到高的，从而突出正房的高大和宽广明亮。采用这样的松散布局，除了土地条件、生活生产习惯等因素外，一是因为东北地区地广人稀，建宅时可以多占土地，二是因为冬季寒冷，厢房与正房错开可以为正房多争取到日照，另外，东北人习惯于马车进院，为了容纳车马的同时还要有空间储存杂物（图4-1-3~图4-1-5）。

黑龙江省的传统公共建筑主要为寺庙、府衙等，具有北方四合院的特点，传统的公共建筑以围合院落形式为主。北侧由于冬季西北风较多，以墙或者回廊等进行隔断封闭。南侧则开门迎接阳光，接受温暖的南风。

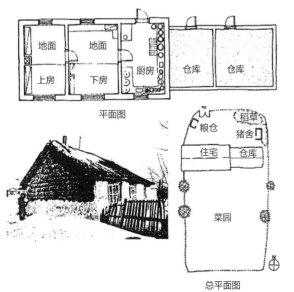

图4-1-3　哈尔滨市星光村某民居院落平面（来源：李同予 提供）

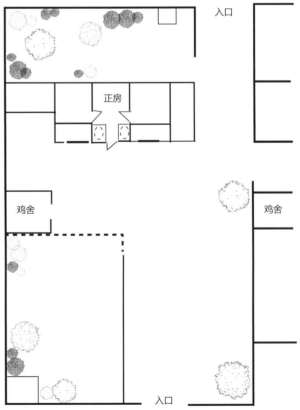

图4-1-4　哈尔滨市永源镇永富村朱宅院落平面（来源：网络）

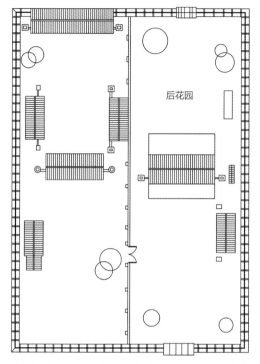

图 4-1-5　哈尔滨市呼兰县萧红故居院落平面（来源：网络）

## 二、黑龙江省传统建筑建筑单体形态的适寒特征

黑龙江地区各民族住宅的外形，主要是由于自然环境及气候环境的影响形成的，即构成各民族住宅外形的要素——简洁的形体、墙壁的厚度、开窗的形式、屋顶的坡度等突出反映了气候环境的影响。

### （一）集聚收缩的单体结构

为抵御冬季寒冷的气候，传统建筑建筑单体多具有形体简洁、体形系数小的特点。建筑造型简洁、规整，尽量避免复杂的轮廓线，尽量把体形系数控制在≤0.4。不同于南方建筑，以通风散热为主，面临漫长冬季严寒气候的不利影响，黑龙江传统建筑单体的形态构成以厚重、敦实、规整为主，如哈尔滨呼兰清真寺与山东临清清真寺形态对比，山东临清清真寺建筑规模宏大，气势宏伟，相比哈尔滨呼兰清真寺整体建筑对称、协调、雅静，建筑为四合庭

院，东面为对厅，礼拜大殿坐西，殿门前高悬九龙匾和左宝贵题书匾额。拾阶而上，殿为"明三（间）暗六（间）"结构，可容300人礼拜。整体给人以古朴典雅，简洁大方的感受。

在建筑单体的平面形式上，黑龙江地区传统民居的建筑尺度根据各民族习惯的不同有所差异，通常情况下，住宅的开间尺寸普遍在3.4~4米（10~12尺）之间，进深尺寸普遍在6~9米（18~27尺）之间。满、汉民居和朝鲜族民居，多是将平面在完整矩形里进行简单划分，这是为了保证建筑形体有较小的体型系数，有利于冬季的保温。房间的数量不多，靠外门的一间是厨房，主要设置了做饭兼顾烧火炕的炉灶。有火炕的房间都是人们寝食起居的主要房间。汉族民居的正房，一般划分为三间，以堂屋为中心，这是延续汉族居住建筑的传统习惯。满族民居也以三间的住房最多，一般为西、中、东三间，门有的开在中间，也有开在东间，朝南。门开在东间的，从门进去，很像是钻进了一个口袋里面，也就是俗称的"口袋房"。

黑龙江传统建筑空间都是以完整的矩形为母题，基本不做形状上的变化，并且空间的布置和划分也受到了中国传统建筑追求轴线、对称、均衡等设计原则的影响，即使是不太讲求轴线关系的朝鲜民居的室内外空间划分也十分规整，同时，黑龙江传统民居十分注重在室内外创造便于交流的开放空间，虽然由于气候原因，室内空间较为封闭，但客人仍然可以非常方便、自然地进屋上炕，这与黑龙江人好客大气的民风是一致的（图4-1-6）。

### （二）适应寒冷气候的墙体做法

墙是房屋四周的遮挡物，是房屋建筑的主体。墙作为围护结构可以抵御气候变化，并且保护居住者的安全，墙的厚度、长度和高度影响墙的坚固和耐用性能。黑龙江地区气候寒冷，传统建筑墙体一般较厚，可以有效隔绝室外温度渗入室内，确保室内温度变化。墙体厚度必须满足冬季防寒保暖的要求。一般来说，为了抵御冬季寒冷的西北风，北墙最为厚重，厚度在450~500毫米左右；南墙其次，其厚度

图 4-1-6 哈尔滨呼兰清真寺与山东临清清真寺形态对比（来源：程龙飞 提供）

在400～420毫米左右；山墙基本都是砖砌，厚度一般在370～380毫米左右；室内隔墙由于不承重，普遍做得很薄，一般在80～120毫米左右，经济状况差的用草泥墙，经济状况好的用木板墙。特殊的是，朝鲜族民居采用薄墙、大面积火炕的做法来御寒，这是很有特色的，其墙壁大多为泥墙，墙面用白灰粉刷。由于采用满屋炕的形式，冬季室内温度适宜，因而墙体都比较薄，在120～150毫米左右（图4-1-7）。

### （三）开窗形式的适寒特征

门窗洞口的特点：黑龙江传统建筑一般只在南向的正面开窗，侧面不开窗，背立面通常也不开窗，有的人家为了通风和采光要求，只开很小的气窗，因而墙面的实体部分明显多于开洞部分，建筑形象非常厚重，这是黑龙江传统建筑的一个共性特征（图4-1-8、图4-1-9）。

为满足保温防寒的需求，当地传统民居多采用支摘窗，窗上扇做花格糊白纸，下扇装玻璃，特别适用于支摘双层窗。白天支起上扇，夜间关起，既保温又美观。支摘窗相对平开窗而言减少了冬季窗户上的冷风渗透。传统民居多采用"窗户纸糊在外"的做法。窗构架多为木材，窗棂做成各种花式，再将纸糊在窗棂外面，用以遮风、挡雨、御寒。经常使用的是一种拉力很强的、专门用于糊窗户的"麻纸"，居

图 4-1-7 黑河市爱辉镇爱辉村满族传统民居（来源：周立军 摄）

图4-1-8　逊克县干岔子乡朝鲜族村传统民居（来源：程龙飞 摄）

图4-1-9　传统民居支摘窗（来源：程龙飞 摄）

民称之为"窗户纸"或"毛头纸"。其实这种做法是适应气候的产物。冬季风大雪多，室内外温差达40~50℃，如果将窗纸在窗根内侧，呼啸的大风就会将窗纸吹离，导致窗纸被吹破，并且窗根在外，下雪时窗根容易积雪，外面气温低了容易结冰，室内一旦升温，融化的水就会流到窗纸与窗户的结合处浸湿窗纸，造成窗纸的损坏。将窗纸糊在外则可尽量避免此类情况。

## （四）屋顶形式及天棚做法

　　黑龙江地区传统建筑多采用坡度陡峭的屋顶，屋顶曲线小且自然顺畅，坡屋顶主要包括双坡屋顶、四坡屋顶等，其原因是与黑龙江地域的气候环境以及所使用的建筑材料有很大的关系。黑龙江省冬季漫长、气温寒冷，整个冬天有很长的结冰期，遇雨雪排放不及时极易形成冻害，积雪积水若长时间停留在屋顶上形成的冻害将直接影响建筑的使用寿命，因此，建筑屋顶一般会相对较陡便于积雪积水及时排走，同时又使本来很平常、简陋的小屋变得活泼丰富。黑龙江传统建筑的屋面材料以经济的"草"为主。满汉民居屋顶基本上都是硬山式，屋面的等级区分不明显。坡度较大，在高度上与墙体的比例接近1∶1，不易积雪，其房子的梁架是由梁、檩、椽组成的木构架，而房顶以草覆盖，十分朴实。鲜族民居的屋顶，形式为悬山和四坡顶，草厚度很大，有30~50厘米。虽然黑龙江民居屋顶的形制不多，材料简陋，形象简单，但相对于形体单纯的建筑整体来说，它仍是显著的形象要素之一。

　　硬山屋顶材料有草和瓦两种。用草覆盖的屋顶形式比较单一，因功能需要，屋顶较厚重；用瓦覆盖的屋顶形式主要有仰瓦铺砌、合瓦铺砌、仰合瓦铺砌三种形式。黑龙江传统的民间建筑主要以小青瓦仰瓦铺砌为主，即屋面铺瓦全部以板瓦的凹面向上的形式，在屋面坡顶的两端用合瓦压边，以避免屋顶产生单薄之感，合瓦有三垄、四垄、五垄等形式。在黑龙江一带的坛庙寺院建筑中用瓦覆盖的屋顶形式有仰瓦铺砌、合瓦铺砌、仰合瓦铺砌三种形式。合瓦铺砌是相对仰瓦铺砌而言的，合瓦铺砌即合瓦覆盖在相邻两列仰瓦之间的缝隙上，合瓦可以是板瓦也可以是筒瓦，视建筑等级而定。

　　虽然屋顶、墙体等起着抵御风寒的作用，但是在屋架一般做有天棚，使得屋架与天棚之间成为独立的空间以阻隔寒气。有的在天棚上放置锯末、石灰或者草木灰以防寒，再在天棚下裱糊纸数层。天棚棚体很轻，易于制作，有船底棚、斗底棚、平棚三种做法。较小的房屋采用平棚，船底棚和斗底棚一般用于较宽大的房屋。由于当地传统民居的层高都较低，船底棚的做法使内净空扩大，空气畅通，没有低矮压抑的感觉，较为实用。斗底棚做成四面坡度，做法与船底棚相仿，但要求房屋必须足够宽大（图4-1-10）。

图 4-1-10　黑河市爱辉镇爱辉村满族传统民居（来源：周立军 摄）

## 第二节　黑龙江省传统建筑装饰的多元性特征

中国是一个拥有56个民族的国家，各民族都有自己的发展历史、风俗习惯、文化艺术，这些特点在建筑文化上也得到了充分的反映，形成了各民族特有的建筑文化。早在旧石器时代，黑龙江地区就有人类活动，汉、满、朝鲜等民族早就在此劳动生息。

黑龙江省地处于一个多元文化影响下的地区，这里经历了数次的历史变迁。黑龙江地区是一个以汉族为主体的多民族地区，在长期的交往和融合中，各民族的民俗文化有趋同的倾向，但还保持着各自的民族特色。这里是满族（古肃慎后裔女真人）的发祥地，满族是黑龙江人口最多的少数民族，他们以农业生产为主。朝鲜族人数相对较少，主要聚居在东部地区，主要从事水稻种植。其他少数民族还有蒙古、达斡尔、锡伯、鄂伦春、鄂温克、赫哲等族。

黑龙江地区同时也受到像日本、俄罗斯等国家建筑文化、风土民俗的影响，百多年前的中东铁路带来了大量俄国移民，黑龙江接受了四海飘雨和八面来风的洗礼，并在洗礼中形成了不同于其他中国传统城市的别样风格。

多民族的融合与外国移民的聚集，带来了多样的文化，也造就了这样多民族、多国家文化氛围融合的局面，黑龙江省就是在这些不同民族文化的相同点和不同点等影响下，形成了自身具有多元文化的特点。

## 一、黑龙江省传统建筑文化概述

### （一）民风民俗

黑龙江地区的传统建筑在进行文化选择时等级观念效仿中国传统文化，因为中国传统的封建制度推崇儒学文化，中国传统建筑强调"北屋为尊，两厢次之，倒座为宾"的位置序列，强调尊卑有序、长幼有序、内外有序，带有很强的封建伦理色彩；讲究秩序、对称布局，表现出强烈的伦理色彩。

然而，黑龙江地区的其他少数民族却不尽相同。满族及其先民世代生活在东北，东北的自然环境对其居住习俗有着很大的影响，使生活在这里的满族及其先民的居住习俗与众不同，独具特色。这种特色既是不同历史发展阶段社会生活的反映，也是其民族性的体现。满族人以牧猎为生，他们的生活观念是"近水为吉，近山为家"，在其居所由山地向丘陵再到平底的迁徙过程中，常把"背山面水"作为理想的宅地条件，这正符合了中国传统文化观中山环水绕的意境。

满族盖房时，须先盖西厢房，再盖东厢，落成的正房，也以西屋为大，称为上屋，上屋内的西炕更是敬祭神祖的圣清场所。满族的早期神话世界中，天穹主神是女神阿尔卡赫赫，她身边有四方女神，看到人类辨不清方向，生活艰难，因此下来给人类指方向。因西方女神注勒给走路一蹦三跳，先到了人间，指明了那是西方，所以人类先敬奉她，第二个至人间的是东方女神德勒给，所以人们有先敬西、后敬东的风俗。实际上，辽金以前，满族先民崇尚的是东方，东方是太阳升起的地方，是光热的源头，所以门往东开。辽金以后，女真人有了地面居室，往往选择山的阳坡架木为室，西北风被山挡住，东北风却挡不住，这样东山房就比较冷。满族敬老，暖和的西屋为长辈所居，祭礼也在西屋举行，久而久之，形成了以西为贵的风尚。

目前中国的朝鲜族几乎都居住在我国东北三省，是我国56个少数民族之一，黑龙江省内的朝鲜族人口数虽不及满族多，但也是省内少数民族的主要组成部分。朝鲜族是从世纪初，由于社会历史等原因从朝鲜半岛迁移到黑龙江地区居住的民族。朝鲜族的经济方式以农业为主，朝鲜族聚居地区的主要粮食作物是水稻，因此朝鲜族民居多修筑在适合种植水田的背山临水之地或河谷冲击平原地带。朝鲜民族有尚白的审美观念，这在日常生活、衣着服饰上多有表现，被称为"白衣民族"，其民居建筑也以白色为美。朝鲜族民居根据建筑材料主要分为土坯盖成的传统茅草房和砖木结构的瓦房，无论哪种形式，都以白色敷墙，一般是朝向南面和东面的墙体刷白，因此在朝、汉杂居的村落，很容易辨认出朝鲜族民居。朝鲜族先民认为仙鸟祥瑞通灵，奉为神物，并将之振翅腾空的英姿融入民居建筑的形式美感中。

朝鲜族的传统建筑及其生活习惯，在朝鲜半岛朝鲜族的祖先时期形成，在迁移过程中，他们带来朝鲜族的生活习惯、民风民俗，同时也把朝鲜半岛的房屋建筑样式以及居住文化带到了中国的黑龙江地区，尤其是在结合黑龙江气候寒冷等特点的基础上发展出了具有自身特点的建筑文化，充分表现出了具有鲜明风俗文化的朝鲜族特点。

## （二）宗教信仰

萨满教是我国古代北方民族普遍信仰的一种原始宗教，特别是黑龙江地区满族人民的重要宗教信仰。萨满教产生于原始母系氏族社会的繁荣时期，其原始信仰行为的传布区域相当广阔，囊括了北亚、中北欧及北美的广袤地区。古代北方民族或部落如肃慎、勿吉、靺鞨、女真、匈奴、契丹等，近代北方民族如满族、蒙古族、赫哲族、鄂伦春族、鄂温克族、哈萨克族等，大都信奉萨满教或保留一些萨满教的某些遗俗。

萨满是通古斯语族的语言，最早出现在南宋历史文献《三朝北盟会编》中，原意为"因兴奋而狂舞的人"，后来意指巫师一类的人。萨满，被称为神与人之间的中介者，他（她）可以将人的祈求、愿望转达给神，也可以将神的意志传达给人，萨满企图以各种精神方式掌握超级生命形态的秘密和能力，获取这些秘密和神灵奇力是萨满的一种生命实践内容。

萨满教是一种原始的多神教，远古时代的人们把各种自然物和变化莫测的自然现象，与人类生活本身联系起来，赋予它们以主观的意识，从而对它敬仰和祈求，形成最初的宗教观念，即万物有灵。宇宙由天神主宰，山有山神，火有火神，风有风神，雨有雨神，地上又有各种动物神、植物神和祖先神，从而形成普遍的自然崇拜（如风、雨、雷、电神等）、图腾崇拜（如虎、鹰、鹿神等）和祖先崇拜（如佛朵妈妈等）（图4-2-1）。

萨满教具有较明显的氏族部落宗教特点，信仰萨满教的各民族之间虽然没有共同的经典、神名和统一组织，但彼

 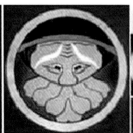  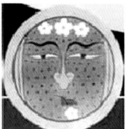

財神　　　　　　蘑菇神　　　　　　七乳妈妈　　　　　　七星神　　　　　　天花妈妈

图4-2-1　萨满教图案（来源：孟慧英 提供）

此有大致相同的基本特征：相信万物有灵和灵魂不灭；认为宇宙有上、中、下三界，即天上为神灵所居、人间为人类所居、阴间为魔鬼和祖先神所居；认为宇宙万物、人世祸福皆由神鬼主宰，神灵赐福、魔鬼布祸；相信氏族的萨满神能保护族人，其化身"萨满"具有特殊的品格和神通，可为本族消灾求福；由全氏族成员共同参加的宗教节日和宗教仪式。

其次，佛教于魏晋南北朝时期在中国迅速传播，舍宅为寺现象盛行，这一时期也是佛教进入中国后在建筑形态、布局、配置等方面汉化的重要时期。这之后经过漫长的时期，汉传佛寺的建筑形制逐渐成熟，至明代，佛寺建筑的院落形式已经相当明确，整体格局更加规整。由于汉传佛寺深受住宅、宫殿等传统建筑模式的影响，佛寺一般都有成组的庭院组成且轴线分明、左右对称。黑龙江省现有佛寺 30 余座，其中 1949 年以前的约有 10 余座，但保存较好的较少，由于历史原因以及年久失修，虽具有一定的研究价值，但许多现存的佛寺都遭到了不同程度的破坏。

再有，黑龙江省回族人数较多，回族信奉伊斯兰教，清真寺是回族的重要礼拜场所，黑龙江现存的清真寺有 30 座之多，既有传统的中国建筑风格，也有俄式、阿拉伯式的建筑风格。

在黑龙江广大的地域内还有一些其他类型的庙宇，如源于民间习俗的祭祀神灵的庙宇、祭祀祖先的家庙祠堂等，以此来表达人们向自然、神灵、鬼魂、祖先等的一种祭祀意向活动。这类建筑规模往往不大，在全国分布面相当广，数量颇多，同样在地广人稀的黑龙江也分布广泛，而且因数量众多还呈现出一定的地域特性。

## （三）外来语汇

在建筑起源之初，因地域性和文化性不同，中西方建筑文化就存在很大差异，并且这种差异在以后的发展过程中被不断强化。外来建筑文化传入中国之时，中国传统建筑无论是在营建思想还是建筑技术方面虽均已趋于成熟，但在中国传统建筑文化圈内还是不同程度的受到了西方建筑文化的影响，这种影响渗透到了当时的建筑观念、风格、技术手段等

方方面面。

7世纪中叶，伊斯兰教作为外传教义传入中国后，教徒礼拜用的伊斯兰建筑在发展演变中渐渐由西式走向中式，有了本民族的特色。明末以后中西方文化交流密切，传统的清真寺建筑因其最初有西方背景很容易受西方建筑观念的影响进而表现出西式风格的清真寺建筑的样式。清朝以来，中西方文化的交流空前繁荣，外来建筑文化受到前所未有的推崇，在黑龙江这片地域内也出现了好多带有西式风格的建筑。当西洋式样的建筑与中国传统的建筑在内容上与传统的等级制度、礼制观念相冲突时，为实现二者的统一人们选择折中的方式将二者结合到一起。直到中东铁路的兴建，中西建筑文化的相互渗透与融合使建筑获得了新的演绎方式。

中西建筑文化的碰撞与交融，不仅使黑龙江文化的特质更为明显，而且还衍生出新的建筑文化景观。

## （四）文化变迁

民族文化是历史的产物，它是总在不断的发展和演变。但在整个文化变迁的过程中，文化的民族特征是相对稳定的，特别是凝聚民族群体的伦理道德、思维方式、价值观念而形成的民族文化精神，作为民族文化的基本特征，作为民族文化的基本传统，是不会轻易改变的。文化的民族特征的相对稳定，使得作为民族的人类共同体也相对稳定。这种稳定不会因为两种文化广泛深入的接触而丧失，也不会在涵化的过程中变异，它是一个民族存在的根源，是一个民族区别于其他民族的重要识别信息。

黑龙江省民族众多，其中有汉族、满族、回族、蒙古族等10个世居少数民族，各少数民族因生活习惯及民族信仰不同，生活方式及住宅营建也不尽相同。

自清朝入关，各族文化碰撞交融、相互影响，文化的碰撞也影响了建筑的营建理念，在相互交融借鉴中，建筑也有了一些共同点，尽管如此，因信仰、礼制思想的不同，这些建筑在保持共性的同时还有本民族自己的特性。这些个性和共性构成了黑龙江传统建筑的地域性。文化选择的不仅是文化，同时还选择了建筑发展的方向。

## 二、外部空间造型特征的多元性

### （一）屋顶形式

汉族民居一般都采用硬山式、悬山式，有的地方也有平顶、尖顶等形式，在外部形态上与满族民居大致相同，因此如果只看屋顶的形态将很难区分汉族和满族民居（图4-2-2、图4-2-3）。满族民居则绝大多数都采用硬山形式，屋面下无斗拱，极个别建筑也有采用歇山、攒尖、卷棚的。这些并非是满族人自己的创造，而是受到汉族文化的影响模仿建造的，模仿就未必学得很地道。比如满族人在做歇山顶时，对歇山的收山做法不得要领，而是在原满族硬山的基础上，另出外廊柱，并在新加的外廊柱上架设戗脊。这种"外廊歇山"在建筑立面上表现为：歇山顶的三角形山墙面与下面的外墙上下相对，一看就知是由硬山发展而来的，满族人对老建筑也并未真正甚至出现梁架为卷棚，外观却起脊等

（见图4-2-4、图4-2-5）。

朝鲜族民居，根据屋顶的形状，分为悬山式、四坡式、歇山式三种。大体上草房屋顶多悬山式和四坡式，歇山式多用于瓦房的屋顶。朝鲜族传统建筑中无论是传统草房还是瓦房，都以柔和的曲线线条勾勒出房屋上部外观：传统的朝鲜族建筑屋顶普遍做成四坡水的形式，一般由四个斜面构成，屋顶坡度缓和，两翼斜坡较小，以谷草、稻草层层覆盖，苫草很厚，因此自然形成缓缓的曲线和缓慢的曲面；瓦房多为歇山式建筑样式，屋顶线条中间平行如舟，屋脊两端和檐头四角饰有纹样，并向上翘起，姿态凌空欲飞如鹤，轻盈峭拔，又覆盖屋顶的瓦片极大，为弯成弧状的长方形，这样瓦片的纵横排列与其曲面间形成直曲错落、活泼典雅的美感。朝鲜族传统建筑屋脊线条的曲妍凌空之美源于朝鲜民族对于仙鸟的图腾崇拜观念（图4-2-6、图4-2-7）。

图 4-2-2　汉族硬山屋顶（来源：周巍 提供）

图 4-2-3　汉族悬山屋顶（来源：周巍 提供）

图 4-2-4　满族拱形顶（来源：周巍 提供）

图 4-2-5　满族硬山屋顶（来源：周巍 提供）

图 4-2-6　朝鲜族民居四坡式屋顶（来源：周巍 提供）

图 4-2-7　朝鲜族民居歇山式屋顶（来源：周巍 提供）

图 4-2-8　卜奎清真寺（来源：马本和 摄）

黑龙江传统建筑屋顶形式在不同宗教信仰方面也有所融合：以齐齐哈尔的卜奎清真寺为例，整个建筑群最为宏伟的要数东寺的窑殿。窑殿为三层通体出檐的四边形塔式建筑：第一层为米哈拉卜，与大殿相通；第二层伪通体砖雕，雕有鲤鱼卧蓬图案，图案异彩纷呈，每面有九个圆形砖雕，上刻阿拉伯文的圣主名字和圣形；第三层东侧悬蓝底黄字"天房捷境"竖匾。窑殿塔顶四脊攒尖，各脊兽奇形异态，无一雷同。塔尖是全寺最高点，在莲花底座上镶有高1.9米、直径0.9米的镀金葫芦，葫芦尖上嵌有40厘米长金色新月，金光夺目，堪称一绝。这不仅是伊斯兰教"弯月涵星"的象征，也是伊、佛、道三教汇同的象征、民族团结的象征（图4-2-8）。

## （二）体现地域特征的烟囱

黑龙江传统民居的室内部都设有火炕，因此民居的两侧常设有火炕烟囱，烟囱的顶端是装饰的重点。

满族传统民居，无论青砖瓦房还是土坯草房，都有一个显著的特征，即烟囱不是建在山墙上方的屋顶上，也不是从房顶中间伸出来，而是像一座小塔一样立在房屋山墙之侧或南窗之前，民间称之为"跨海烟囱"、"落地烟囱"，满语谓之"呼兰"。这种样式的烟囱来源于山林中满族人的住宅。满族原来生活在森林中，因利用容易取到的材料建造房屋，所以大部分屋顶由桦树皮或茅草做成，甚至连墙壁也用木材建造。因此，如果把烟囱直接设置在墙壁或房顶上会有发生火灾的危险，所以，远离房屋设置烟囱，有利于防止火灾的发生。另外，烟囱不安在房顶，安在山墙边，可以减小烟囱对房顶的压力。还有，如果在房顶上修烟囱，因烟囱底部容易漏水、渗水，春天雪化的时候水就从烟底下流入房里，容易腐烂房木，因此，烟囱安在山墙边就可以避免上述种种麻烦。

满族人远离建筑物修建烟囱的建筑方式，即使在经济水平提高、生活环境从山上挪到平地、利用土砖或青砖等砌墙后，也没有改变。满族传统的民居一般在房屋的东前侧或西侧设立烟囱（图4-2-9、图4-2-10），其制作方法因地区不同而取材也不同。有的将圆木中间挖空，里外均抹黄泥，以防火及风雨侵蚀；有的用土坯及砖砌成，土坯草房的烟囱形态像酒瓶，砖砌的烟囱呈正方形，越上越窄，从远处看像小塔；还有一些人家的烟图，在顶端上套了一只荆条避免灌入雨雪，从远处看好像戴了一只奇形怪状的帽子，别具黑龙江传统民居韵味。

图4-2-10　跨海烟囱（来源：周立军 摄）

由于这种烟囱距房体有一段间隔，其间有内留烟道的短墙相连接，俗称为"烟皮脖子"或"烟囱桥子"。为防止冬季严寒时受冻影响排烟烧炕，有的地方还在此短墙下留出类似桥洞的空间，以便用柴火加热以利烟道畅通。此外，在烟囱的底部烟道平面以下留出一个浅炕，俗称"狗窝"，以防逆风冷气倒灌。在民间，这种烟还有一些特殊的用途，比如有的地区冬天把鸡窝搭在常有热气通过的"烟桥子"上，使鸡也能住在"炕"上，冬季仍可产蛋。民间还认为烟囱根是死人魂灵寄身之处，年节时在此处烧纸祭奠家中老人病重咽气之初，儿女要到烟囱根下喊"朝西南光明大道走"，谓之"指路"。

朝鲜族民居的烟囱，用木板做成长条形的方筒做烟皮，尺寸约25厘米×25厘米左右，高达房脊，位置在房屋的左侧或右侧，直立于地面，烟脖（烟道）卧于地下。这种烟囱制作简单，施工方便又省材料，本身体积小而轻便，其主要的问题是不防火。但是由于火炕面积大，火洞迂回曲折，烟火在炕洞循环时间长，火焰逐渐消失，当烟升入烟道时已无火焰存在。朝鲜族民居的烟囱，现在除了用木头做的烟囱之外，还有用砖和土砌成的，但过去没有砖修的烟囱，大部分是用原木或木板做的烟囱（图4-2-11）。

黑龙江传统民居的烟囱其中有一个共通点就是，不管是哪个民族的民居，其烟囱都是放置在山墙边的，这是和东北地区的气候条件分不开的：

图4-2-9　东门村满族传统民居（来源：王艳 提供）

图 4-2-11　木板烟囱（来源：周巍 提供）

第一，火炕是黑龙江地区冬季室内取暖的主要方式，而火从灶燃起至变为烟气散出的距离，以柴或草的燃烧力，均为8~10米内（指平均温热度）。一般土屋中的火炕，大致6~10米；满族的炕为"万字炕"，其长度也在10米之内。可见，烟囱安在山墙边，是为了延长烟火的走向，让柴或草的热度均保留于炕内。

第二，烟囱安在山墙边，可以减小烟肉安在房顶对房顶的压力。

第三，房上如果修了烟囱，烟囱底部往往最易漏水、渗水，春季积雪融化的水也往往易从烟囱底下流入房里，易烂房木，所以，烟囱安在山墙边就减去了这些麻烦。

第四，烟囱安在山墙外边还可以节省烟囱所占的室内面积。

第五，烟囱整齐地坐在房屋山墙两头，使房屋显得整齐一致，形成了一种黑龙江地区特有的空间韵律。

烟囱是黑龙江传统建筑外观一个比较明显的特征，现在的民居中，大多把烟囱建在屋顶，烟道与墙融为一体，使烟道内的余热进一步散发到室内，取暖效果更佳。在黑龙江民居中的火炕决定了烟囱存在的必然性，也为建筑形象带来了变化，与简洁的房屋体量形成一横一纵、一大一小的和谐构图关系。

## 三、内部空间利用的多元性

### （一）火炕文化

由于黑龙江省冬季寒冷而漫长，流行于南方的床无法抵挡冬天的寒冷，黑龙江人民就发明火坑这种室内陈设。火坑的最主要功能就是取暖，这也是黑龙江地区最具地域性特色的室内陈设。

黑龙江传统民居建筑中无论是满汉民居，还是朝鲜族民居，火炕都是室内空间的主体，空间的设置划分、家居布置和使用习俗都是围绕火炕展开。1977年黑龙江省东宁发掘的一个汉代半地穴式居住遗址，平面呈9.2米×7.2米的长方形，紧靠西壁和整个北壁修建了一道"亲地龙式"的"火墙"，高30厘米；"火墙"南墙连有一个灶，火塘北端有两股烟道在"火墙"中穿行，由西向东渐高，由东北角走。这种利用灶坑余热的"亲地龙式火墙"作为黑龙江地区古代民族为防御严寒发明的室内取暖措施，是以后黑龙江地区广泛流行的火炕和火墙的前身。有说法是黑龙江当地满族民居的火炕是在唐宋时期从北方汉族那里学习而来，这一发现至少证明了黑龙江的火炕是有发展脉络的。火炕是黑龙江一带的古代人从穴居到地面居住的必要条件，这决定了在寒冷地区的建筑发展中，它不仅仅是一项适应寒冷地区的技术创造，而且也是人们进行多种活动的主要空间，与人们的生活文化息息相关，形成了特有的火炕文化。

汉族民居的火炕一般设在房间的南侧，少数设在北侧，或南北均设炕，形为"一"字形炕。乡村、大型住宅都有正房和东西厢房。正房是院内主要房屋，一般由三间或五间构成，屋内设南炕与北炕。南炕为长辈居住，北炕分住兄弟子、女等。南炕因阳光充足窗子大比较暖和，成为居住的中心；北炕阳光不足显得阴暗，昼间活动较少。较大的房屋火炕设在北端，较小的房屋火炕设在南端，当炕设在北端时在屋地中间做地罩以划分空间，使得睡眠时更加安静。睡觉时，头朝炕外，脚抵墙。墙上贴有吉祥年画，炕上铺炕席，摆有长方形炕桌，炕梢置炕柜，柜内装梳妆用。冬季采暖以火炕为主，充分利用炉灶热量，火炕下均有添火口。

满族民居的房间中西屋面积最大，在南、北、西三面筑有"围炕"，称为"万字炕"，另有"转圈炕"、"拐子炕"等称呼，满语称为"土瓦"。南炕为长辈睡卧，北炕为晚辈睡卧，西炕为供祖先之处。炕上铺芦席，布置炕几、炕柜等家具，当有客人到访的时候，可以直接入室上炕，一个炕可睡许多人；就餐的位置也在西屋的南炕上，就餐时，在炕上放桌子，置饭菜于其上，如《呼兰县志》所言："夜宿，老者之席距火洞近，次为稚幼，以热度强弱之差为敬爱之别"。睡时要头朝炕边，足抵窗，无论男女老幼皆并头，若以足向人，则谓之不敬。火炕既住人，又可取暖，秋收后，还可在炕上烘干粮食，是满族等黑龙江省少数民族因地制宜的一大创造。北墙带有小龛，小龛上有黑漆小门，上贴有带黑色福字的红纸，糜子收获后，经过锅蒸，然后贮存在小门内炕上，用以炕去湿气，这就是炕粮的粮炕。这是黑龙江满族民居不同于其他地方满族民居的一大特征。

满族人发展初期，在与蒙古人频繁接触中，蒙古人的宗教信仰、风俗习惯、生活方式潜移默化地进入满族人的生活。同是在黑龙江地区，满族人用万字南北炕，而汉族人却只用单面炕，而且当时满族人习惯保持小的家庭单元，这样看来，满族人家初期根本用不着这么大面积的南北炕。出现这种现象的原因只要看一下早期蒙古人的生活方式就可以理解了。波·少布在《黑龙江蒙古研究》一书中说："蒙古族尚右，所以西为大。"以尚右解释尚西有一定道理，另外从萨满教的角度讲，尚西与崇日有关，其出源于萨满教原始自然崇拜。日出东方，无论是供在西墙上的祖先灵魂或其他神灵，还是坐在西炕上祭祀的萨满都是面向东方，即日出的方向，因此，这种屋中两面住人并留出西向祭祀的方式被同样崇拜萨满的满族人所接受，形成具有满族特点的"万字炕"。

朝鲜族民居的火炕普遍采用满屋炕的形态，是朝鲜族独特的居住文化，黑龙江的朝鲜民居也保留着这种火炕形式，不论什么类型的房屋，均为大炕，正是由于大房内也设置了温突，得以使会客、起居、家务等活动真正和卧室分离开，成为住宅的中心空间。温突是往灶坑里加火，烧热炕板，靠炕板的热，对人体或室内的空气加热，是综合利用传热、辐射、对流等三种原理的暖房设施，构造非常合理。朝鲜族的火炕与其他民族的大炕相比较，具有面积最大、高度最矮的特点，这与朝鲜族过坐式生活相适应（图4-2-12、图4-2-13）。由于朝鲜族世世代代生活在火炕上，火炕影响了朝鲜族的服饰和饮食等诸多方面。男子穿的宽大的裤子和妇女从胸际开始的长裙十分便于在炕上起卧；饮食上，朝鲜族人喜爱吃辛辣、清淡食物以适应暖炕生活。火炕还影响了朝鲜族的舞蹈，使朝鲜族舞蹈上身和手臂的动作幅度大，而下身的动作小。

火炕的运用不但常见于的民居住宅，有时在一些寺观庙宇中也有设置，如在黑龙江一带的清真寺建筑中的礼拜空

图4-2-12　黑龙江省朝鲜族火炕满屋炕（来源：网络）

图4-2-13　朝鲜族大叔盘坐在火炕上（来源：网络）

图 4-2-14 依兰清真寺暖殿（来源：韩宁 提供）

图 4-2-15 黑河清真寺暖殿（来源：韩宁 提供）

间。因为黑龙江冬季寒冷，当地常将礼拜空间布置在清真寺的配殿当中，其内部空间的布局与礼拜大殿的基本相同。

但是为了抵御寒冷，配殿中一般会采用火炕或暖气的方式进行取暖，如黑龙江省黑河清真寺的配殿采用的就是暖气供暖，而黑龙江省依兰县的清真寺采用的则是火炕供暖，冬季乡亲们在炕上完成礼拜活动，以"炕"为模式的礼拜空间也因此为东北地域所特有，这种模式是当地教民为应对严寒环境所独创的空间模式（图4-2-14、图4-2-15）。

## （二）堂屋地位的民族差异

在黑龙江汉族民居的内部空间中，位于中间的堂屋占最重要的位置。堂屋既是厨房，同时是吃饭、做家务等的空间，是家庭生活的中心空间，也是供奉祖先神位，举行祭祀仪式的场所。一般在堂屋的北墙壁上供奉神位。黑龙江汉族传统民居的众多居室中，堂屋是全宅的中心。它是家庭商议大事、宴请宾客、祭祖敬神等重大活动的场所。大户人家的堂屋陈设庄重气派，正面挂有中堂字画，两侧及柱上悬挂楹联抱对。成套的画桌、方桌、太师椅和茶几，对双有序地排列着。两面隔墙往往挂有字画条屏或设置博古架，上列文物古玩，把整个厅堂装饰得庄严而儒雅。

堂屋是公共活动的重要场所，它位于全宅中轴线的中心部分，入大门，进仪门，过天井，就是厅堂，这样既便于众人出入，又可以和后院眷宅相隔离。堂屋往往有较大的空间，明间比次间宽，有的三间打通，层高也比厢房、后院高，以显示家庭和族权的支配地位，而且正面往往是敞开的，明亮而宽广。有的朝天井是整排落地隔扇出入，可供重大活动会议、宴饮之用。有的只在中间置两扇大门，两旁为半墙半窗，也能使厅堂和庭院连通一气，便于众人活动。

满族传统以西屋为尊，主要活动都集中在西屋，满族民居的堂屋又称外屋，设厨灶、锅台、水缸，两端的房间辟为居室，外屋作为内屋各间的出入通路同时兼作厨房，屋里有锅灶，灶火通室内炕，用胡科作物或树枝做燃料，烧火做饭并暖炕。供暖用的灶台数，根据房屋的规模所决定，在三间房民居里，一般设两个灶台，也有的设四个灶台。西屋，作为东北满族民居中最重要和最神圣的空间，是萨满教的需求在民居建筑内的集中体现。西屋在整体设计和内部陈设的布置方面皆出自对萨满教祭祀的考虑，证明了萨满教在满族宗教信仰中不可替代的地位。

朝鲜族传统民居以单体为主，最多一个厢房，院落大。在朝鲜族居住的地方一般只有一个房间，无论是卧室、厨房、橱柜等都是集中一个厢房内，这与汉族传统的房屋民居有着非常大的差别。汉族的房屋是分区分功能的，满族的四合院传到汉族地区时就受到了这个很大的影响。在现在汉族的农村地区，即便是再穷的家庭都会至少有一个堂屋（又称为正屋），一个灶屋（主要用于厨房）。但是朝鲜族继承了朝鲜半岛的居住特点，在一个厢房内比较容易取暖，而且由于黑龙江地区地形和气候的限制，大部分传统民居建筑延续了这样的模式。

在后来的发展中，满族民居的西屋开间与明间的开间逐渐发生变化，明间的开间受到重视。西屋设置的万字炕由与原来的南北炕宽度相近逐渐变窄；而满族民居墙体上常设置的神龛在一些满族民居院落中已经简化或是直接被摒弃。东西厢房前端窄后端宽的这种风水思想也逐渐被汉族传统建筑的风水思想所取代而采用两端均宽的院落布局。

## （三）厨房

满族传统厨房是按满族民族原有的风俗习惯布局，在东屋的后半部，使厨房内的杂乱物品隐藏于后面，这是比较好的处理方法。有时因为空间狭窄不易操作，学习了汉族的习惯，将厨房搬于外部，厨房内的锅台安置大锅，锅台的普遍尺寸为1.20米×0.70米，用砖砌成。灶炕留在旁侧，厨房内设水缸一个倚在墙角，多半利用晚间或清晨将水担满，厨房内部比较拥挤（图4-2-16、图4-2-17）。

外屋南、北两面有四个锅台，锅台后放餐具，锅台上方的西墙上，供奉着灶王爷，配有对联，锅台的烧火口均不两两相对。民间认为若两两相对则婆媳不和，特别是在娶了媳妇之后更要注意，满族人的这种做法在黑龙江地区对其他各民族均有较大的影响。有的人家在外屋的后半部的地方设一道与北墙平行的纵隔墙，将其隔成小屋，俗称"倒间"。室内设有小炕，烧得比较暖。倒间的目的主要在于用它将南间与北墙隔开，有利于冬季室内保温，同时又赋予它以一定的使用功能，使这一空间得到充分的利用。有的人家用作贮藏或设炕住人，也有的人家用来为老人暖衣物，为避免冬季出门穿衣时感觉寒冷，将衣物暖了以后再穿。倒间的进深尺寸根据其使用目的而定。

自古以来朝鲜族特别重视厨房的建造，因为厨房既是做饭的场所，也是烧火炕的场所，是住居生活中不可缺少的重要空间。火炕是唯一的室内加热设施，在朝鲜族传统的民居中，火炕和厨房具有密切的关系。厨房分为两类：与大房之间设有间壁墙的厨房，以及不设间壁墙而成通透式的厨房。朝鲜族的饮食与汉族等其他民族比，利用油炒的菜少，所以不太需要与大房之间的间壁墙。延边地区朝鲜族住宅中的厨房，一般没有与大房之间的间壁墙，基本上是与大房直接相通。其他地区的朝鲜族民居，在厨房和大房之间设置间壁墙，然后在侧边开出一个小门。

厨房与火炕是相互连接的，根据所连接房屋的名称，可分为大房厨房、客房厨房等，其中最基本的是大房厨房，全家人的饭菜都在这里做。在大房厨房中，有一定高度的灶台，设置大小锅，旁边放水缸。大锅用于煮牛食、猪食或烧热水，小锅用于做饭、熬汤。灶台下面有加火用的灶坑。一般家庭的厨房，在右边北侧砌一定高度的台子后，在其上面设置餐柜、板架，然后摆放餐具和容器（图4-2-18）。

过去朝鲜族民居最大的缺点是厨房和大房之间没有间壁

图4-2-16　汉族民居灶台（来源：周巍 提供）

图4-2-17　满族民居厨房和灶台（来源：周巍 提供）

图 4-2-18　朝鲜族厨房（来源：网络）

墙，所以做饭或烧火的时候，烟灰和饭菜味直接进入房间，影响健康。为了解决这种问题，在最近建的住宅中，在厨房的北墙设置门，一般在厨房和大房之间设间壁墙。

## 四、建筑装饰的多元性

### （一）建筑细节艺术处理

#### 1. 门

汉族民居的大门一般位于中轴线上。大门面对着正房。汉族民居的大门与围墙连着设置，一般朝向南和东的叫"东大门"，朝向北的叫"北大门"。

满族民居的门，外门是双层门，且为独扇的木板门，上部是类似窗棂似的小木格，外面糊纸，下部安装木板，俗称"风门"。枢在左侧，上下套在木结构的榫槽里。内门为对开门，门上有木插销。

朝鲜族民居不分门、窗，门当作窗子用，窗子也可作为门通行。朝鲜族民居，除了厨房的出入门之外，无论是上房，还是下房都有通向外面的出入门。房间和房间之间，也各有一个出入门。住宅的正面开3～4扇门窗。每间房都有一扇拉门，整个门从上到下都是细木格子门棂，门窗多为直棂，横棂较少，糊上窗纸以保暖取光。以八间房屋为例，虽然没有大窗户，但因出入门多，屋内便很宽敞。由于出入门

多，而且规格又统一，从外面看就显得整齐、明亮。比较好的草房或瓦房，都有两个通向外面的出入门。外面的门是扇拉门，里面的门是板拉门。

单体建筑安装的大门根据是否带有外廊分为两种：安装在带廊的金柱之间的为"金里"安装，安装在不带廊的外檐柱之间的为"檐里"安装。黑龙江现存保存较好的单体建筑大门主要位于一些寺观庙宇，这些大门主要以"金里"安装为主，主要采取格门和板门两种式样。格门即隔扇门，依据建筑开间不同有两扇、四扇、六扇等不同。格门通透、灵活；板门厚实、封闭。这两种式样的重点装饰部位在棂心、绦环板或裙板处。图案的棂心各不相同，适应纳阳、遮阳、采光、隔视等功能，在满足实际功能需要的同时形态多变的棂心又满足了人们的审美愉悦。绦环板或是裙板处也是木门装修表现的重点装饰部位，人们常常在此处进行精雕细刻，题材非常多样，多寄情美好寓意，如如意纹、花卉纹样（图4-2-19～图4-2-21）。

图 4-2-19　阿城清真寺（来源：网络）

图4-2-20　呼兰清真寺（来源：网络）

图4-2-21　卜奎清真寺（来源：网络）

## 2. 窗

普通汉民居的门窗样式为：门下半部为板，上半部为窗棂，窗棂系关东式，门旁有窗户。窗户由三扇组成，向上向外开启，用棍支或用勾挂，也有的窗户分上下两扇，上扇可

向外开，下扇一般情况之下不动。窗户纸均糊在外面，主要是防止冬天窗棂上的积雪在中午阳光照射时融化，使窗户纸因湿润而脱落。窗格有横格、竖格、方格、方胜、万字等多种形式，每逢年节等喜庆之日，贴上窗花、福字、挂笺，是充分表达审美个性和装饰的部位。朝鲜族的门窗通过细致的窗格划分，使立面尺度符合人的视觉感受和心理感受，显得朴素大方，与整座建筑协调一致，体现出乡土民居的亲切和朴实无华。

满族民居的窗花装饰与汉族的很相似，基本元素雷同，但将两者细细比较，则满族的窗户有两个独特之处：一则是满族窗花选择的大多式样简练，线条粗犷，且各种基本式样组合也比较简单，不像汉族崇尚繁琐装饰；二则是满族窗花在组合时式样没有一定的规律，随意性很强，只求好看，寓意吉祥就可以，汉族则是讲究一定的规律性。窗下扇为竖着的两格或三格，装在窗框的榫槽里，平时不开，但可以随时摘下来，通风更顺畅。窗户样式多采用直横窗或"一码三箭"式，后来受到汉族的影响，样式越来越多，改用步步锦、盘肠、万字、喜字、方胜等形式，做工精巧。窗户纸糊在窗棂之外，形成东北八大怪之一（图4-2-22）。

朝鲜族的民居，没有大窗户，只有小的观望窗，其用途是确认访客身份和观察室外环境。朝鲜族民居的另一个特点是不在北边墙上设置窗户或门，大部分朝鲜族民居的北墙窗

图4-2-22　满族民居支摘窗（来源：周立军 提供）

| （a）卜奎清真寺 | （b）卜奎清真寺 | （c）呼兰清真寺 | （d）呼兰清真寺 |
| （e）寿公祠 | （f）寿公祠 | （g）寿公祠 | （h）瑷珲海关旧址 |

图4-2-23　窗样式（来源：程龙飞 摄）

户是设在厨房的换气用的小窗户，这是为了防御冬天寒冷的北风所采取的措施，但也因之出现了屋内暗的缺点。

朝鲜族传统建筑的窗样式极具民族特色，窗上有纵横交错的细木格棂，竖向排列密，横向间隔大，即直线多、横线少，疏密相间，整齐细腻，别具一格。同时窗的纵横比例窄长，一定程度上弥补了屋身低矮的不足，给人以挺拔秀丽之感。房屋的外部墙面，由上下横梁、立柱及窗框这些外露构件划分成多个区域，这些大小不一的组合、长短直线的错落，使墙面产生一种和谐的韵律美和变幻的空间美。最后，从朝鲜族传统民居的整体外观来看，其以屋顶柔和的曲线和墙面、门窗错落、粗细不等的直线给人灵动、变化的视觉美，体现了明快、高雅的朝鲜民族文化观念。

除了常见的矩形窗，还有一些拱形、圆形窗因形式不同对建筑风格有一定的影响，这种类型的窗在黑龙江省的一些寺观庙宇中出现的较多，如清真寺（图4-2-23）。

不同形式的窗，有正六边形、八边形、圆形等几种形式。除了外观造型的不同，这些窗还有最大的一个特点：窗扇形式变化多端。窗扇格心形式更多变，自由而浪漫。仔细分析会发现，看似自由随意的格心图案其实有一个共同特点：各种格心图案无论怎样变化都没有悬空的交接点，并且棂条的联结相当紧实，以常用的简洁、雅致的冰裂纹为例，

看似随意，实际也是有规律可循的，即上疏下密，这样整个冰裂纹看上去自然有机而避免了呆板无趣。可以说，这种窗格的变化在追求装饰性、趣味性的同时很好地确保了各联结点之间的稳定性，功能合理且有很高的装饰艺术。

同时也有一些建筑借鉴了俄罗斯木构建筑的浓郁民族传统特色的木构雕饰细部，如黑河市爱辉镇爱辉村具有俄式风情的满族传统民居，就是借鉴了俄罗斯民间的装饰手法，非常地道地将建筑形式、窗棂与俄式装饰风格结合，在窗上口布满相类似的线脚的小山花，又如瑷珲海关旧址中，窗的设计是传统砖材料的砌筑排列，又结合了简单的砖雕装饰和拱形的俄罗斯式窗楣。这些处理手法独具特色，有很强的风格象征性。

### （二）室内陈设

汉族民居的正房一明两暗，屋内地上有大柜、躺柜、条案和八仙桌等摆设。左为书房，壁前条案正中陈设"福禄寿"三星，两旁放掸瓶、帽筒等，案前设八仙桌，左右有太师椅，书桌上备有文房四宝等，墙上悬挂字画、对联或条幅。这种汉族民居的内部陈设，原来是由于受到满族的影响形成的，在黑龙江地区广泛普及而且形式非常一致。汉族民居的正房明间开间尺寸最大，次间、梢间递减。不仅明间尺

寸大于两次间，就是两次间的尺寸也略有差别，东次间的要稍大于西次间，这与汉族"以东为尊，以左为大"的传统有关。

与汉族民居不同的是，满族讲究长幼尊卑的等级差别，奉行"以西为尊，以右为大"，这一特色也体现在建筑室内中。在通常情况下，正房为上屋，上屋以西为大；东西两厢房称为下屋，其内也有大小之分，东厢房以北为大，西厢房以南为大，下屋在举架高度以及装修豪华程度上都要逊色于上屋。厢房的间数根据正房而定，正房三间时厢房可建三间或五间，正房五间时厢房可建三间、五间或六间（内三外三）。

室内的装饰和摆设对于满族人来讲相对重要，满族是一个干净利落的民族，他们的室内陈设品通常都摆放的有规有矩，整齐利落，给人一种亲切明亮的感觉。满族民居的室内一般设有南北大炕，南北炕炕梢（靠山墙的一端）会摆放木制炕柜或称"炕琴"（图4-2-24）。柜长与炕面相等，内放衣物，柜盖上整齐地叠放被褥、枕头，俗称"被格"。西炕上方的墙上是安供神位之处，因此炕上既不能睡人也不能乱放杂物，一般是摆置与炕等长的木板箱，俗称"堂箱"或"躺箱"，或盛粮食或放衣物。箱盖上靠墙摆放掸瓶、帽筒等陈设和香炉、烛台等供器。南炕是人们经常坐卧之处，用

炕桌时多摆放在此炕，平时也放着烟笸箩、针线笸箩之类，冬季炕上还摆放火盆，婴儿睡的悠车也是垂挂在炕上方的"子孙椽子"上，北炕如不住人，秋收后可用来烘晾粮食，平日在室内常用到的纺车等较大的工具或物品，也常放在不住人的北炕上（图4-2-24）。

朝鲜族民居的内部陈设围绕着客厅布置，以客厅为核心，客厅是集娱乐、就餐、家庭聚会等一系列功能的综合体。朝鲜族家庭中进入客厅就能感受到朝鲜族的特色，首先客厅非常大，周围分布着卧室、厕所、厨房等，客厅内的家具都是可以移动甚至是可以折叠的。客厅的地面必须是石板或者现在的地板，下面密布着烟道，在冬天时可以通过地暖或者厨房中的烟气。在客厅的地面非常的干净，而且在就餐时朝鲜族保持了中国唐代延续下来的席地而坐的特色，只有工作或者其他很少的活动时会采取坐凳子的方式，所以他们就餐用的桌子不但是矮的而且是可以折叠的。在就餐之后可以撤出，直接就地休息，十分的方便和舒适。

朝鲜族民居内的家具多为复合体，样式以矮小灵活居多，这与朝鲜族房屋的低矮的特点有关，另外，朝鲜族民居内部的门除了大门外，内部的门都是滑动的，甚至有些房间的墙壁都是滑动的。白铜柜是朝鲜族的典型家具之一，以当地的柞木为主，配以不同规格与形式的白铜饰件，形成了一

（a）炕桌

（b）炕琴

图4-2-24　满族室内家具陈设（来源：周巍 提供）

个金属与木材的交响曲，极具民族特色。

## （三）多种文化区融合与西方建筑语汇的表达

黑龙江省作为边陲之地，在古代常将流民、流人遣入此地，其中不乏一些南方建筑工匠，他们在此地居住生活的同时也将自己原地域的营建方式运用到了建筑中，在清朝受当时的历史环境影响，黑龙江地域内的居住人民来自多个文化区，文化上的交流带来了建筑上的交流，当地人民吸取、借鉴其他文化区的建筑经验，并将它们运用到了当地的建筑实践中。宁安某富裕人家院内的影壁，影壁中间开带有南方园林风味的圆形门洞，两侧开小的拱形门，使得厚重的影壁显得轻巧活泼，大有南方园林建筑的韵味；宁安近郊的石牌坊，此石牌坊立于高台之上，雄伟高大，符合当地北方粗犷豪迈的建筑性格特征，且满族民居有一个特点就是建在高台之上，只是在后来的发展变化中逐渐消失；而该牌楼的巧妙结构，精雕细刻的石作又与南方的装饰技法相像，又如海拉尔的城门虽是北方建筑，但屋顶出挑，翼角高高起翘，与南方建筑的屋顶形式特别相似。

清朝以来，中西方文化的交流空前繁荣，外来建筑文化受到前所未有的推崇，在黑龙江这片地域内也出现了好多带有西式风格的建筑。当西洋式样的建筑与中国传统的建筑在内容上与传统的等级制度、礼制观念相冲突时，为实现二者的统一人们可能会选择折中的方式将二者结合到一起。此外，受清末中西文化交流的影响，黑龙江省地域中也出现了中西合璧的住宅建筑，如双城的蔡运升住宅正房为俄式，厢房为中式；唐聚五住宅堂屋为传统的前后明柱式，但是檐廊部分门口两侧装饰有带有西方韵味的壁柱，其柱头为带有涡卷造型的植物纹样。

同为纪念活动，中国祭祀活动更多地表现为一种仪式，祭祀建筑也严格遵从古代的伦理制度、等级观念，因此建筑的布局、形态都有严格的规定，而西方的祭祀活动更多地是一种心理上的祭拜或是神权的象征，祭祀建筑单一但往往高大、充满神圣与力量。当西方的这种纪念性建筑传到黑龙江地域后，当地人民将其与传统的祭祀建筑融合，并进行大胆创新形成新的中西杂糅的样式。如黑龙江宁安某祭祀入口的石牌坊，外观为传统式样，柱廊、雀替 齐全，与传统牌坊横梁上方不加修饰或是覆有轻轻出挑的屋檐不同，此处牌坊横梁上覆屋顶样式带有明显的西式风格。

中西传统建筑文化的碰撞与交融，不仅使黑龙江传统建筑文化的特质更为明显，而且还使建筑获得了新的演绎方式。这里以清真寺建筑为例，7 世纪中叶，伊斯兰教作为外传教义传入中国后，教徒礼拜用的伊斯兰建筑在发展演变中渐渐由西式走向中式，有了本民族的特色。明末以后中西方文化交流密切，传统的清真寺建筑因其最初有西方背景，很容易受西方建筑观念的影响进而表现出西式风格的清真寺建筑的样式。黑河清真寺，是黑龙江省也是中国唯一一座木刻楞清真寺建筑，同时也是一座俄式风格为主的清真寺，是黑龙江省的省级文物保护建筑（图4-2-25）。黑河市位于黑龙江省西北部，与俄罗斯远东第三大城市的阿穆尔州隔黑龙江相望。黑河清真寺礼拜大殿为中国、伊斯兰、俄罗斯合并

图4-2-25　黑河清真寺（来源：网络）

的建筑风格，整个大殿 由前廊、正殿、望月楼组成。前廊有台基、廊柱和梁架等中国传统建筑构件组成，屋顶为卷棚歇山式；大殿是仿俄式的"木克楞"建筑，"木刻楞"堆砌在由石头砌就的地基上。西式建筑语言在与中国传统建筑语言的相互抗衡中最终走向融合，同时也为黑龙江传统建筑语言的地域特色增加了新的地域性。

# 第三节　黑龙江省传统建筑材料的适材性特征

由于黑龙江地处偏远，所以这里的建筑都非常朴素平实，只有较少的建筑才使用当时比较昂贵的砖瓦等建筑材料，多数建筑都是因地制宜地利用地方盛产的、廉价易得的材料，并充分发掘了这些材料的特性优势加以利用。

黑龙江建筑一贯注重建筑与环境的联系，建筑材料都是自然材料，本着够用就好的原则取用，建筑本身比较注重节能，避免不浪费自然资源。材料加工方法非常生态，不会对环境造成不利的影响，这些做法都体现出黑龙江建筑与环境和谐、共生的状态和生态的环境思想，因此说，开放和生态是黑龙江传统建筑的主要环境意识。

## 一、地方性建筑材料概述

运用地方建筑材料，这是对建筑与地区资源状况相适应的一种早期认识，不仅具有经济上的优势和环保上的优势，还对于延续地方传统表达建筑的地方特色做出贡献。

建筑材料是建筑构成的物质基础，要产生一座建筑，必然要用具体的建筑材料，建筑材料这方面的功能不容忽视。建筑居住房屋的目的，就是要为人们创造舒适的居住条件，这关系到人们的生活习惯、经济状况等问题。如果对建筑材料的选用，就地取材，再经过巧妙的加工，房屋就可经济适用：如果选用昂贵的材料，再加上运费，就可以使得房屋的造价高昂。一座居住建筑的造价高低，是否符合经济原则，

与建筑材料的选用有着莫大的关系。

在生产力低下的农业社会中，就地取材成为一个非常重要的营建措施。采用地方建筑材料由造价低廉、取材便利、充分利用自然资源的优势，尽量选取地方建筑材料对于降低运输费用、节约能源、减少运输过程中对生态环境的污染有着重要意义。这样不仅使施工阶段的造价有所降低，也可以减少使用中的维护费用，具有经济上优势的同时又有利于环境的保护。天然材料不仅对人体无害，而且虽经加工在很大程度上仍能反映自然的特征和满足人们返璞归真、回归大自然与大自然相融合的心理要求。

黑龙江地区物产丰富，建筑材料的种类也很多，按物理性质可分为矿物性、植物性两大方面。其实民居建筑所使用的建筑材料都是天然材料，数量很多、人们根据不同的情况创造性和运用建筑材料的经验都是相当丰富的，因此对建筑文脉的延续有积极意义。有的房屋寿命很长，有的房屋寿命很短，这都是和建筑材料的选用和构造方法有关的。在农村建造房屋除了砖块外主要的建筑材料主要是泥土、木材、蒿杆等。

## 二、泥土类

黑龙江传统建筑拥有独特的建筑材料体系，使用大量与城市不同的地方性材料，这些材料不仅节省制作时间，还节省制作时所用的能耗，而且经测试，其保温效果均优于黏土砖，尤其值得指出的是土坯或夯土是使用较为广泛的建筑材料，其优点是：技术成熟、制作简单、施工简便、自建方便、材料可塑、形式多样、能源节约、造价低廉，不仅如此，它还可以循环使用，一旦拆除，墙土便可以转化为土壤。

### （一）土

土分布广泛，取用方便，价格低廉，远胜其他材料。按地质划分为黏土、黄土、砂土、碱土等。土的应用在满族民居中十分广泛，垛泥、打坯、夯土、挖土窑：利用田

泥、土块，利用土层保温隔热物理特性，以及砂土石灰配置三合土、土石，有用它来做胶结材料——砌体的胶泥，砌土坯、砌土块时均可使用，由于它的黏着性能强，可使墙体牢固。另外由于雨水很大，房屋外墙墙面也必须用黄黏土打墙，它有黏性土结合又有砂性土容易于渗水的特性，是比较好的做法。还可以利用碱土这种特殊土壤防渗，碱土本身的特性容易沥水，雨水侵蚀后，碱土的表面越来越光滑，雨水经常侵蚀时碱土更加光滑而坚固，因此碱土用作屋面和墙面的材料，很为方便。取碱土很方便，当地可以获取，因它经常形成于土地的表面，使用运输力量就可以取得而不需要加工。

## （二）土坯

　　土坯的适用范围很广，在农村的各类建筑中都使用土坯材料。土坯的种类分为黑土坯、黄土坯、砂性土坯、木棒土坯四种。黑土坯、黄土坯、砂性土坯三类基本上相同，只是因材料性质的不同土坯的名称因而不同。在这三种土坯中都是用羊草、稻草或谷草做羊角。木棒土坯是在土坯之内放置木棒三至四条，使土坯有抗弯作用，一般用在门、窗上部起到过梁的作用（图4-3-1）。

　　土坯的做法简单又相当经济，是最容易获得的材料，它能就地制作，经过很短的时间就可应用，从时间来说也是最快的。土坯的做法是：先将坯土堆积于平地上处理，使土质

图4-3-1　土坯外墙（来源：周立军 摄）

细密，没有疙瘩和杂物，再将稻草层层放置于土上，倒入冷水，经过七小时之后，草土被水闷透，此时用带沟的工具将二者拌和，使水、草、土三者完全粘合，再用木制坯模子为轮廓，将泥填入抹平，把木模子拿掉后即成土坯，再用日光曝晒，三五天即可干燥并能使用。

　　土坯的抗拉、抗压和耐久性都较好，用它砌筑墙壁可任意加宽，其尺寸各地不同，一般是400毫米×170毫米×70毫米左右。这样的尺寸，是经长期摸索而固定下来的用土坯砌筑墙壁，优点是防寒、隔热，取材方便，价格经济，随时随地可以制造，其弱点是怕雨水冲刷，必须使用黄土抹面，每年至少要抹一次才可保证墙壁的寿命。

## （三）岱土块

　　在低注地带或水甸子半干后，将土挖成方块，晒干之后当土坯使用。水甸子里草多，草根很长，深入土内盘结如丝，成为整体，非常牢固，将这样的草根带土切成方块取出，用它来砌筑墙壁非常牢固。它的特点是草根长满在土中，如同羊角在土坯中的作用，它可用于房屋的墙壁和院墙墙壁处，出产量大又省去制造时间，可以说是最经济的地方建筑材料之一。

## 三、砖石类

### （一）砖

　　砖是常用材料，一般都是青砖。青砖的生产采用过去的马蹄窑烧制，首先是用黏土或者河淤土做成砖坯子，经日晒干燥后入窑烧制即得。青砖的一般规格尺寸为8寸×4寸×2寸，和现在通用的红砖大小相仿。除此之外还有大青砖（方砖），其尺寸在350毫米×350毫米×80毫米左右，主要用于雕刻，质地极细，没有杂质。青砖的颜色，稳重古朴，庄严大方。但从物理性能来分析，青砖抗压力比较小，极易破坏，同时吸水率甚大，砖墙容易粉蚀（图4-3-2、图4-3-3）。

图4-3-2　瑷珲海关旧址（来源：周立军 摄）　　　　　　　　　　　　　　　　图4-3-3　萧红故居（来源：周立军 摄）

## （二）石材

石材耐压，耐磨，防渗，防潮，是民间居住建筑中不可缺少的材料。在建筑上使用石材的部位有：墙基垫石、墙基砌石、柱脚石（柱础）、墙身砌石、山墙转角处的房子砥垫、角石、挑檐石以及台阶、甬路等，有时炕也用石材搭砌。

石墙坚固耐久，石材做墙基石相对土坯墙、砖墙而言不易返潮而至破坏，用石材做基石可以隔去潮气，可以延长房屋的寿命。石材应用的缺点是当时采石机械不发达只能用人工采凿，需要大量的人工。因此东北居民在修建房屋的时候，所应用的小石材通常都是自己上山采凿，比较大且方整的石材则是从石匠那里购买。

黑龙江省内还有一些少数民族的特色做法，例如满族民居在砌筑房屋山墙的时候，不全用砖砌，而是与石头混砌，并且砌筑用的石头是用不规则形状的山石，而不采用形状规则的条石（图4-3-4）。以前由于砖的价格比较高，而石头可以就地取材，这种做法就大大节省了砖的用量，可以降低造价，有的甚至山墙全部用石头砌成。普遍的做法是：山墙上除了勒脚部分外，一般有两块石砌部分，中间均隔以两皮砖，砌筑石块的水灰比，按沙子、黄泥、白灰取 2：1：1 的配合比例（内用黄土是取其粘性）。这种做法普遍存在于黑龙江的农村地区，到现在这种做法已经成为明显的装饰手法，各民族的民居也纷纷效仿。

## （三）砖仿木的材料表达

砖材、木材相互之间的组合可以形成丰富多变的建筑立面，在对黑龙江地域的传统建筑的调研中发现了一个有趣的建筑现象——砖仿木现象。在阿城清真寺建筑的入口处以及礼拜殿、窑殿等处的檐下空间为丰富建筑的层次，避免建筑的呆板，在这些部位的檐下又挑出小的屋檐，这些屋檐均由砖材构成，但是令人称奇的是这些小檐的檐下檩、枋不但样样俱全，而且均有砖仿木制作而成，极耐品味。有些地方为防止墙体单调，在挑出的小檐下还用砖仿木做出挑出的柁梁头以及挂落，形神兼备，体现了当时建筑砖作技艺的水平（图4-3-5）。

图4-3-4　具有满族特色的山墙（来源：周巍 提供）

（a）砖仿木局部一

（b）砖仿木局部二

图4-3-5　阿城清真寺（来源：网络）

## 四、草木类

### （一）木材

黑龙江地区森林资源丰富，木材品质好，因而木材是黑龙江传统民居建筑的主要材料，无论是大木作中的柱、梁、檩、椽、枋，还是小木作中的门窗以及室内家具，都要用到木材。木材的主要品种有红松、樟子松、胡桃揪、极树、柞树、白桦树、水曲柳、榆树、杨树、柳树等，其中由于松木的质地较坚硬，在大木作中应用很广泛。

对于盛产木材的黑龙江地区来说，采用用木材作为建筑材料有诸多优点，例如：

（1）抗震性能好，比较安全；

（2）对水的污染小，而现代钢筋混凝土和钢结构其材料生产和建造过程中会对水体造成大量污染；

（3）能耗低，木材的细胞组织可以容留空气，使其具有良好的保温隔热性能，节省采暖费用，降低对大气的污染；

（4）温室效应比钢结构、混凝土结构小；

（5）空气污染少，木材在生长过程中吸收二氧化碳放出氧气，净化空气，而混凝土则相反；

（6）固体废弃料少，木构建筑从建造、维修到拆除过程中产生少量的废料，而且可以回收利用；

（7）有利于土地的重新使用，木构建筑拆除之后，可

以重新使用原地皮，不会造成土地资源的浪费；

（8）木构建筑维修和翻新方便，节省维修能耗。

### （二）草

建筑用的草大致有高粱杆、谷草、羊草、乌拉草、桦皮、芦苇、沼条等。高粱杆是一种体轻而较坚硬的材料，当地人叫它为秫秸。它对于建筑来说是有很多用途的，特别是对于农民房屋用处更多。将秫秸绑成小捆可以当作屋面板用，居民造房直接在椽子上铺上很厚的高粱杆，可以省去屋面板，同时又可以防寒保暖，还可以编成帘子缚在木骨架上做间隔墙用，双面抹泥糊纸即成简便间壁。在仓库或储藏室也用高粱杆做外墙，当地人叫做"障子"。在室内的天棚以及火炕上的席子都可以用高粱杆制成。

谷草、羊草、乌拉草都可以用来苫房、铺炕。桦皮可做屋面，芦苇可以做屋内装饰材料，可以做遮阳帘子及炕席、席棚等，在民间建筑上应用范围颇为广泛（图4-3-6）。

草类从墙壁到屋盖都有应用，它有较好的保温性能，并且是就地取材，建造方便，且草常常与土结合使用：在和好的黏泥中拌上草，用来抹墙面，更坚固持久。也有草拌泥制成土砖，不仅是垒炕的主要材料，也可以用来盖房子。房盖用草苫盖，每苫一次可用二三十年之久，且暖而不漏。在黑龙江地域，用草苫房的建筑如齐齐哈尔的清代

图4-3-6　屋顶材质为草的民居（来源：周立军 摄）

图4-3-7　拉核墙（来源：程龙飞 摄）

大草房，草房历经百年，每隔几年就要重新换一次草，程序较瓦作的屋面虽然麻烦，但草的运用使得建筑呈现出不同的造型特色，外观较细腻、更柔和，丰富了当地的建筑类型，且因其所用材料为东北地域所特有，其地域性表达也更强。

还有一种黑龙江当地常见的利用草类为基础材料的墙体：草泥墙，是以木柱为骨干、外覆草和泥的墙，俗称"拉核墙"（图4-3-7）。《黑龙江述略》卷六记载："江省木值极贱，而风力高劲，匠人制屋，先列柱木，入土三分之一，上复以草，加泥涂之，四壁皆筑以土。"拉核墙以纵横交织的木架为核心，将络满稠泥的碴草辫子一层层地紧紧编在木架上。待其干透后，表里再涂以泥。拉核墙既坚固又防寒保暖，极适合于黑龙江这种寒冷地区。

## （三）树皮

黑龙江地区盛产桦树。桦树状类白杨，树皮光滑、坚韧，花纹美丽。采剥桦皮之俗，其时多是在五六月间，这时桦皮水分大，容易剥取。剥取时，先用利器在桦树上下横着各划一道深痕，再竖着也划一道深痕。然后用利器之尖顺着竖痕挑，在用手一掀，就可使整块的桦皮脱落下来。剥下的桦皮要放在污泥之中，数日后取出曝晒，白底而花纹有一定形状者为佳品。其花纹有紫、黑、黄等诸色。用桦皮做成屋顶至今仍很适用。

## （四）木仿砖的材料表达

上面提到的砖仿木现象只是材料灵活运用、相互借鉴模仿的一个方面，木仿砖现象在当地传统建筑中也有体现，如位于黑龙江省齐齐哈尔市的卜奎清真寺在窑殿、礼拜殿等建筑的檐下、墙体处均有应用。

卜奎清真寺礼拜殿建筑檐下的檩、枓、斗栱，窑殿建筑檐下的檩、枓、装饰挂落以及墙体回文的装饰、雕刻精美的圆形纹样等所用建筑材料实际均为木材，巧妙的是设计者在这些木作的外表面将其刷涂成了砖材的颜色，使得整个建筑看起来由砖一气呵成砌筑而成，建筑看起来更加整体、稳重，令人叹为观止，毫不夸张地说其建筑造型艺术及技巧处理是当地建筑营造技艺的代表之一（图4-3-8）。

（a）木仿砖局部一　　　　　　　　　　　（b）木仿砖局部二　　　　　　　　　（c）木仿砖局部三

图4-3-8　卜奎清真寺（来源：马本和 摄）

下篇：当代传统建筑的传承策略

# 第五章 黑龙江近代传统建筑的历史文化转型历程

　　1840年6月，中英鸦片战争爆发后，一直闭关锁国的中国对外开放，成为半殖民地半封建国家，与此同时中国很多城市开始了从农业文明向近代工业文明的转型发展。在这一阶段，对黑龙江影响最大的就是沙俄。至19世纪80年代，一直在不断扩张的沙俄，拟修建一条铁路，从莫斯科起直达符拉迪沃斯托克（海参崴），称为西伯利亚大铁路。

　　1896年6月3日李鸿章同维特·罗拔诺夫在莫斯科签订了《御敌互相援助条约》等一系列条约，这些条约的签订使俄国取得了在中国的许多特权。根据中东铁路合同和章程规定的开工日期，中东铁路建设局于1897年8月28日，在绥芬河右岸三岔口附近举行了开工典礼。1898年6月9日，中东铁路建设局机关迁到了哈尔滨，中东铁路全线开工。这一活动标志着外来文化开始大规模进入黑龙江地区。中东铁路的建设既给近代黑龙江带来了政治、经济、文化的巨大冲击，也对近代中国的城市建设产生巨大的影响。哈尔滨依托这条铁路迅速跻身于国内的大城市之列，成为最具特色的近代中国城市之一。正是在这种大的历史环境急剧变迁的情况下，黑龙江的建筑也应时而变，开始加速迈入近代，其省会哈尔滨最终成为远东地区最为灿烂的明珠之一。

# 第一节　黑龙江近代社会经济的转型

## 一、从农耕到工业的转型

　　黑龙江地区在清代被列为"龙兴禁地"，严禁外人进入，黑龙江乃至整个东北地区地广人稀，只有少数关内贫民迫于生计敢于冒险"闯关东"。据估算，19世纪初黑龙江地区仅有20余万人口。20世纪初，才达到200万。直到清朝末年，清朝统治者才被迫允许东北开荒放垦，引来关内山东、河北大批贫苦百姓"闯关东"以求生存。这些"闯关东"的中原移民带来了自己家乡的文化和大量的相对先进的技术，有力地促进了黑龙江地区的发展。

　　但不可否认的是，黑龙江地区在近代之前，一直是体现为农耕经济占据主体地位。无论是位于东北的原住民还是"闯关东"的新来者，带来的技术都是农耕文明的技术，当时整个中国大地上资本主义工业文明还是处于萌芽状态，位于遥远北疆的黑龙江地区受到工业文明的辐射更是非常少，整个哈尔滨地区仅仅有田家烧锅（图5-1-1）、元聚烧锅、草料厂、傅家店、油坊屯等几家小型手工业作坊，远远不能满足当地的工业需求，而且这些小手工业作坊还大多毁于胡匪的劫掠，更加剧了这片土地上工业文明的缺失与落后，这片土地上的人们大体上还是生活在"日出而作，日落而息"的农耕文明生活状态。在黑龙江，大中型城市还是非常少的，只有哈尔滨、齐齐哈尔等寥寥几座城市，城市人口很少，大部分的人口都生活在各个农村的聚居地。这种情况满足不了工业文明发展的条件。

　　而随着外来文化的进入，传统的小农经济受到冲击，大量的原本以土地为生的农民和小手工业者破产，在难以维持生计的压力下，纷纷涌入到新兴的城市中去。这样一来，原本城市人口不足的问题得以解决，这些进城务工人员不仅给城市带来大量的人口，也给城市工业的发展带来充足的人力，传统行业等得以聚集于城市中并产生集聚效应，加速了工业的发展。同时外来的先进的工业技术，也促进了黑龙江地区工业的发展。在这片土地上农耕经济相对中原地区来说比较脆弱，也利于工业经济的发展。在以上这些因素的影响作用下，黑龙江地区从传统农耕文明经济开始向工业文明经济转型。而这种文明的转型本质上不受人的意志所转移，其受时代的影响，并反过来作用于人，对黑龙江的文明进程产生了深远的影响。

## 二、黑龙江近代从农村到城市的转型

　　在西方文明进入中国，带来了相对先进的技术和制度的同时也深刻地改变了中国社会的状态。这种改变是伴有破坏性的，大量的农业人口在外来的廉价工业产品的冲击下失去了自己的土地和生活来源，迫不得已进城务工，因此城市人口开始急剧增加。城市人口的增长为工业文明的发展带来了可能。同时西方尤其是沙俄开始在中东铁路沿线开始规划兴建城市，并为了自身的利益开始在黑龙江兴建各种工业设施，如机车厂（图5-1-2）、卷烟厂、糖厂等设施，在给其自身带来了巨大利益的同时，也在一定程度上促进了黑龙江地区城市的发展。这些工厂的建设与运营需要大量的人口，

图 5-1-1　田家烧锅已是规模不小的村庄（来源：哈尔滨地情网）

图 5-1-2　东清铁路机械总厂（现哈尔滨车辆厂前身，是哈尔滨近代工业的发端，是哈尔滨近代产业工人的摇篮）（来源：哈尔滨地情网）

因此也在一定程度上促进了人口的集中，培养了一定的工业人口，这片黑土地上的人口由此开始逐渐由农村转向城市。同时建筑文化生产力基础已经由渔牧和农耕文明转变为工商业文明，更加先进的生产力基础促使建筑建造活动中人文要素内容更加丰富。这种从农村文明到城市文明的转型也深刻地影响了本地域的建筑的转型。

# 第二节    黑龙江近代社会文化的转型

黑龙江近代受外来文化影响颇大，在这种背景下，传统文化与外来文化之间的碰撞与融合不可避免，其产生的独特的文化发展模式对整个东北地区都产生了一定的影响。

## 一、传统文化到外来文化的转型

黑龙江近代文化发展模式的本质是从传统文化向外来文化的转型。在近代时期，黑龙江地区的传统文化的发展受到外来文化强烈的冲击，外来文化根植于其先进的生产力和社会基础，整体上相对先进，因此外来文化在进入黑龙江后逐渐占据了主导地位。但外来文化并没有完全取代传统文化，传统文化仍保持了其生命力并反过来在一定程度上影响了外来文化，两者最终彼此融合，形成了黑龙江地区近代独特的文化发展模式。

之前在前文中提到，黑龙江近代文化的发展模式属于后发外源的文化模式。后发外源的形成模式决定了外来文化建筑生态系统及其建筑的很多主要特征。作为后期产生的建筑文化，其生产力基础更先进，内容更为适合时代的发展，比早期的建筑文化更有竞争力和生命力。这也是它能够仅仅经历了半个世纪的时间便迅速成为区域核心建筑文化之一的重要原因。还比如，外来建筑文化的进入导致整个区域呈现多元异质的建筑构成特征，物种组成的差异性更大，建筑发展文脉的跳跃性更为突出等。

总体来说，外来文化的进入对黑龙江人民来说，带来了不一样的发展机遇。随着沙俄及各资本主义国家的资本家、金融家纷纷在铁路沿线投资建厂、购地筑房，从事各种工商经济活动，使哈尔滨、绥芬河、齐齐哈尔、牡丹江等一批近代城市，开始了由传统农业向工商业的现代化城市转型发展。这种转变，其本质是从自给自足的农耕文化转向工业文化。这种转变是强制性并伴有阵痛的，从长期来说对生活在这片土地上的人们是利大于弊的。在这种城市转型发展的过程中，外来文化以强制性的方式渗透到人民生活、社会生产、城市建设与经济政治体制等各个方面，也就是说外来建筑是以整体社会系统的同步输入方式而被移植到黑龙江区域的。就好比将一种植物移植到另一个地区时，同时将它的土壤、肥料甚至平时护理的园丁也一并移植过来，这样植物的适应力和成活率会大大增高。同样的道理，外来建筑的整体入侵奠定了它能够在区域生根发芽，并最终发展成为黑龙江省主要建筑文化的重要原因。但是这一移植的模式也存在一定的问题，因为没有当地的历史文化积淀，很多建筑文化内容甚至是与当地的历史文化有冲突的，比如，农耕文化背景的人民性格非常粗放、豪气、不拘小节，而以工商业为主要文化模式的外来文化背景中，人们的性格比较细腻、严谨、善于精打细算。两种文化各有特点，彼此都无法替代，只能逐渐融合。这种矛盾为它与当地历史文化的融合发展带来难度。这种矛盾体现在建筑上就是在公共商业等类型建筑文化上主要以外来文化中的建筑特征，元素符号为主，而在居住宗教等类型的建筑文化中，仍然保持了传统的本土文化特征。正是这种仅仅融合了一部分，文化转型似转非转的矛盾状态，才使得哈尔滨的近代建筑文化在碰撞与融合中产生了如此绚烂的色彩。

## 二、区域差别的异化

如果把黑龙江省区域的外来建筑文化作为异体文化，那么，黑龙江省的地方文化便是与之相对的本体文化。两者之间的相互作用，直接决定了外来文化在黑龙江省区域的存在状态。总体来看，黑龙江由于远离中国传统文化的核心地带，因此本土建筑文化对外来建筑文化的抵御力并不强。这里的传统文化根基较浅，外来文化的传播方式带有殖民的强制性质，并通过外来移民、报纸、书刊和展览等多种途径进行影响。因此，地方文化对外来文化的排斥力很弱，也就是说外来文化异体受到地方文化本体的影响相对其他区域更小，也更适合外来建筑文化的侵入和发展。这也是天津、青岛、大连等城市在近代时期外来文化势力不比哈尔滨弱，但是所遗留的外来建筑文化痕迹却不如哈尔滨丰富和纯粹的根本原因。

但是在黑龙江省的不同区域，本土建筑文化和外来建筑文化的互动作用结果却存在很大的差别，其中哈尔滨的外来建筑文化占据绝对主要的地位，整个城市景观也呈现出很强的异国情调，而像齐齐哈尔等城市，虽然在近代社会中外来建筑文化也起到很主要的作用，但是其影响力和表现程度却与哈尔滨形成很大差别。这种差别主要是由于近代外来建筑文化输入的强度不同，以及各地方本土建筑文化状态的不同所造成的。

## （一）外来建筑文化的输入强度不同

在1840年以前，主要的西方资本主义国家已经完成了资产阶级革命，英国更是完成了具有重要划时代意义的工业革命，启动了现代化历史的进程，而中国依然延续着自给自足的自然经济，致使当时的传统城市与农村之间基本是同质的，是一种"政治上乡村依附于城镇，而经济上城镇则依附于乡村"的城市模式。所以当时进入中国的外来文化是处于非常高的文化势位之上的，必然会对当地的文化造成强烈的冲击。在这样的背景下，外来文化又是以一种强势的方式传入的，不同于正常情况下文化边缘地区对外来文化的逐渐吸收的方式，因此进一步加大了外来文化对黑龙江本地区文化的冲击强度。而在黑龙江省外来文化的输入又比较集中的作用于哈尔滨。哈尔滨地处中东铁路的枢纽地区，一开始就被选为中东铁路局的办公地点，并以国际贸易大都市的目标加以建设。到1902年外国对哈尔滨的投资占对华投资总数的27.4%，而当时的上海则不过占14%而已。1904年，俄国对哈尔滨累计投资已达5亿多卢布。继俄国之后，日本、英

| 城　镇 | 中国人口数 | 外国人口数 | 外国人/总人口（%） |
|---|---|---|---|
| 齐齐哈尔 | 86 886 | 9 920 | 10.25% |
| 佳木斯 | 65 560 | 5 186 | 7.33% |
| 富锦 | 41 147 | 411 | 0.99% |
| 勃利 | 35 973 | 1 554 | 4.10% |
| 依兰 | 30 128 | 592 | 1.92% |
| 牡丹江 | 69 628 | 30 723 | 30.62% |
| 哈尔滨 | 397 690 | 69 763 | 14.92% |
| 呼兰 | 49 083 | 340 | 0.69% |
| 阿城 | 33 002 | 903 | 0.27% |
| 双城 | 52 027 | 512 | 0.97% |
| 海伦 | 46 727 | 957 | 2.00% |
| 绥化 | 36 266 | 760 | 2.05% |
| 巴彦 | 37 770 | 167 | 0.44% |
| 总计 | 981 887 | 121 788 | 11.03% |

图 5-2-1  1938 年黑龙江省人口统计（来源：哈尔滨地情网）

国、法国、德国等国家共对哈尔滨投资3.38亿美元。说明外国人对哈尔滨的城市建设起到了非常重要的作用。根据1938年的统计，外国人在黑龙江地区的总人口中占5.06%，共有121788人，而哈尔滨就有69763人，超过一半。而且外国人占据着上层社会，把持着城市的经济文化命脉，对城市文化的确立起到重要影响，使外来建筑文化转变为哈尔滨的核心建筑文化，而其他城市并不是作为区域的中心城市来建设，外国人的人口数量也不多，很多外来建筑文化都是通过哈尔滨间接传播，因此传播强度是无法与哈尔滨相比的（图5-2-1）。

## （二）当地建筑文化的存在状态不同

黑龙江近代城市在受外来文化带动而由农业文明向工业文明的城市化进程中，主要有两种发展模式，一种是由乡村建立城市，实现城市的建立与发展全过程；另一种是在传统城市的基础上进行现代化的转型发展。哈尔滨属于前者，19世纪末以前，哈尔滨地区只是由香坊、傅家店、顾乡屯、松罗堡、白旗窝堡等几个自然村落组成的农区，伴随1898年中东铁路的建设，外国人在地方文化基础相当单纯和薄弱的环境下建立了一个新的城市，外来文化的确立和发展受到很少的地方文化影响，使其成为当时城市文化的主导内容。绥芬

河、黑河、牡丹江等城市也属于这种发展模式，因此，当时在这些城市中的外来建筑文化也是城市文化中非常主要的部分，但是由于外来建筑文化输入的强度相对不大，城市规模又很小，因此和哈尔滨存在较大的差别。齐齐哈尔等城市属于后一种发展城市模式。清朝末年黑龙江省有齐齐哈尔、瑷珲、宁古塔、墨尔根等具有一定规模的传统城镇，后随着中东铁路的修筑与自行开埠通商，在强大商业力量的冲击下，一些城市中的农业成为商业的附庸，乡村经济开始依附于城镇经济，进而启动了城市近代化的进程。在这些城市中，已经具有了一定的本土建筑文化基础，当外来文化输入时，很难将其全部取代，虽然在外来建筑文化的确立和发展过程中，本土建筑文化的抵制作用远不及中原地区城市，从而形成很明显的由抵制到接受的过程，但是对外来建筑文化的自由发展仍然起到一定的阻碍作用，也是这些城市中外来建筑文化并不突出的重要原因之一（图5-2-2）。

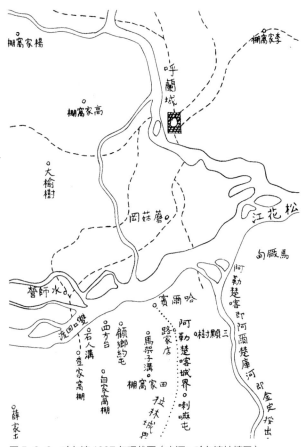

图5-2-2　哈尔滨1897年现状图（来源：哈尔滨地情网）

黑龙江的外来文化建筑享誉国内外。尽管当今很多近代外来文化内容已经淡化，曾经的外来移民也已大大减少，但是由于这些建筑的存在使外来文化在黑龙江省留下了深刻的烙印，强化了区域的文化特色。哈尔滨成为外来建筑文化的核心区域，并从这里对黑龙江整个区域的城市建筑产生发散式的影响。

## 第三节　外来文化的输入

黑龙江由于正处于中东铁路线规划干线上，因此俄国人在中东铁路开始施工之后，为了适应中东铁路建设指挥的需要，将中东铁路建设工程总局由海参崴迁到哈尔滨。并于1898年6月9日正式在香坊田家烧锅办公。伴随而来的是大量的俄国铁路工作人员和行政人员，这些人的到来带来了当时相对先进的西方文化。大量受过良好技术教育的俄国工程技术人员参与了这项规划工程，开发建设哈尔滨。就在此时，他们以一种文化全盘输入的形式把沙俄的文化意识第一次传入黑龙江，使得整个黑龙江的城市建筑发展同整个世界当时的大的发展趋势是保持相对一致的。

沙俄的建筑师将欧洲的和本民族的文化同时融入建筑中，兴建了一批独具黑龙江本土特色的建筑，黑龙江的建筑从建筑风格上看，有当时最新潮的新艺术运动建筑、俄罗斯本土风格的传统建筑，也有西方折衷主义建筑。但在中东铁路附属建筑中，新艺术运动风格建筑为多数，多样化的建筑风格构成了近代黑龙江建筑风貌的基调。

## 一、新艺术运动风格

19世纪末，新艺术运动在欧洲城市率先萌芽并迅速传播，以伦敦、布鲁塞尔、巴黎的独立创作为主。19世纪末到20世纪初，新艺术的商业成功与风格上多样化的发展使得其在国际上继续大范围的传播，俄罗斯也开始对新艺术运动进行民族化的探索。同时期，随着中东铁路的修筑，新艺术运动也随着俄国人进入黑龙江地区，影响了黑龙江近代建筑的发展。19世纪末可以说是新艺术运动在黑龙江发展的鼎盛期，主要是中东铁路的附属建筑，包括公共建筑、铁路车站、商业建筑、居住建筑、教育建筑等，如原中东铁路管理局、原哈尔滨火车站（图5-3-1）、哈尔滨铁路技术学校、中东铁路路局旅馆、中东铁路高级官员住宅等。

新艺术建筑的风格首先是摒弃了西方古典的建筑形式与装饰符号，该风格更加注重从自然和东方艺术中汲取创作灵感，并以动植物纹样作为其形式构思的创作主题，提倡以有机曲线为主要形式，强调技术与艺术的结合。原中东铁路管理局就是新艺术建筑的代表，也是体量较大的代表作品之一，它取消了古典柱式等语言，而是使石材体现新艺术运动的装饰（图5-3-2）。

在大规模的建筑实践中，黑龙江的新艺术建筑也逐渐发展出本土的特征。由于黑龙江处于寒冷地区，为了保温效果，建筑外墙都会比其他地区的建筑要厚重一些。黑龙江新艺术建筑为了适应这样特殊的气候特征，就将曲线装饰大量的运用在建筑外墙、门窗、阳台、女儿墙等建筑构件中，代表作就是原哈尔滨火车站。与将曲线运用在装饰铁艺上的德国、比利时国家不同，黑龙江的新艺术运动建筑显得更加厚重、大气。

## 二、折中主义风格

折中主义建筑19世纪盛行于欧美，是一种博取众家之长而汇聚于一身的建筑风格。黑龙江的近代折中主义建筑，多数不是与西方发源地同时发展的，再加上受到比较复杂的传播媒介的影响，造成了近代黑龙江多种风格倾向的折中主义建筑的产生，其中主要包括：仿古典的、仿中世纪的、仿文艺复兴的、仿巴洛克的折中主义建筑等。这些建筑的主要代表有华俄道胜银行、东省特区区立图书馆（现东北烈士纪念馆）、中东铁路督办公馆，松浦洋行、马迭尔宾馆等。这一时期，西方的折中主义建筑活动已进行到晚期阶段。因此在黑龙江出现的各种折中主义建筑设计成熟，是构成黑龙江建筑风貌的重要组成部分（图5-3-3、图5-3-4）。

图5-3-1　1904年在秦家岗落成的哈尔滨火车站曾是哈尔滨标志性建筑（来源：哈尔滨地情网）

图5-3-2　位于哈尔滨西大直街的中东铁路管理局（现铁路局）（来源：王赫智 摄）

图5-3-3　东省特区区立图书馆（现东北烈士纪念馆）（来源：王赫智 摄）

图 5-3-4　松浦洋行（现哈尔滨市教育书店）（来源：哈尔滨地情网）

## 三、俄罗斯民族风格

　　从1898年在西香坊建造俄罗斯的木构风格小尼古拉教堂开始，黑龙江相继出现了大量的俄罗斯风格建筑：从索菲亚教堂这种相对大型的宗教建筑，到海城街铁路局俄罗斯式田园式小住宅；从砖木结构的沙俄外阿穆尔里区司令部大楼，到木结构的永安文化用品商店等，这些建筑都充分表现出了俄罗斯不同建筑类型的特征（图5-3-5）。

　　俄式建筑主要有木构和砖构两种。1898～1919年间木构建筑以圣尼古拉大教堂为代表，后期也有30年代建的圣阿列克谢耶夫教堂和江畔餐厅。这类建筑都以木为主材料，墙面由厚重的原木板水平叠加构成横向的肌理。通常在檐口、山花、口窗、栏杆、口斗等部位有木质雕花。屋顶多为高耸的三角形，有的还有俄罗斯式的"洋葱头"装饰，带有浓郁

的俄罗斯民间传统特色。

　　在1898～1919年之间，砖构建筑主要为铁路职工住宅和少量的公共建筑，如1904年建造的沙俄外阿穆将军司令部大楼。铁路职工住宅主要是以砖墙承重，以人字形木屋架构成单层的双坡屋顶。清水涂刷统一的米黄色，住宅群整体和谐统一。在20世纪30年代后期砖构建筑主要是各大小东正教堂，包括圣索菲亚大教堂、圣母守护帡幪教堂等，这些教堂都有高高的"洋葱顶"、帐篷顶或者拜占庭式的尖券，细部都有复杂精美的传统装饰，具有强烈的俄国东正教教堂特征（图5-3-6、图5-3-7）。

图 5-3-5　位于新市街俄罗斯木构风格小住宅（来源：哈尔滨地情网）

图 5-3-6　圣索菲亚教堂始建于1907年（来源：王赫智 摄）

图 5-3-7 位于东大直街的圣母帡幪教堂始建于 1902 年
（来源：王赫智 摄）

图 5-3-8 位于西大直街的国际饭店建于 1937 年（来源：王赫智 摄）

## 四、日本近代式风格

20世纪30年代，日本占领黑龙江后建造了一批当时流行于日本的近代式建筑，这种形式是日本建筑师学习西方现代建筑运动，并结合了一些日本建筑文化的产物，如1936年建的丸商百货店（现哈尔滨第一百货商店）及登喜和百货店、1942年的中央电报局新楼、1938年建的弘报会馆等。这批建筑多为砖混结构的三至五层楼，空间布局适合现代功能。外观呈简单的几何形体，墙面多贴小块乳黄色面砖，立面简洁，基本上不带装饰，具有现代建筑的格调，标志着黑龙江近代建筑产生了新的飞跃。

当然，也有新的建筑仍加上一些传统的装饰，如日本建筑师吉田友雄设计1936年建的哈尔滨会馆（现为哈尔滨市话剧院）和苏联建筑师斯维利朵夫设计1937年建的新哈尔滨旅馆（现为国际饭店）等，都在檐部和入口处做一些富丽的装饰而有新折中主义的味道。这种现象是新旧交替的过渡，并无大的影响（图5-3-8）。

## 第四节 公共与商业类建筑的传承与特征

纵观整个中国近代公共和商业建筑的发展，其发展的核心内涵和主题就是"现代转型"，是伴随着整个社会的现代化进程，从绵延几千年的传统建筑体系向适应工业文明新的现代建筑体系过渡的重要转折。在传统建筑向现代转型传承的过程中，主要采用的方式为"本土演进"，即是在传统建筑体系的基础上进行演变和改造的方式。作为中国近代城市发展前哨的黑龙江，伴随着中东铁路的修建而发展起来的黑龙江地区的诸多城市，其公共和商业建筑传承的历程主要体现在哈尔滨市道外区。

### 一、传统建筑文化下公共商业建筑模式的延续

#### （一）传统建筑文化在道外延续的原因

为什么中国传统建筑文化在道外能够得以延续？首先，这与道外当时特殊的行政区划有着密切的联系。道外在近代是以傅家甸为核心的地区（还包括四家子、圈儿河、江沿等区域），而傅家店（后改为"甸"）是哈尔滨地区出现最早的中国人聚居的自然村落之一，据考证，这里就是最早被称为"哈尔滨渔村"的所在，在1898年中东铁路开工之后，这

图 5-4-1　傅家店因 1890 年前后傅姓人家开设的大车店而得名；滨江厅同知改"店"为"甸"，乃成地名（来源：哈尔滨地情网）

里因开设的大车店而得名"傅家店"（图5-4-1）。过去这里没有单独的行政建制，作为一个小渔村一直归吉林将军治下的阿勒楚喀副督统管辖。1898年中东铁路开始修筑，选定了哈尔滨地区为铁路的枢纽。中东铁路工程局前后共进行了三次圈地，划出铁路用地和所谓的铁路附属地，由中东铁路管理局直接管辖和控制，而这三次圈地的范围都不包括傅家店所在区域。因此这一区域受到的西方文化影响较小，保留了较多的传统文化的痕迹。

从原始的自然村落到设治后直至伪满政权以前，道外地区的行政管辖权一直掌握在中国人手中，其各项事业的发展也是由中国政府控制的，这在很大程度上避免了西方文化的直接外来移植，使得这一区域的中国传统文化、包括建筑文化在很大程度上得以延续和保存，客观上为传统建筑文化的传承提供了必要的保障。其次，近代以来，尤其是中东铁路通车后，大量的移民纷纷来到哈尔滨谋生，包括中东铁路从关内各省招募来的筑路民工，以及后来闯关东过来的关内移民。这些移民来到哈尔滨后首先选择的落脚点几乎都在傅家店，许多人后来从事商业活动也选择在傅家店，使这里很快就成为大量中国人聚居的地方。历史上哈尔滨地区的土著文化是少数民族的游牧文化，在文化上是处于中国传统文化的边缘区，远离汉文化的核心区，传统文化对此地的影响力很弱；自清代京旗移垦以及汉族流人逐渐进入后，传统的汉文化已同这里的少数民族文化（尤其是满族文化）相互融合，形成一种满汉交融的地方文化。而随着近代大量移民的涌入，无论从传统习俗上还是建筑文

化上，正统汉文化中的许多核心内容，包括居住习俗、建筑习俗等都被直接带到了这里，这在客观上大大强化了这里的中国传统文化的影响力。

因此，在这样的前提下，当中东铁路修筑后，大量的西方文化以强势姿态风靡哈尔滨地区的同时，道外的传统建筑虽然也受到了强烈的冲击，但是，并没有完全抛弃中国传统建筑文化的根基，而是兼收并蓄，逐渐迈出了向现代转型的步伐，并使这一主题贯穿整个道外近代建筑发展过程的始终。

## （二）传统建筑文化影响下道外公共商业建筑的发展

哈尔滨道外是早期民族工商业的发源地，其商业雏形早期可追溯至1904年，其发展沿革大体经历了如下过程：最初形成的傅家店缘起于以大车店、酒馆和医药铺为代表的早期民族商业体系；之后，随着人口猛增，来自于青岛、奉天等地的商人开始在道外建设工厂并经商，为这一地区形成的独特商市风貌奠定基础；随着进一步发展，道外地区逐渐发展成为繁华的商业、娱乐、居住的综合区域和哈尔滨市民购物娱乐、餐饮生活的核心地区（图5-4-2）。

在道外区工商业的整体发展过程中，靖宇街是出现较早的一条商业街，当时道外是松花江火轮船码头，与火车站相

图 5-4-2　京旗移垦的旗人和闯关东的燕鲁人是近代哈尔滨的早期居民（来源：哈尔滨地情网）

接，水陆交通非常方便。这里又是商业街，大约有800多户居民，多是中国旧式建筑，较为繁华（图5-4-3）。

加之在1903年，中东铁路全线通车后，借天时地利，哈尔滨很快地发展成为商埠，以致山东、河北等地的华人纷纷来到哈尔滨从事各种商业活动。特别是1904～1905年日俄战争时期，俄国军队的庞大军需吸引了关内各地华商来哈尔滨投资的热情，致使当时的道外区经济异常繁荣，民族工商业者抓紧时机谋求更大的发展。据武百祥先生的自述说："哈尔滨这年（1905年）做生意的机会，可以说是空前的，虽然不敢准说是绝后的，但也差不多。"同记的商业经营是

这样，而其他民族工商业者的商号、店铺又何尝不是如此？据统计，到1905年底，道外区民族工商业总数已达数百家之多，是1898年土著当铺烧锅不能相提并论的。道外区民族经济的迅速发展，促进了道外区近代商业建筑的蓬勃发展（图5-4-4、图5-4-5）。

道外近代商业建筑在发展之初是延续中国传统建筑文化的，但在后来逐渐借鉴和模仿铁路附属地里的道里、南岗的西式建筑样式和结构做法，形成了源自民间的一种间接的外来移植。道外工商业的形成与发展对于该区域的社会结构、文化传统以及风俗观念和相关活动有着十分重要的影响。在该地区从事工商业的人群大部分为处于社会中下层的城市平民、中小工商业者等，基本从事低级的体力劳动和经营活动，大都来自中国北方诸省，在这样的经济背景下，该区域形成了以中国传统街坊、市井网格状格局为主的传统民宅的布局特点。

由于道外工商业的迅速发展，商业日渐成为谋生的手段，人们"竞相为商"，绅商价值成为道外普遍的心态。发生于道外的商业行为包括商业经营行为和杂艺民俗行为等，其中，商业经营行为一般有坐商和行商两种：坐商是指有固定摊位和铺面，占道外商业经营的大多数；行商是指走街串巷、沿街叫卖的商贩（图5-4-6）。

图5-4-3 正阳街（现靖宇街）是傅家甸之中轴线（来源：哈尔滨地情网）

图5-4-4 傅家甸东四大街也是重要商业街（来源：哈尔滨地情网）

图5-4-5 这里的花市吸引了很多人（来源：哈尔滨地情网）

（a）茶庄兼书店：坐商　　　　　　　　　（b）走街串巷：行商　　　　　　（c）街头摊点：行商

图 5-4-6　道外坐商与行商行为（来源：哈尔滨地情网）

## （三）传统商业模式的适应与转变

在传统商业环境中，以家庭为单元的的生活方式对应着商住一体的单元式布局，形成"前店后坊"或"下店上宅"模式，这种形式在中国传统商市城市中有着悠久的历史。早在北宋年间，传统的"市坊制"已经适应不了经济的快速发展，因而以"街巷制"代替传统封闭"坊"制和集中市场。如《清明上河图》所描绘，街道纵横，店铺林立，沿街设摊点，下为店，上为宅。至今，这种商居一体的形式在一些城市中仍被保留着（图5-4-7）。

图 5-4-7　清明上河图店铺图（来源：《近代哈尔滨道外里院居住形态研究》）

与其商业模式相对应的是道外里院的商住混合模式，其底层多作为店铺空间，由各自临街的店铺门进入，而进入内院则一般由过街门洞进入，由楼梯经外廊再到自己的居室，各得其道，互不干扰。这种模式能够适应当时道外商作经营与住居行为的结合。哈尔滨道外区的商业建筑模式发展在大体上可以分前后两个时期。

### 1. 前期

这个时期商业店铺的需求数量急剧增加，使人们不得不改变传统的经营方式来寻找适合道外区的一种模式。由于受西方文化的影响导致自然经济解体，使得很多农民进城务工，商业活动因此成为其生计的主要来源。而道里、南岗两区西式建筑商住结合的模式再次显现出了符合时代发展需求特点，自然而然地成为了道外民族工商业者争先模仿的对象。在前期道外区近代建筑中出现的商业空间都是小型的店铺，它们都是处在沿街一层位置并结合居住大院布置，道外区的商业内容和数量正是这种小型店铺日积月累的结果。这种西式商住结合的模式以住居不分离为特点，适宜集约型的小型商业家庭。在有限的经济实力的限制下，既解决了一家人的住居问题，也解决了生计问题。同时，这种模式减少了住处与商铺之间的距离，里院的内院还可以作为临时仓库，方便了店铺的管理运营，且提高了商作效率。

### 2. 后期

随着商业的繁荣、民族资本的积累逐渐增多，小型商业空间已经不能满足某些民族工商业者的需求。为了新的商业活动所需，在道外区就出现了一些像同记、大罗新一样纯粹以商业经营为目的建筑来。这时商业空间已经不仅仅在沿街的一层位置，整个建筑本身就是商业的空间，商业经营也更加室内化。因此在寸土寸金的商业街区，临街开店成为不二之选，而货物储备、操作间等辅助功能最好能接近门面，否则影响店铺经营效率。因而"下店上宅"的商住结合模式也自然而然地在道外里院中延续下来。以最早出现的商业街区靖宇街为例，仁和永、益发合、老鼎丰副食、三友照相馆等十余家大型店铺均采用这种模式。

哈尔滨道外的工商业发展从不同层面上影响到了其居住建筑的空间形态和居住生活内容，商住混合的行为模式也为建筑功能上的商住混合提出了要求。这种集约实用的建筑形式最大化地体现了市井商人对建筑实用性的需求，是商业发展下的产物（图5-4-8）。

道外里院商住混杂的生活气息十分浓郁。鳞次栉比的各式样的招牌、牌匾，街上摆的摊点，游走于街巷的各类吆喝叫卖声再加上川流不息的人群，形成了热闹喧嚣的商业氛围，而进入辅街，玩耍嬉戏的孩童、打嗑聊天的妇女、晒太阳下棋的老人与搬运货物的工人、吆喝的小贩等混杂一起，形成了特有的商居氛围。

## 二、传统材料装饰元素的运用

中国传统建筑中十分重视立面构图与造型，讲究对称、均衡、韵律、对比、和谐、比例以及尺度等。道外区近代建筑空间布局有明显传统建筑的纵深性，它们多为二三层砖木结构建筑，体量不大，整体协调。

沿街立面多为中西合璧的"中华巴洛克"式，与南岗、道里区的西式风格相异，道外区的建筑风格则是南岗道里的间接西式移植与中原移民的传统文化的糅合。所谓"中华巴洛克"立面风格，在构图上以西式为主，采用"横三段"、"竖三段"式构图，在装饰形态上既有西式构件，如层叠的倚柱壁龛、断裂的檐口山花和扭转的柱式、涡卷等，也有中国传统的浮雕装饰，如在女儿墙、阳台、壁柱等位置加入蝙蝠、花草等吉祥寓意的雕刻。中国传统纹样和装饰手法的加入，表明了中国工匠对信手拈来的西式风格的戏谑与改进。从构成形式上来看，道外"中华巴洛克"立面主要分为转角式和非转角式。转角式一般位于街道交叉口处，平面多呈"L"形，而非转角式一般位于街巷中，平面多为"U"或"回"形。"中华巴洛克"立面通常会存在视觉焦点，多集中在院门、女儿墙的位置上，因而立面中央或两端的处理会相对较复杂。若立面为转角式形式，为了吸引人群，多将抹角入口处做成整个立面的视觉

图5-4-8　道外店铺形态（来源：周立军 摄）

中心，独立于两侧的立面。通常强调视觉焦点的手法主要有柱式形态、窗户形态、檐口形态和女儿墙形态等。

## （一）传统建筑材料的应用

道外区近代建筑的外观按照传统建筑材料的应用可划分为青砖墙和红砖墙面呈现出中国传统建筑材料与西方建筑形式融合的特点。

### 1. 青砖墙面

青砖在我国传统建筑中是广泛运用的建筑材料，以青砖为建筑材料的近代建筑普遍出现在道外区建设的早期。由于人们已经掌握了青砖的制造工艺和性能并且青砖建筑的厚重纯朴正是道外民众喜好的，所以在道外近代建筑产生伊始建筑者们选用青砖作为建筑材料。青砖建筑的檐口、线脚、牛腿等装饰都是由砖拼贴构成，有些女儿墙还是传统民居中的花砖顶和花瓦顶，格外通透美观。只有在建筑重要的位置才会有被涂以醒目颜色的砖雕或灰塑，起到了画龙点睛的作用并美化了建筑形象［图5-4-9（a）］。

### 2. 红砖墙面

由于青砖存在抗压力小、易破坏、吸水甚大、易粉蚀等等

弊端，而红砖作为我国传统民居的建筑材料恰恰弥补了这些不足，因此，俄罗斯在建造道里、南岗时广泛运用红砖作为建筑材料，一定程度上影响了红砖的普遍使用，红砖形式的道外区近代建筑才得以出现。同青砖建筑一样红砖建筑的装饰也是由匠师用砖砌筑成的，但此时的窗套、线脚等装饰更加西化，女儿墙的轮廓也较多变，中西结合色彩更加浓烈，外立面上重点部位的砖雕较青砖建筑有所减少［图5-4-9（b）］。

## （二）立面重点部位对传统建筑元素的传承

### 1. 院门中的传统元素与手法

在中国传统建筑群中，门的设立起源于一种防卫上的意义，后来发展成为艺术形式上的构成要素。道外区近代建筑院门的尺度都不是很大，其高度大约在2~2.5米，宽度大约在1~2.5米，建筑的院门一般是传统的木质门板，分单开和双开两种，其上的雕刻多为民间传统图案。尺度稍大的院门门板会有包加铁皮，同时铁皮上镶嵌有钉头排成的装饰图案。在建造较早的近代建筑中院门仍采用的是传统民居中门轴的固定方式，门洞也是砖拱券的形式。到了后期，由于建筑五金业的发展和西方建造技术的引进，门轴逐渐被铁合页所代替，砖拱券也被钢筋混凝土过梁所取代，但为了追求美

（a）青砖建筑

（b）红砖建筑

图5-4-9  传统材料建筑（来源：袁泉 摄）

观有些建筑仍保留了传统拱券的形式。在道外近代建筑中建造者们为了强调门的地位，常常会用倚柱、阳台、山花、石质匾额等中西合璧式的装饰起到引人注目的作用，同时也会利用女儿墙来突出院门。有的在院门之后还设置影壁墙，墙上绘"福禄寿喜"等吉祥字。此外，两个院落的院门不可相对，民间传统取意"口对口，口舌多"。实际上也是为了保证私密性的要求（图5-4-10）。

### 2. 外廊中的传统元素与手法

外廊是道外区近代建筑中很重要的一个部分，也是道外区近代建筑与道里、南岗近代建筑相比很明显的不同之处。在道外区近代建筑的外廊中，装饰沿用传统游廊形态，大都采用中国传统建筑的元素，如木栏杆、木柱、雀替、挂落和楣子等。木柱之间架设传统栏杆、挂落和檐下挂板。它们多运用传统剪影手法，且采用轻质木材，不仅以虚界面弱化了空间限定性，也使院落立面增加了一个空间层次，丰富了肌理，其中栏杆形式多为传统的瓶形、条形或镂空栏板，檐下挂板为传统吉祥纹样装饰，也有俄式风格，为层叠三层或两层的几何形锯齿装饰。挂落是整个外廊装饰形态中最为复杂多变之处，常用镂空木格或花雕板做成，花纹有简洁的几何图案也有繁复的传统图案，如"步步锦"、"金线如意"等吉祥纹样或卷纹植物图案等，空灵剔透，精巧别致，挂落与栏杆在外廊形态上属同一层面，多上下呼应，犹如花边般，虽实尤虚，虽虚盛实，加强了空间的层次感与延伸感。而外廊的雀替、挂落、楣子中不仅带有几何图形的装饰和细致传神的木雕刻，同时还有简化抽象的构件形式。值得一提的是

（a）门洞的形态（来源：袁泉 摄）

（b）门板上的传统木刻　　　　　　　　　　　　（c）门板上的钉头

图5-4-10　道外区近代建筑的院门－门板上的传统木刻（来源：袁泉 摄）

一些道外大院的外廊还带有玻璃窗，形成了类似于现在阳台的空间，冬季可以起到保暖的作用。

外廊是人们在闲余时间交往的空间，同住在一个大院的人可以利用这个空间增进相互的感情。它的存在抹去了室内空间和院落空间明显的界限，使两者成为一个有机的整体（图5-4-11）。

道外区近代建筑中外廊悬挑出大约1米左右。早期的外廊都是用木梁悬挑，梁上面再铺设木板。到了后期，出现了钢铁和水泥在外廊中的应用，外廊的悬挑也有不用木材而选用水泥和钢铁，靖宇街384号的外廊则都是由钢铁和水泥构成。

### 3. 屋顶及女儿墙中的传统元素与手法

位于建筑物顶部的屋顶突出物（以下简称突出物）及女儿墙，易吸引人们的视线，对建筑物轮廓线的形成有着不可低估的作用。道外区近代建筑的突出物，不同于道里、南岗两区建筑半球型突出物，道外区近代建筑上的突出物多为传统的建筑形式，如六角亭等。这些带有突出物的建筑大都建造在街角等重要的位置，起到了街道对景的作用。

女儿墙在道外区近代建筑中作用同样十分突出，作为装饰的重点，也是整个立面形态中变化最丰富之处，主要构成要素有山头、望柱、矮墙和栏杆，可以肆意组合，形成"望柱+矮墙"、"望柱+山头+矮墙"、"望柱+栏杆"、"望柱+山头+栏杆"及"望柱+山头"等，体现了道外装饰形态的恣意与率性。在这之中，矮墙多为传统民居中的花砖或花瓦顶，民族风意味十足。住宅立面的檐口、线脚、牛腿等多用青砖拼接，甚至有些女儿墙采用青砖堆筑的传统花砖顶。在檐口或山花处通常有传统花纹砖雕或灰塑，起到画龙点睛之用。同时还有简洁装饰或无装饰的女儿墙，更有些近代建筑的女儿墙上同时存在多种样式和各式各样的民俗符号。为了配合强调建筑的院门和商铺，女儿墙都会利用形态和装饰形成视觉焦点，增强强调的作用（图5-4-12）。

（a）外廊　　　　　　　　（b）花挂落　　　　　　　　（c）花挂落

（d）外廊细部　　　　　　（e）花牙子　　　　　　　　（f）外廊栏杆

图5-4-11　外廊空间的中式手法及装饰（来源：袁泉 摄）

（a）女儿墙中式装饰　　　　　　　（b）女儿墙中式装饰　　　　　　　（c）中式突出物

（d）突出物中式装饰　　　　　　　（e）突出物中式装饰　　　　　　　（f）突出物中式装饰

图 5-4-12　女儿墙及突出物上的中式元素（来源：周立军、袁泉 摄）

### 4. 檐口中式装饰

檐口形态多为西式样式，挑檐较深，下以牛腿或线脚相承。挑檐的装饰以中式传统纹样居多，如回字纹、万字纹、如意纹或蝴蝶纹。牛腿则成对出现，多饰植物纹样。一般在两组牛腿之间常带有额匾，刻有传统吉祥图案，如铜钱、寿字、松鹤、双狮、卷纹植物等（图5-4-13）。

### 5. 窗中的传统元素与手法

（1）装饰：窗户在我国传统建筑和造园中的作用是十分重要的，窗户不仅仅要满足通风、采光的基本要求，还要有"纳千顷之汪洋，收四时之烂漫"之功用。窗户在整体立面构成中占据比例最大，道外区建筑多为西式的平开窗，均匀排列。窗户一般分为独立窗和组合窗两种：独立窗自有一组

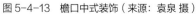

图 5-4-13　檐口中式装饰（来源：袁泉 摄）

窗套和窗台，高宽比在3：2左右；组合窗一般为两扇细长的小窗共用一套窗台和窗套，两扇小窗之间为窄墙或壁柱，高宽比一般为3：1，装饰形态多由窗套、窗间柱及窗台呈现，其中，窗套和窗台多以砖砌或抹灰做出轮廓和线脚，样式丰富，有中式的蝙蝠、草龙等纹样，也有西式的植物纹样。窗间柱则形式随意，兼有中西装饰的特点。此外，拱形窗、由小窗组合而成的窗、异型窗在道外区近代建筑中也有相当一部分。它们的存在美化了建筑的外在形态，有的建筑外立面拱形窗相连在一起，极具动感。道外区近代建筑的窗套同时也独具特色，有些窗套是由砖拼贴出来的，有些窗套是灰塑而成的，虽然窗的形式大多为西式，但不论哪种形式都或多或少地带有一些传统的吉祥图案（图5-4-14）。

（2）保温：近代道外里院多为双层窗，内外双开，其构架多为木材。相对中原地区单层窗户而言，双层窗户能够形成一定厚度的空气间层，这样做一是能够在内外环境间形成中央空腔，使得外界较低温度在传入室内的过程中逐渐衰减，防止产生结露；二是空气的间层能起到很好的保温作用，同时为了进一步减少冷风侵袭，一些窗户常在外侧加设一层塑料薄膜，这主要是参考满族民居"窗户纸糊在外"的传统做法。这种构造做法是适应寒地气候的产物，因冬季风雪较大，室内温度相差三十几度，若将玻璃置于外窗棂内侧，这是中原地区传统民居的做法，猛烈的北风易将玻璃和木窗棂剥离，同时寒风吹透连接处，不利于窗户保温，且若木窗棂在外侧，容易积雪，甚至结霜，会导致窗棂和窗户的

损坏，同时，为防止冷风内渗和减少热损失，门窗多用棉条或牛皮纸封糊。

## （三）道外区民俗化、传统化装饰意趣

近代道外的民众群体是中小工商业者、小商贩、工人、苦力、街头艺人等，他们多来自关内移民，从社会阶层上来看是处于社会的中下层，文化传统与习俗十分相近，趋于城市大众民俗文化，因此道外区建筑装饰注重实用性、生活性和感官化。极具形象和寓意，以葡萄、盘长、缠枝纹来寓意生生不息，而以喜鹊、蝙蝠、回纹来传达福禄寿喜等吉祥愿望。而且，这些装饰写实意味浓厚。对此，民间工匠说道"画草虫鱼蟹要写生，画得游动如生才美。蔬菜鲜果要画熟透后新摘下来的颜色才好看"。正是这些自发的、随性的、世俗的甚至有些功利性的文化品位从本质上符合了道外百姓的需求，得到了民众的认同并应道了道外里院等建筑的审美走向，形成了这一区域独特的风貌。近代道外里院的民俗事象纷繁复杂，大至价值观念民俗，小至吉祥牌匾，在各类民俗观念和民俗行为的影响下呈现出浓厚的民俗意趣。传统民间工匠通过对道里、南岗的古典建筑的间接移植和模仿，将其运用到道外里院等建筑物的建造上。它们在遵循着西式的基本构图，但女儿墙、窗套、柱身以及檐下的牛腿上都以抹灰做出复杂而生动的浮雕式传统纹样，这些纹样以自然动植物或吉祥字眼为母题，虽然不一定具有很高的艺术水平，但足以体现匠师的高超技艺。

图5-4-14  带有传统装饰的窗（来源：袁泉 摄）

道外区的匠师凭借自己对中西建筑文化的理解进行艺术创作和加工，比如在西式女儿墙上作中式的图案，在西式柱头上饰铜钱、花草等纹样，可谓恣意组合，随性发挥。传统民俗的很多内容都传递着人们美好的生活愿望，而人们通常用一些吉祥物、吉祥纹样等民俗事物来传达。在建造过程中，工匠通过一些寓于吉祥语义的装饰图案纹样等在里院立面上进行传达，诸如象征福禄的蝙蝠、丹凤朝阳的凤凰、松鹤延年的鹤、连年有余的鲤鱼等动物题材；象征君子的梅兰竹菊、象征富贵的牡丹、寓意子嗣的葡萄、石榴等植物题材以及寿字、卍字、发字、盘长、文字图案等，传统意义上讲，装饰题材都有着一定的象征意义，传达出吉祥寓意或驱邪意义等，可谓之，民间工匠通过非理性的、率性而为的态度形成了道外里院立面特有的寓意丰富且崇尚装饰甚至繁琐的特点，也成就了俗文化形式下的装饰意趣（图5-4-15）。

中西建筑文化交融的现象在道外区近代建筑中的装饰中表现得淋漓尽致。建造者们凭借自身对西方建筑文化的理解，在道外区广泛运用西式建筑装饰，同时他们又不能完全放弃其固有的文化背景，因此道外区近代建筑装饰具有中西合璧的特点。

## 1. 道外区中西结合的建筑装饰

由于道外近代建筑建造者的传统性，很多自西方古典建筑的构件移植到道外后都或多或少地发生了改变。很多中式传统的装饰纹样和构件形式出现在这些西式建筑构件上，形成了中西结合的建筑装饰。道外区近代建筑的建造者在仿造西式建筑时，各种各样的西式装饰纹样同样是它们模仿的对象。然而，在道外区近代建筑中并没有出现纯正的西方古典建筑装饰纹样，这其中与建造者们的世界观和文化背景有着不可分割的关联。此种类型的装饰多出现在建筑外立面上，最为常见的就是由西式盾形装饰演化出来的中西合璧式纹样。院内外廊的一些挂落上的装饰则是源于西方木构建筑常出现的细密层叠的几何齿状装饰，但也被建造者们加以如意等传统装饰，从而显得中国化（图5-4-16）。

## 2. 源于传统的建筑装饰

因为受传统文化的影响，在道外区近代建筑中也不难发现传统建筑的构件形式和装饰纹样。由于已经不采用木构架体系，这些构架形式已失去原有的作用而变成一种装饰，反映了人们对传统文化的眷恋心理，如斗栱、雀替等。装饰

（a）墙面

（b）檐口

（c）窗套

（d）女儿墙

图5-4-15　题材丰富的建筑装饰（来源：袁泉 摄）

（a）柱式

（b）栏杆与挂落板

（c）栏杆

（d）栏杆

（e）女儿墙

图5-4-16　中西结合的建筑装饰（来源：周立军、袁泉 摄）

纹样则多是以传统建筑的装饰为蓝本加以改进，如在彩画上经常看到的枋心线。此外，民俗意味的装饰图案在道外区近代建筑中同样是为数众多，下一部分将会对民俗装饰着重分析，在此就不作过多的分析（图5-4-17）。

## （四）道外区传统装饰纹样的主题

### 1. 传统图案纹样

图案是观念的艺术表现，反映人们对生活的向往和追求，对吉祥如意的希望和期待。图案的主题形象多以写实的形式出现，通过一定的艺术手段将其组合搭配，表达出较为

丰富的内涵。道外区民众的文化观具有一定的原始性和传统性，有些观念根深蒂固，在图案的观念表达中，大概可以分为以下几类。

（1）生育观

天地相交，阴阳相合，生生不息，用生殖崇拜屏开的阴阳二元论是中国文化最深层的结构之一，可以说是数千年中国民族思想的基础。多子必多福，在道外区近代建筑的装饰中，这种文化观念表现的较为突出。如在道外区近代建筑装饰中出现的葫芦、葡萄、莲花、盘长、缠枝纹等等（图5-4-18）。

（2）五福、三多观

"五福"、"三多"是中国传统观念中吉祥的内容，

（a）花挂落

（b）花牙子

（c）花牙子

（d）花草纹

（e）枋心线

图 5-4-17　源于传统的建筑装饰（来源：袁泉 摄）

在道外区近代建筑装饰中有很多图案是关于此观念的表达。"五福"之说始见于《尚书》。五福，一曰寿、二曰富、三曰康宁、四曰彼好德、五曰考终命。"五福"常被用来概括人生幸福。在民间，"五福"还有另外的解释，指福、禄、寿、喜、财。此外，传统祝福中还有"三多"，说的也是所谓福善之事、嘉庆之征。三多指多福、多寿、多男子，源自

（a）葫芦

（b）缠枝纹

（c）莲花

（d）葡萄

（e）盘长

图 5-4-18　体现生育观的建筑装饰（来源：袁泉 摄）

（a）蝙蝠

（b）宝瓶

（c）蝴蝶

（d）回纹

（e）铜钱

图 5-4-19　体现五福三多观的建筑装饰（来源：袁泉 摄）

《庄子·天地篇》中的"华封三祝"的故事。如在道外区近代建筑的装饰中出现的喜鹊、蝙蝠、蝴蝶、松竹、梅花、回纹、方胜等等（图5-4-19）。

（3）传统宗教文化的影响

宗教文化对中国传统文化产生过极其深远的影响，它们凭借其强大而坚韧的渗透力波及到人们物质、精神文化的许多方面。在建筑装饰上表现得相当明显，如道外区近代建筑上的八卦图形、万字纹和宝莲花雕刻。然而总的来说，这种宗教文化影响的装饰在道外区并不多见（图5-4-20）。

### 2. 传统文字装饰

将文字直接应用在建筑装饰上，相对于图案纹样的观念表达上更为直观，人们浅显易懂。在调研中，笔者发现单体字的运用，最多的是不同版本的"寿"字，"吉"字相对

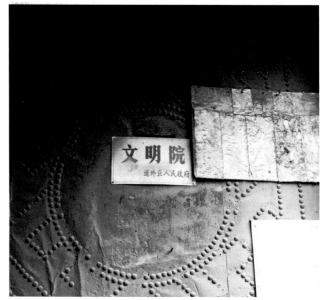

图 5-4-20　体现我国宗教文化影响的建筑装饰（来源：袁泉 摄）

较为少些，它们大都分布在窗户上、外廊上和建筑的外立面上。除此之外，还有代表店铺商业内容的文字，如在靖宇街与景阳街交汇处的一处近代建筑上，就有"茶"字装饰，使行人一眼便知其店家的经营内容。由于道外区同样被以俄罗斯为主的西方文化影响，所以在道外区近代建筑中出现了俄罗斯文字的装饰，这在其他城市应该是没有的。另外，石匾题刻也是人们用文字表达观念的装饰手法，如"天合泰"、"仁和永"、"同义福"等，这些带有文字的石质匾额常常被用在道外区近代建筑的大门上或者是被用到建筑的醒目位置（图5-4-21）。

## 三、公共与商业在传统建筑传承上的解析

黑龙江的公共与商业的传统建筑在接受外来文化的过程中，受外来文化影响较大，呈现出以外来文化为主、中国传统文化为铺的特点。整体上其对外来文化是包容接受的态度，在对外形态上更多的是采用外来元素，尤其是西方元素。表现在建筑的立面上受到外来文化，尤其是西方文化影响较大，外立面整体采用欧式风格，其中有部分中式符号；建筑平面同样受到西方文化影响较大，更多的考虑到了商业的便捷性，因此在设计时常常尽可能扩大店铺面积，同时将居住与商业紧邻，方便店员伙计上班。

在建设的过程中，以哈尔滨为例，不同地区的公共与商业建筑也是由不同方式设计的。在道里、南岗等受西方文化影响较大的地区，一般是由来自欧洲，通常是俄国的建筑设计师设计或者直接照搬本国原有的图纸在哈尔滨建造，通常这类建筑在施工时会雇佣大批的中国匠人或匠师，其建筑本质上是由建筑师或者设计师设计的；相对应的在哈尔滨道

（a）寿字

（b）寿字

（c）牌匾

（d）牌匾

（e）牌匾

图5-4-21　建筑上的传统文字装饰（来源：袁泉 摄）

图 5-4-22　感官化、生活化的建筑装饰（来源：周立军 摄）

外区，一般是由在道里、南岗等参与过施工的匠师来设计建造，这类匠师一般是出身市民、民族工商业者或匠师，他们受到过西方文化的影响，对西方文化是一种接受的态度，同时也比较了解本土文化，因此在建设的过程中，往往在采用了西方建筑元素的同时，也大量地采用了中式符号，如在山花与柱式上加葡萄、葫芦、莲花、喜鹊等象征美好寓意的元素。一般来说建筑师是受过良好的专业教育，而道外区近代建筑的建造者们自小在受民俗文化的熏陶下长大。两者的文化背景不同，导致了审美方式的不同。

在前文中不断提到外来文化与传统文化的影响，这里文化的本意是指相对于政治、经济而言的人类全部精神活动及其活动产品。文化的存在是建立在生物的基本需要之上的。这里所说的基本需要，应当理解为物质需要和精神需要两个方面。随着社会的进步，物质需要在很大程度上获得满足以后，精神需要则表现尤其突出。在公共与商业建筑这里，物质上西方建筑文化的部分精华与传统建筑文化融合到一起，而在精神上则仍然保持本土文化的传统，建筑的本质与内涵仍是传统的，本土的。

物质上文化的融合以道外的"中华巴洛克"为例，可以

从外立面、装饰细部等方面明显地体现中西文化在黑龙江这片土地的交融；精神上保持本土文化传统主要体现在大众的审美心理与民俗两个方面。

## （一）大众的审美心理

### 1. 大众的审美特点

感官化、生活化是大众审美的两个主要特点。道外区近代建筑上装饰的形态是极其形象的，如葡萄、石榴、松树、铜钱等。市民喜欢具体而形象的东西，厌恶抽象的哲学。对此，民间画匠的秘诀是："画草虫鱼蟹要写生，画得游动如生才美；蔬菜鲜果要画熟透后新摘下来的颜色才好看"。而反映在建筑装饰上，则是以原有物态直接表现，大众的趣味语言，生动、愉快具有明显的感官化特点。同时，这些感观化装饰的题材却是生活中常见的事物或者是围绕在身边的事项，生活化的特点不言而喻（图5-4-22）。

### 2. 审美的从众心理

我们在分析大众审美对于建筑形成影响的时候，不能忽略

审美过程中从众心理在道外区近代建筑风格形成过程中起到的作用。审美的从众心理同样对其近代建筑的普及起到了推波助澜的作用。个体在群体中常常会不知不觉地受到群体的压力，而在知觉、判断、信仰以及行为上，表现出与群体中多数人一致的现象。哈尔滨道外区近代建筑的建筑过程中，创造者们就要事先分析比较已有的建筑，而后取其长处用之。在这个建造活动中，由于创造者们的猎奇心理，有一些已有建筑的装饰就会被直接或稍加改造后运用到新的建筑中。这样，建造者们的审美从众心理同样会对建筑的风格产生影响。

## （二）民俗

建筑民俗作为一种文化现象，同样具有物质性与精神性的特点，这里讨论公共与商业建筑的文化把研究重点放在精神层面上。近代时期的生活在黑龙江这片土地人们的生活民俗，受到时代和社会的影响，而呈现出独具特色的魅力。近代时期的黑龙江人们的生活民俗，既有传统文化的历史沉淀，又受到外来文化的影响和渗透，加之与北方游牧文化和土著文化相结合，是多种文化共同影响的产物，集合了多种文化的精华。这种生活民俗，既体现了地域的特点，又具有移民的特色。

黑龙江近代建筑与民俗文化有根深蒂固的渊源关系。它的外在形象寄托着民众的善良愿望、美好理想；反映出民众心灵深处对祖先的崇仰，对生命的崇拜，对富贵吉祥的追求，对大自然的眷恋，对人格的颂扬；体现着民族源远流长的审美趣味。民俗文化与建筑的形式美构成了建筑新的审美内容，富有极强的生命力和群众基础。

以哈尔滨道外区为例，道外区的近代建筑没有建筑师设计，是民众集体智慧的积累，并通过民间匠师的施工而实现的。在建造和流传过程中一直有民众的参与，因而它的传播过程就是创造过程，民众既是使用者又是创作者。影响和规定着民众、民间匠师的创造及选择的观念是他们对生活的整体体验，尽管他们身处穷乡僻壤，条件低下，但总是从实际出发，因陋就简。注重实际需要，真实、自然、含蓄地反映生活，由此形成了道外区近代建筑明显的民俗文化特征：集

体性、类型性、传播性、变异性和生活性。这些特征彼此间是一个整体，研究时要经常相互联系。集体性是道外近代建筑产生、传播的方式；类型性是道外近代建筑存在形式的特征；传播性、变异性是道外近代建筑运动发展中表现；生活性是道外近代建筑散发出来的独特魅力。

# 第五节　居住类建筑的传承与特征

## 一、传统里院群体与单体布局

作为居住形态实体呈现的居住空间形式对居住形态的研究有着至关重要的意义，通过一定的内在组织规律，能够形成一定的从具体到抽象、由外至内的空间秩序，从而体现特定时代特定地域的一种居住状态。通过采用从整体到局部的方式进行陈述，即从群落布局形式、单元构成要素和装饰形态要素三个层面进行分析。

## （一）群落布局形式

在哈尔滨道外区的头道街至二十道街之间集中分布着大量里院住宅，虽然其大小、形制各不相同，但基本上都是方形院落体系。它们按照一定的构成关系排列组合，形成一组组里院建筑群落。这些建筑群落存在着不同层次要素之间的层级构成关系，以及同层次要素之间的并置构成关系。以下从围合方式和组合方式两个层次论述里院建筑群的群落布局形式。

### 1. 围合方式

里院建筑多为二至三层，通过不同的围合方式来形成院落空间。从院落围合的方位来看，主要有两面围合、三面围合和四面围合等。所谓两面围合多由成"L"形建筑双面围合而成，多出现在街角。因其难以形成自己的空间，常常需要和三合院、四合院毗连组合；三面围合多由"U"形建筑围合而成，多存在与街角、街边和街区中，适应性比较强。

多独立成院，私密性、采光性较为合宜，在道外多数院落皆采用此形制；四面围合多由"口"字形建筑围合而成，多存在于街角，其私密性较强，较其他形制，四面围合院落更接近传统四合院院落，与中原文化更为贴近，但其采光性较差，居住适宜度相对较低。此外，道外里院也有离散单体围合而成，如道外北大六道街43号、北五道街33号。道外里院的围合布局虽然源于中原传统院落空间，但更加紧凑围合，内向封闭，这也是道外里院对寒地气候的适应性改变，体现着道外移民对文化传承和自然适应的态度。

　　从围合的尺度和形状来看，有宽院、窄院、方院和不规则院之分。道外里院的形状、大小各异，形态多样。以临街面一侧作为院落面长，而垂直街面一侧为院落面宽，根据长宽比来分类定义。若院落长宽比在1.5：1以上，宽而扁，称为宽院（图5-5-1）。这类院落采光性较好，适于北方寒地日照时间短的特点，因此其空间居住性能较为优越；若院落长宽比在1：0.5以下，呈窄而长的趋势，则称为窄院（图5-5-2）。该类院落采光性较差，邻里干扰较大，居住环境较差。但是由于占地面积比较小，建筑密度较大，比较适应当时道外人们的居住状况；若院落长宽比在1：1左右，呈方形，则为方院（图5-5-3）。这类院落采光性、私隐性较合宜，其居住适宜度也比较高；所谓不规则形，是指院落常常因地就势，不遵循一定的长宽比，以三角形、梯形院居多，常将入口门设于建筑一角，以此保证院落完整。

图 5-5-1　宽院示意图（来源：袁泉 摄）

图 5-5-2　窄院示意图（来源：邹文平 摄）

图 5-5-3　方院示意图（来源：袁泉 摄）

## 2. 组合形式

　　道外里院聚落群体系基本上都是由这些基本院落单元组合发展而来的，常见的组合方式有独院式和组合院式。一般来说，道外里院的围合性较强，常常独自成院，因而独院形式在道外居多。此外，道外还有少许二进院，如位于靖宇街39号的胡家大院（图5-5-4）。该院是19世纪资本家胡润泽（人称"胡二爷"）为其四姨太所建。该院是典型的二层高两进深四合套院，坐北朝南，主入口设在临街中央，过街门洞形式。前院较窄，尺度局促，为仆人和客人用房。后院为纵深式，尺度宽阔，为主人用房。在整体布局上依然可见其中轴对称分布的中国传统院落观念。

　　组合院形式不是特别常见，通常为前后通院或左右通院，多呈"E"字形或"日"字形。前后院一般横贯前后两

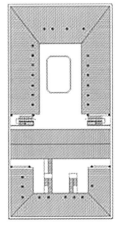

（a）平面图　　　　　　　　　　　　　（b）前院　　　　　　　　　　　　（c）后院

图5-5-4　靖宇街39号胡家大院（来源：邹文平 摄）

条街，严格意义上有正门、后门两个出入口，正门在主街道
上，为主要出入口，多设门板，加以装饰；而后门多为辅助
门，便于厨余、垃圾等的运送。而且在前后院连接处也会设
一个或两个便门，为过街门洞，方便前后院的联系。道外南
八道街174号里院与南七道街264号里院、北大六道街15号
与北七道街12号、北小六道街46号与北五道街75号等都是前
后院的组合形式。而左右通院通常位于一侧街道上，里院两
侧或中间有两个大门，便于出入。这类组合院沿街立面通常
较长，而且两个单院在立面上采用相似度极高的装饰形式。
北小六道街8号与10号里院、北七道街15号与17号里院、南
九道街168号与170号里院等均是采用该组合形式。

　　根据组合院的功能关系可分为跨院一居院式和双居院
式两种，其中，跨院一居院式的前院主要承担过渡、交通和
杂物的功能，后院则承担生活起居功能，而双居院的前后院
都承担居住功能，一般来说前院多为仆人居住并兼有储藏功
能，而后院则多为主人用房，且私密性和规模都高于前院。
组合通院不但在空间上扩大了领域，在生活上也增强了人们
之间的交往，生活气息十足。这种组合通院的模式可以看成
是缩小版的街道模式，整个组合通院的尺度、空间序列都是
符合人的空间感受的，与街道的尺度、空间序列类似。

## （二）单体构成要素

　　哈尔滨道外里院群落的基本单元是形式各异的里院空
间。这些基本单元虽然偏离标准四合院形制，多数是非标准
或非四合院形制，但具有相似的空间构成和空间结构。一般
来说，里院主体多为二三层的砖木结构建筑单体围合而成，
底层多为商铺，上层多为居室的大院住宅空间。

　　里院的空间构成延续着由外至内循序渐进的空间秩序，
基本是有公共开敞空间（院落空间）至公共半开敞空间（外
廊空间）最后至私密空间（居住单元）。若是多进院落在内
院与外院上还会有层次的差别。本节将按照空间序列逐步论
述近代里院的单体构成要素。

### 1. 院落公共空间

　　道外里院住宅的公共空间要素主要包括开敞性的院落
空间和半开敞性的联系空间。这些空间从行为学的意义上来
讲，多为交往性空间。

　　院落空间是里院的主体，也是里院的主要公共交往空
间。院落空间多为"L"形或"U"形建筑单体围合，单体
之间多成毗连型布局，若呈离散型布局，也通过外廊紧密
联系，尽量缩小空隙。院落的形状多为矩形或方形，根据面
宽与进深的比例，可分为宽院、窄院和方院等。从层次上来

讲，有独院、两进院和多进院之别。

在院落格局方面，一般将外楼梯置于院落中间或两侧，而外楼梯通过连续的外廊将整个建筑连成一体（图5-5-5）。通常工匠会根据院落大小和住户数来确定楼梯数量。除交通空间外，院落中还设有辅助性的生活设施。自来水、公共厕所、污水口、仓棚是必备的公共设施。通常将污水口布置在院落四角，与市政的排水设施衔接；公共厕所设于院落一侧，与居住空间相对；自来水口设在院落中央或一侧，方便各户使用；仓棚多布置于角落中。当时也有一些大院设有集中供暖的锅炉，如胡家大院，也有一些大型里院院落中，也有中式照壁、西式花坛水池等景观设施。

院落空间以门、间、廊围合而成的层次关系来进行组织，其空间形态与布局虽然有所不同，但整体布局均遵循一定的空间组织秩序，这种序列性主要为内外空间层次上，基本是由街道空间至院落空间再至居住空间的过渡空间层次。院落空间相对居住单元为外空间，相对街道则为内空间，因而是一种亦内亦外的复合空间。

从整体肌理上讲，院落空间呈现密集态势。近代道外，当时俗称傅家甸，是外来中国移民主要的落脚之地。考虑到当时居住人口甚多，再加上商住混合模式，因此将院落空间组织成低层高密度住宅群。尽管如此，其院落形制仍然延续中国传统形式，讲究空间秩序感，甚至有的院落有明显的轴线对位关系。

里院的住居人数一般少则十几户，多则百户，且居住者多为不同阶层、不同国籍的住户。从这点上看，院落的公共性较强，也被称为拥挤住户的室外活动空间或邻里交往的半私密空间。

## 2. 半公共联系空间

里院住宅的联系空间主要为院门、外廊、楼梯等半开敞公共空间。这些空间，除了必要的交通职能之外，还弱化了街道空间与院落公共空间、院落公共空间与居住私密空间之间的界限，使之成为有机的整体。

（1）院门：进入里院空间的首位空间层次。通常布置在院落的中间或角部，有的里院在院门之后还设置影壁墙，墙上绘"福禄寿喜"等吉祥字。因里院住宅随街而建，不追求刻意的正南正北，所以其正门也无谓方向性。在尺度方面，院门一般二米多高，宽度一般为三米左右，尺度比较居中。尺度较大的里院的院门可驾马车而过，而尺度较小的院落多为门洞。在材料方面，院门一般为木质，常会加包铁皮，并钏有钉头排列的图案（图5-5-6）。有些大型院落除正门外，还设有便门。当时一般里院都有宵禁制，便门的存在时为当时晚归的人，同时也保障了院里的安全。为了强调门的位置，工匠常常会用倚柱、山花、额匾和女儿墙来突出院门。

（2）外廊：里院空间的重要部分，也是区别于其他

 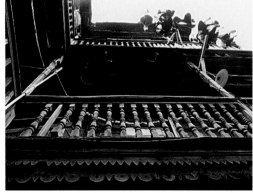 

（a）北大六道街5号　　　　　　　（b）南七道街271号　　　　　　　（c）北小六道街

图5-5-5　道外里院院落布置（来源：袁泉 摄）

（a）北四道街 92 号侧门　　　　（b）北二道街 15 号便门

图 5-5-6　道外里院院门位置示意（邹文平 摄）

"里"式住宅的主要特征。作为一种开敞交通空间，主要置于内院二层及以上，是室内外过渡空间。一般配有一个或多个外楼梯，连为整体，加强院落空间与居住空间的联系。外廊一般悬挑在1米左右，早期以木梁悬挑，梁上架设木板，如北二道街15号、18号里院等。后期多采用西式水泥与钢铁铸件，如北大六道街20号、北九道街16号里院等（图5-5-7），同时，外廊上以中国传统木栏杆、挂落、楣子等装饰，具有浓郁的传统色彩。在空间层次上，这种"灰空间"，是私密性居住单元与公共性院落之间的过渡。由于里院居住密

度比较大，而储存空间有限，很多住户将部分物品置于外廊上。在交往空间层面，外廊作为出户的必经之地，是人们交往行为发生的频繁点，也促进了这种大院式的居住氛围。

（3）楼梯：作为外廊与院落联系的楼梯也是院落的重要组成。楼梯一般宽度在50厘米至80厘米之间，斜度为1，呈窄而陡的样式。这样的楼梯是出于经济条件考虑，因为当时在里院中居住的多为闯关东的移民和铁路工人，他们没有多余的资金，所以在楼梯外廊这些公共性交通空间上均采取节省之态。在满足交通的情况下，用料越省越好，甚至有些楼梯的梯段高将近20厘米。早期楼梯栏杆多为木质，后期多采用水泥楼梯，铁质栏杆。道外里院的楼梯分为内楼梯与外楼梯两种，外楼梯属于早期产物，后发展为内楼梯。外楼梯一般布置于院落中央或两侧，为隐蔽起见，也有置于角落处；而内楼梯则布置于房屋拐角处，视院落大小和居住人数来定楼梯数量。楼梯与外廊的结合方式主要有两种，即平行于外廊和垂直于外廊。内楼梯多垂直外廊布置，多为两跑形式，如北九道街16号里院、北小六道街8号10号里院、北四道街28号里院等。也有转角形式，如南七道街271号里院内楼梯。而外楼梯的形式多样而随意，通常一个院落可能不止一种楼梯形式，有单跑直上，通过天桥与两侧外廊衔接，如北头道街7号里院；也有90度拐角式，或垂直于外廊，如北二道街15号里院、南九道街182号里院、南十八道街120号里院等，或平行于外廊，如北五道街75号里院等。楼梯组合形

（a）北二道街 18 号　　　　（b）北二道街 15 号　　　　（c）北九道街　　　　（d）北大六道街 20 号

图 5-5-7　道外里院外廊形式（来源：邹文平 摄）

（a）南大六道街 5 号木质外楼梯　　（b）南五道街 5 号混凝土外楼梯

图 5-5-8　道外里院楼梯分类（来源：袁泉 摄）

（a）仁里街 89 号　　　　　　（b）南八道街 174 号

图 5-5-9　道外里院居住空间（来源：邹文平 摄）

式有先合后分式，通过分开的部分楼梯与外廊相接，如北大六道街43号里院等，也有先分后合式，如北二道街43号里院等。这种院落中联系空间模式也基本发展为道外里院的通用模式（图5-5-8）。

### 3. 居住私密空间

道外里院的早期居住空间多为单元制，各个单元空间格局、尺度基本类似，有套间和单间两种其中，单间为一开间，居住面积在10平方米左右，多为一厨一卧形式。在朝向内院一侧开一亮樘户门或窗，在临街面设窗户，便于室内采光和通风；而套间多为内外屋，有两开间和三开间式，居住面积相对较大，几个卧室围绕公共厨房布置，面积在20～30平方米。多在朝向内院侧开一户门一窗户，也是亮樘形式，便于院落内采光。通常开户门的为正房，一般用作灶间，而另一侧房间则作为居住功能。一般来说单元间多为低收入阶层或单身人士居住，而套间则为很多小家庭居家居住。在组合形式上，在保持一定进深的情况下，单间套间可任意组合，并通过外廊或内廊相接。每户相对独立，互不干扰，以一定的水平、垂直交通相连，户型较为模式化，便于大规模商业运作，均质而紧凑，体现了经济约束下的因时制宜的特征。至20世纪50年代后从苏联引进"单元式"住宅形式，道外里院居住形态也发生了一系列变化。由外楼梯改为内楼梯，有原来并联单元形式改为一梯两户，户内再进行分隔，如北小六道街8号10号通

院、北九道街16号里院等（图5-5-9）。

里院平面多延续中原正统文化"一明两暗"的基本格局，但是，与之不同的是，厢房为主导性空间，而正房为辅助性生活空间。"一明两暗"格局是一般平民住宅的原型，在汉代沿袭至今。作为中国最正统的结构形式，基本为三间或五间，结构上为三向五架或五向七架，正房为厅堂，两侧厢房为卧室。随着汉族移民进入关东后，由于受满族文化的影响，其基本格局发生了些许变化：一是其正房功能发生改变，由厅堂改为灶间，不具起居功能，除锅灶外还有水缸、碗柜等杂物，相当于半个储藏空间；二是其西屋功能增多，满族人以西为大，西屋除正常起居功能外，还将祖宗牌位置于其间，承担祭祀功能。

## 二、内向型的院落空间

重视院落空间是中国传统建筑的一个构成特征，同样也是黑龙江近代建筑的特征。首先，建筑的院落空间要满足人的需要：一是室外健身活动，呼取新鲜空气，排放污浊空气和烟尘；二是良好的日照通风，改善室内外环境，并设有排水暗沟，在有条件的地方还有引清流入庭；三是按气候区的不同，利用院落空间来调节温、湿度以达到冬暖夏凉的需求。其次，建筑的院落空间还要为人提供劳作、交往、集会、娱乐和安全等多种需要的保证，也就是家务劳动、亲朋

交往、节日聚餐、儿童游戏等活动的场所；解决居住的安宁，使休息活动具有私密性和领域感，这是人的心里和行为的环境要求；院落既是联系大门入口和房间的过渡空间，成为活动中心，也是布置山池树木，观赏花草的空间；院落布局还具有一定的防御功能。

## （一）中国传统院落布局形态的沿用

我国传统院落式民居是通过院落这一"虚空间"来组合房屋"实空间"。由于院落形态的弹性可变，因此使院落式民居具有形态多样性和广泛适应性。黑龙江地处寒冷的北方气候环境下，为适应气候增加日照，院落尽可能地采用大的尺度，其平面布局不拘定规，因地制宜，通常循地势之高低，街道之曲直，自由灵活。

哈尔滨道外区的近代大院建筑多为四合院，多为内向型的院落空间。因经济条件不同和用地的制约，也有三合、双面、单栋和多进的院落形式，围合的建筑多为二三层的内廊式住宅。居室不同于传统民居均向院内开窗的方式，道外区近代建筑为了取得良好的通风、采光也会向外开窗。院落大门通常设在中轴线上或院落的角部，并且大门不求正南向，西向、北向、东向等均可设置正门，这就形成了自然有机、灵活多样的院落布局和形态。有些大院为了保证院落的私密性，在大门处还作了视线的处理，令外面的人不能直接观察到院落内的活动。在沿街有商铺的大院中，大院多为前店后宅（场）的形式，商店无纵向高度和横向深度，人的商业活动只限制在一层的界面上（图5-5-10）。

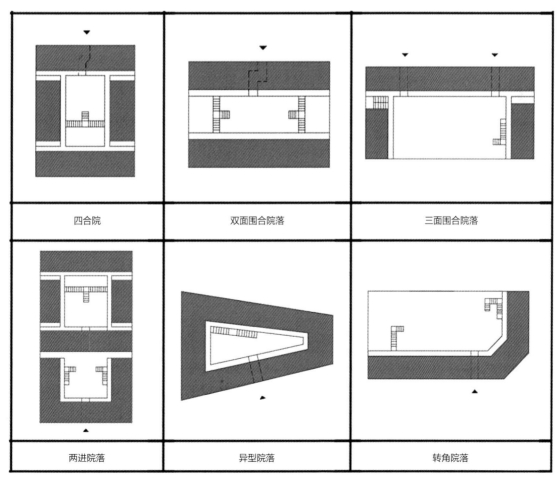

| 四合院 | 双面围合院落 | 三面围合院落 |
| --- | --- | --- |
| 两进院落 | 异型院落 | 转角院落 |

图 5-5-10　道外区院落典型的几种布局方式（来源：袁泉 提供）

## （二）院落构成要素中的传统元素

### 1. 单体建筑

（1）传统式格局：道外区近代建筑多为二至三层，也有一层和四层的建筑单体。有一字形平面和L形平面两种，通过不同的围合方式来形成大院空间。由于用地紧张，建筑单体之间连接紧密，空隙狭小。里院平面多延续中原正统文化"一明两暗"的基本格局，但是，与之不同的是，厢房为主导性空间，而正房为辅助性生活空间。"一明两暗"格局是一般平民住宅的原型，在汉代沿袭至今。作为中国最正统的结构形式，基本为三间或五间，结构上为三向五架或五向七架，正房为厅堂，两侧厢房为卧室。随着汉族移民进入关东后，由于受满族文化的影响，其基本格局发生了些许变化：一是其正房功能发生改变，由厅堂改为灶间，不具起居功能，除锅灶外还有水缸、碗柜等杂物，相当于半个储藏空间；二是其西屋功能增多，满族人以西为大，西屋除正常起居功能外，还将祖宗牌位置于其间，承担祭祀功能。

（2）传统采暖手法：

火炕：据记载，火炕源于东北，自宋辽时期传入华北，清朝光绪年间《顺天府志》记载曰，如室南向，则于南北墙俱作牖，牖去地仅二尺余，卧室土炕即作于牖下，牖与炕相去无咫尺，这里的"土炕"即火炕。道外里院早期取暖方式就是这种火炕，正所谓"烧炕做饭一把火"。一些房间也兼用火盆、火炉取暖。火炕一般以砖或土坯砌筑，约60毫米高，于灶台相接，顺炕沿方向砌筑炕洞。当灶台做饭时，余热可以通过烟道和炕洞均匀传达至炕面上，且火炕蓄热能力强，散热较慢，适于居住和室内保温。火炕于近代里院而言已不再是简单的取暖方式，而成为室内环境的主要布置之一，也俨然成为东北的一种生活方式。

火墙：火墙是建筑中特殊的墙体构造，是沿用满族民居中早期的取暖方式。火墙多为中空墙体，便于烟火流通。且多与灶台相连，设在炕面上，兼做炕的空间隔断，相当于"采暖篦子"。一些高级住宅只是将火墙作为取暖设备，不设火炉，而近代道里里院多数将火墙兼做采暖做饭之用，在墙体背侧或尽头设置火炉。火墙构造简单，外观上与普通室内隔墙基本无异，因其散热量大，弥补了火炕供热的缺陷，使得室内温度匀称分布，形成舒适的室内空间。

（3）传统屋顶材料：院落建筑的屋顶采用满族民居的仰瓦屋面，这是寒地气候性适应的特征之一。若采用中原的合陇瓦，厚重的积雪易落满陇沟，当积雪融化时易侵蚀瓦陇的灰浆，造成瓦片脱落，再加上寒地昼夜温差大，经过反复冷冻后，瓦片变得更脆，更易发生这种状况。道外院落的屋面多采用小青瓦仰面铺砌，瓦面纵横整齐，两侧用两垅或三垅合瓦压边，前接檐廊屋面，两者相连，成为整体，避免交接处的"槽沟"中雨雪水累积，更利于屋面排水。后期沿用西式铁皮屋顶，既能很好地减少雪的压力，也能更容易消解积雪融化。

### 2. 传统景观元素

在较为大型的院落空间内，会设置多种多样内容丰富的庭院视觉景观，其题材也是多种多样的，如传统民居中常选用的植物花草、影壁水池。有在园林中才会出现的亭台，还有传统花坛等，来形成传统合院式住宅丰富的庭院景观。

## （三）道外院落的传统空间层次

院落空间是通过门、廊、堂、厢等房屋或院墙围合而成，其整体布局和形态虽自由灵活，但其整体空间构成上还是有着明确的序列性，院落内部也有着传统建筑明确的主从关系和轴线关系。院落空间是建筑的外部空间，相对街道的外部空间又属于内部空间，因而是一个亦内亦外的复合空间。同时这种院落空间也是单体内部空间与街道空间的一个过渡。

哈尔滨道外区近代建筑院落空间构成的序列性主要体现在内外空间层次上，其基本是由室内空间（封闭空间）、外廊空间（半开敞空间）和院落（开敞空间）形成了一种过渡的空间层次，如果是多进的院落内院、外院还会有层次上的区别。除此之外，在道外大院内还存在一种类似于过街楼的交通过桥。这个横跨大院两侧的外廊的交通过桥，不仅方

图5-5-11 院落的交通过廊（来源: 周立军 摄）

便了人流交通和居民交往，同时也增加了院落的景深和空间层次。

院落格局的安排要按其使用的私密性程度布置，通过院落的组织形成一个有层次的布局。入口是院落内最具有公共性的部分，逐渐引入私人性较强的半公共性区域，最后到达主人自用的私房，如生人、熟人、朋友、客人、亲属、家庭成员各自活动的场所要有层次的安排。在传统的民居之中如果不考虑渐进的层次，把许多空间混杂的罗列在一起，就不能反映社会与家庭生活中的交往关系，因此在规划布置一栋宅院时要创造一个这样的渐进的层次，并可通过交通过廊连接（图5-5-11）。

## 三、鱼骨式的街巷空间

道外区是哈尔滨民族工商业者的基地，这里聚集着各行各业的民族工商业者，这里商业气氛浓厚"百铺竞秀、千号争丽"正是道外商业繁华的写照。J·雅各布斯在《美国大城

市的生与死》中说："当我们想到一个城市，首先出现在脑海里的就是街道。街道有生气，城市就有生气，街道沉闷，城市也就沉闷。"道外区在南勋街以北、江畔路以南、景阳街以东、二十道街以西范围内，基本保持了近代时期遗留下来的街巷空间肌理，所以选择此区域的空间特色进行分析。

### （一）自发式街巷布局与结构

哈尔滨市道外区地处松花江南侧，与道里、南岗相比地势较为低洼。道外区在乾隆年间已形成以渔业为主村落，但并没有得到迅速的发展。近代时期，经过普通民众在原有村落的基础上进行建设逐渐形成规模，所以道外区的城市格局属于自然生长型。同许多传统沿河城镇一样，道外区的街道走向多为平行于河道和垂直于河道两种，在这些街道中仍有众多巷道作为联系，呈现出鱼骨式和网格模式的布局特点（图5-5-12）。

#### 1. 街巷空间结构

道外区由靖宇街、景阳街为主要道路骨架，连接道外区东南西北四个方向的区域。由两条主要街派生出众多的辅街和巷道，将整个道外区划分为一个个相对独立的街坊。主次街道层次等级分明，形成阡陌交通、纵横交织的网络状街巷空间结构。道外区的道路结构在空间结构中起着举足轻重的

图5-5-12 道外区传统街巷区布局示意图（来源: 袁泉 提供）

作用，它构成了道外区的骨架，把各个单独的院落有序地组织起来，道外区的街巷不是一下建设起来的，也没有人对其进行过整体的规划，这一点从道外区区志中可以考证，其肌理感很大程度上源于居民对周围环境的尊重，是在统一的自然生长规则引导下发展，使整个道外区获得一种和谐的内在秩序和整体协调一致的肌理感。这种和谐统一的肌理感和里院院落空间的肌理感有较高的统一性。

（1）主街：靖宇街是道外区的主要街道，全长约为2200米，走向与松花江河道基本平行。靖宇街是道外区的交通骨干，连接着道里、南岗、江畔和哈东各乡镇。

靖宇街1809年左右形成，各与南北二十条街道相接。1916年从十四道街到二十道街路段逐步形成。靖宇街是道外区出现较早的一条商业街，街面上哈市第四百货商店、同记商场、亨得利钟表眼镜商店、老鼎丰食品店、三八饭店、向阳专业商店、五金电料商店、世一堂药店、红星理发店、三友照相馆等知名店铺集聚，是道外区最繁华的街道。从靖宇街拥有的商业店铺数量，我们不难看出其昔日繁华之景象（图5-5-13）。

目前，由于道外区大量拆旧盖新的热潮，加上原有道路宽度不能满足现代交通需求，靖宇街的方石路面后被水泥路面代替。靖宇街上一些院落被拆毁了沿街第一进房屋，有的甚至全部拆除老房，后退一定距离盖起了楼房。即便如此，仍然有一些地段保持原有老房，街道宽度舒适，老街古风犹存。现在的靖宇街仍然是道外区内最繁华的商业街道。

图5-5-13　近代哈尔滨道外区靖宇街风貌（来源：哈尔滨地情网）

图5-5-14　哈尔滨道外区靖宇街风貌（来源：周立军 摄）

（2）辅街：辅街作为下一个层级的道路，其主要的功能就是分流主街交通负荷，同时把人们从喧嚣的空间引入一个相对幽静的空间。道外区由主街（靖宇街）派生出众多的辅街，现在仍有很多保持原有肌理，如南勋街、头道街、南五道街、南六道街和被划定为历史风貌的二道街、三道街等等。这些近代建筑原有历史风貌都保存较好，商业和生活的气息仍然很浓厚（图5-5-14）。

## 2. 街巷空间序列

从道里、南岗或者码头进入道外区，首先经过靖宇街和景阳街，再到各条次街和巷道，最后入户，入户也是先经过私家院落，有的甚至是多进院落。经过了从公共到私密的空间序列。道外区的空间组织方式通过"主街、辅街、巷道、院落"的过程，像筛子一样，将道外区的繁华与喧嚣层层滤去，留给居民的是宁静与雅致，可以看出，道外区街巷的空间艺术特征主要表现在街巷中不同层次的空间序列上。所谓空间序列，是指空间运动中所发生的顺序性和连续性的特性。在里院的群体和院落空间中，其空间序列往往体现在不同的小空间之间的穿插和联系，这些小空间彼此的关系构成了里院的群体和院落空间的特性，这种特性体现在按照使用者等级划分的空间以及人活动的空间的顺序性，这其中隐含的是传统文化中的等级观念、道德观念和文化习俗，其空间序列的连续性体现的并不明显，多是以点的模式作为序列。而在道外区街巷中表现出的空间序列，是指一种性质的空间向另一种性质的空间过渡的秩序，这种空间序列更强调连续性，其往往是由序列中较大的点（通常是广场）作为汇集点，整体多是以线为主的序列的模式，在这种模式中常伴随着人的活动和情感意识。

### 3. 街巷尺度布局

街巷是层次最低的街道形式，多数入户的院门都开在街上，也是最具生活气息的空间。道外区里有很多街巷，一般垂直于街道，与主街道呈鱼骨式布局，其尺度以人为本，十分亲切宜人，宽者不过二三米，窄的不足1米，只可一人通行。街巷一般交通量不大，空间曲折幽静，尤其是部分尽端式街巷只有一个出入口，这就避开了过境交通，保证了居民生活不受干扰。道外区的街巷不仅功能上合理，而且还会有个带有老城遗韵的名字，道外区的铁匠炉胡同、鱼市胡同、染房胡同和尚朴街就属于此类（图5-5-15）。

图5-5-15　辅街风貌（来源：周立军 摄）

### （二）街巷功能的传承

哈尔滨道外区的功能，过去以居住和商业贸易为主，在其历史繁华时期还曾有县衙、当铺、戏楼、烟馆、妓院和寺庙等公共建筑和设施，其数量之多、门类之齐全显示道外区在近代史上已不仅只是一个区县规模，而是已经具有了相当完备的城市职能。现在，随着道外区的衰落，道外区的很多街巷已经转型为居住性的生活街区，但部分街道还保留一些店铺，传承着道外区街巷传统的商业功能。

### 1. 交通与供给功能

步行或人（畜）力交通工具是道外区过去的主要交通方式，这种慢速的交通方式直接增加了人们交往的机会，也形成了道外区传统的街巷尺度和风貌景观。在现代交通工具被使用后，部分街巷为了满足需求进行了适当的展宽。遗憾的是，伴随着道外区建设和现代交通方式的冲击，近些年，许多街道被取直和拓宽，老道外区街巷传统尺度和风貌受到了很大破坏。因此，笔者觉得应该保护尚存的传统街巷格局与尺度，避免进一步的拓宽、拉直、打通，不能让"交通发展需要"成为破坏传统街区堂而皇之的借口。

### 2. 居住与商业功能

道外区近代建筑有三种形式：一种是纯粹居住用，一种是纯粹商业用，另一种为前店后宅（场）式。民族实业家武百祥1927年在靖宇街与头道街交口处建造的同记商场就是一个纯粹商业用的建筑。但在道外区前店后宅（场）式的近代建筑占大多数，其形式为沿街一层用作商业店铺，垂直于街道向里再布置院落，形成一条条的商业街，多数分布在靖宇街和次要街道上。

解放前随着商业经营行业化发展，道外区甚至形成了一系列专业性商业街，如专营水产的鱼市胡同、专营五金的北五道街、专营染洗布生意的染房胡等。现在南勋街、北五道街等还保留一些店铺以满足居民日常生活需要（图5-5-16）。

图 5-5-16　道外区商业空间氛围（来源：周立军 摄）

### 3. 交往与生活功能

老道外区的街道也具有公共活动场所的职能，街道事实上成为了老镇区居民的外部"起居室"。街道空间所具有的这种"室内性"赋予人们强烈的保护和归属感，房屋与街道紧密结合在一起，构成一个大的生活空间。街道在作为的交通空间的同时，也是人们驻足停留、纳凉散步、打牌下棋、休憩交谈等自发性活动的场所，也是孩子们嬉戏的乐园。小尺度的街道空间还可使街道两侧建筑内部的人们相互对话，具有浓厚的人情味（图5-5-17）。

自发性交往活动一般多发生在道路交叉口等节点空间和门前空间。道路交叉口人流多，视线通透，易于被人看到，

图 5-5-17　街道上居民的交往活动（来源：袁泉 摄）

易于形成"人看人"的气氛。门前空间是院内外过渡空间，它既是公共的，属于街道的一部分，同时又有某种程度的私密性，是院落空间的延伸。道外区居民常挂在嘴边"张家门前"、"李家门前"便是这类空间属性的限定，走出家门碰到路人几句寒暄就有可能促成下一步的交流。发生在街巷的邻里交往活动也有利于道外区居民形成社区意识，巩固道外区的基本社会结构关系。在节假日，街道又成了婚丧嫁娶、庆典等社会性活动的场所。

### （三）街巷空间的传统特色

道外区街巷更注重的是均衡状态下的变化，有韵律感和节奏感的连续建筑立面，在建筑尺度和细部处理上具有相似性，但在同一中又存在着变化，丰富并且统一。人们在道外区的街巷中穿行时，可以强烈感受到道外区近代建筑的独特建筑文化和历史的沧桑。

### 1. 宜人的街巷尺度

尺度的本质就是与人发生关系，其最根本的量度标准是人自己本身，城市与建筑的尺度都是相对于人而言才有其意义。就里院空间尺度而言，其尺度是否合适是人在其中生活活动时是否感到舒适；而街道空间尺度是街道空间及其构成要素相对于人的大小。这些不同的空间尺度反过来又会影响人们的行为和心理活动。

道外区生活性的街巷D/H值多数在0.5左右，有压抑静谧的感觉，但是由于动态的综合感觉效应使人并无明显不适。因为平面上不时有街巷转弯、交汇处，或者节点空间出现；立面上轮廓线有节奏地起伏变化，打破了压抑感，空间抑扬顿挫，从而使人不断产生兴奋。商业性街道D/H值多为1与2之间，空间有封闭能力且无建筑压迫感，空间紧凑，商业活动也显得繁华热闹。在这种尺度空间中，人们的活动以步行为主，速度缓慢，有产生各种交往的可能，人们之间不再陌生，互助友爱，从而形成纯朴的民风，人们在这里生活不是机械的而是自然的（图5-5-18）。

（a）街巷　　　　　　　　　（b）辅街

图5-5-18　街道尺度（来源：袁泉 摄）

### 2. 传统的街巷空间模式

中国传统城镇的街巷空间大多曲折蜿蜒，受传统文化的影响道外区的街巷也是如此。只有当你走完整条街巷时，才会体会出街巷的整体意象。以现代城市设计观点来看，笔直的街道给人理性的次序感和庄严感，而过长的直线型街道会给人带来心理和视觉上的疲劳。人们行走于曲线型街道中，视线上会出现阻滞，前方总有可注视之处，而不至于一眼望穿消失于无限。随着人们在街道中的行进，不断变换目光所注视的临时目标，从而形成持久的兴奋与期待，街景也如同一副副画卷徐徐展现在人们眼前。正所谓步移景异，既增加了古镇的空间层次，扩大了古镇的尺度感，又拉大了人们的视野与角度，增添人们步行的乐趣。街景的时隐时现，给人以"山穷水复疑无路，柳暗花明又一村"的感觉（图5-5-19）。

（a）弯曲的街巷　　　　　　（b）弯曲的街巷

图5-5-19　变化的街巷空间（来源：周立军 摄）

## 四、传统社会聚居结构的内在思想的改变

社会结构是指社会分化进程中产生的各社会群体或单体之间相对持久的组织联系状态。中国传统伦理观下的居住是以大家庭为单元的血缘性聚居结构。19世纪末至20世纪初的近代社会，开埠通商带来的西方价值观瓦解了中国长期的宗法专制体系，促进了近代社会结构的改变。中国传统社会聚居结构在外来文化的冲击下，其本身并没有改变，然而其内在思想开始逐渐转变。在保留了居住观念的前提下，其聚居结构的内在核心，即其思想本质上没有发生改变，但就是外在形式上做出了改变，一定程度上呼应了时代对其的影响。这种改变指其底线的改变，即其是否接受新的思想，接受多少新的思想。这自然而然在近代时期产生了一段矛盾期，在这段时期内，是传统文化与外来新文化的博弈与斗争，在这种情况下，传统文化的影子若隐若现。

近代之前，世代相传的土地是一个家庭几代人安身立命的资产，自然农耕经济尚未解体，其生活资料、生产资料均取之于此。传统家庭几世同堂居于一宅，上至老人，下至儿童，兄弟共处。出于对土地的依赖和传统伦理观，很难脱离大家庭束缚去独自经营小家庭。传统道外里院布局通过庭院空间联系各栋建筑，能够适应宗法制度下的家族聚居的家庭形态需要。四面或三面围合，满足了防卫与私密的需要；尺度适宜，院落大而宽阔，光照均匀，满足土地作物劳作、晒谷、储藏和风干等需要和居住人群嬉戏、纳凉、宴客等需要。与此同时，围合的里院布局能够组成一个封闭的小型社会，几何形的建筑空间秩序与伦理道德秩序对应同构，契合了长期以来的儒家观念所维系的社会秩序和"长幼尊卑"的伦理观念。

而在近代黑龙江居住的人多为北方各省的移民，他们多为破产农民、小商业者或失业者，封建农耕思想和价值观念根深蒂固，固守地缘和亲缘关系在他们思想中也十分重要。再加上他们多是白手起家，以联合式的经营活动为主，而非传统的家族生意，因而他们多以集居的方式共同生存。封闭的里院式住宅是其外向表征，小家庭的小生产方式是其经济

图 5-5-20 道外裤裆街旧景（来源：周立军 提供）

基础，街巷中的手工业作坊、商业店铺，甚至工匠、艺人，常以集族经营和技艺传承的关系居住，而沿袭而来的中原传统伦理观又制约其居住行为（图5-5-20）。

而自20世纪以来，西方经济方式的输入打破了封建土地制，千百年来的农耕经济发生了动摇，由自然经济和血缘家庭孕育的传统伦理观逐步瓦解。这种瓦解与近代社会的政治、思维、文化等冲击密切相关。在这种冲击下，传统聚居结构顽强地保持了自己的核心不变，又在一定程度的外在形式上对新文化做出了迎合和妥协，最终形成了现在黑龙江传统建筑聚居结构的模式。

# 第六节　宗教类建筑的传承与特征

黑龙江地区处于整个关外最北面，受限制于清政府的政策，与中原文化交流较少，因此中原的宗教文化思想在早期对黑龙江影响不大。在清政府开放关外限制后，随着大批闯关东的关内人来此闯荡，儒家思想、道教佛教在这片土地逐渐生根发芽。现存的大部分近代宗教建筑，都建于清末或者民国时期。

# 一、宗教建筑的传承和发展

## （一）佛教建筑

在黑龙江的本土宗教建筑中，影响力较大的是佛教建筑，这些建筑中寺庙占了大多数。建筑结构多为砖木结构，建筑屋顶中硬山顶较多。保存较完整的有极乐寺、观音寺、地藏寺和华严寺，其中历史价值较大为哈尔滨的极乐寺。

### 极乐寺

哈尔滨的佛教寺庙中最为著名的应该是于1923年兴建的极乐寺（图5-6-1）。该寺位于东大直街，由天台宗第四十四代法嗣倓虚法师创办，山门上方挂有"极乐寺"的匾额，是由末代状元张謇所书。极乐寺被分为两个部分，分别是前院的本院和位于寺庙东侧的塔院。山门、天王殿、大雄殿和三圣殿等主要建筑分布在南北中轴线上。寺院在纵轴线上共有四进院落，山门为一个三开间的砖牌楼，开一大两小三扇门，山门为牌坊式，正额汉白玉石刻"极乐寺"。进山门，东有钟楼，西有鼓楼，中间是寺内第一大殿——天王殿，天王殿后面是主殿——大雄殿，大雄殿之后为三圣殿，三圣殿后为藏经楼。走进门来，左右为八角形钟鼓楼，正面为三开间的弥勒殿，殿后接一个抱厦作为出口，做成歇山

图 5-6-1 极乐寺正门（来源：王赫智 摄）

顶。一般来说，中国传统建筑出抱厦都是在前入口处居多，或前后各出一厦，像这里在屋后出抱厦的做法很少见。第二进院子的主体建筑是五开间的大雄宝殿，前面为七开间的柱廊，中门之上，有新艺术运动常见的曲线型窗棂。殿后同样接一抱厦作为出口（图5-6-2）。第三进院落的主体建筑是五开间前后有柱廊的三圣殿，再后便是藏经楼。

整座寺院的布局是一般寺院建筑常见的手法。在哈尔滨极乐寺中几个主体建筑的屋顶等级中，除藏经楼采用重檐歇山顶的高等级外，其余几座都是硬山顶。另外极乐寺在某些装饰上也采用了较高的等级，如黄色的琉璃瓦，正脊之上做有行龙的装饰图案，藏经楼的额枋上有旋子彩画（图5-6-3）。这是在一般寺庙建筑中不常见的。一方面是建造者的

随心所欲，一方面是由于建造者极乐寺的建造年代已经是民国时期，工匠们大胆使用皇家独用的装饰等级也就无人问罪了。

极乐寺无论是寺庙设计、形式布局还是建筑结构都具有典型的中国式寺庙建筑的风格特点，整个寺院金碧辉煌，威严肃穆。极乐寺整个建筑，砖木结构，典雅端庄，金碧辉煌，保留了我国寺院建筑的风格和特点。

## （二）儒家建筑

儒家思想影响下的建筑体现最明显的就是文庙，黑龙江的文庙保存至今的有哈尔滨文庙、阿城文庙和呼兰文庙，其中以哈尔滨文庙规模最大，保存最完整（图5-6-4）。

### 哈尔滨文庙

中国封建社会推行儒学，全国各地大多建有孔庙或者文庙。哈尔滨最初被俄国人统治，因此文庙在哈尔滨出现较晚。只是东省特区成立之后，才于1926年动工修建规模宏伟的文庙建筑群。由于儒学在中国的准宗教地位，文庙大约也可以算作哈尔滨的一所准宗教建筑。文庙位于现在哈尔滨工程大学的军事管理区内，是一座三进式的中国古典建筑群，是奉系势力统治东北时期兴建的又一座重要的仿古建筑。哈尔滨文庙是全国最后建造的一处规制完备的孔庙。

图 5-6-2 屋后出抱厦（来源：王赫智 摄）

图 5-6-3 正脊上有行龙图案（来源：王赫智 摄）

图 5-6-4 哈尔滨文庙（来源：王赫智 摄）

文庙整体布局为三进院落，坐北朝南，各类建筑东西对称，井然有序。采用大祀规格，其主体建筑万仞宫墙、棂星门、大成门、大成殿、崇圣祠，包括东西牌楼、掖门，均采用了我国最尊贵的黄琉璃瓦，即"皇顶"；棂星门、大成门、大成殿的彩画使用了最高一等的"金龙和玺"形式，这些都是帝王御用的建筑规格，因而，观之自然是气势雄伟，金碧辉煌。

### 万仞宫墙

文庙的院墙在中轴线上向外突出，折成三段，并高出其他院墙，做成照壁的形式。在曲阜孔庙称为"万仞宫墙"，以显示它的庄严雄伟，在此沿用其名。壁高5.9米，三段总长44.85米，每段墙中间和四角处嵌有琉璃雕花砖做装饰，整个院墙都用琉璃瓦覆盖（图5-6-5）。

文庙的万仞宫墙是建筑群空间序列的第一景观。相传，如果本地出了状元，则将推倒万仞宫墙而修建文庙正门。但由于哈尔滨文庙的建筑年代颇晚，封建社会的科举制度早已废除，因此，哈尔滨不可能出现状元，文庙也就无法在轴线上设置正门，只能在两侧建门。这样一来，与院内大成门平日不开、来往之人要走两侧的掖门这一做法相对应了。

### 泮池

在万仞宫墙前，有一半月形小池，上架一石拱桥，二者由46个汉白玉石雕的望柱和50块栏板围合而成。在周朝，天子的太学称为"辟雍"，诸侯之学称为"泮宫"，泮池为泮宫之水，水之半故称"泮池"。尺度较小，作为一种象征符号有很深的内涵。

### 棂星门

又称"先师门"，由一个四柱三开间的木牌楼构成，是文庙的第一道门，通过它进入文庙的主体部分。如果说万仞宫墙和泮池是文庙空间序列的引子，那么，棂星门则表示主体的开始，作用十分突出。在装修上采用清代最高等级，黄色琉璃瓦、彩绘斗栱、和玺彩画、红漆柱（图5-6-6）。

其左右相向各建一同样规模的牌楼，左侧为"德配天地"，喻孔子之德与天地共存；右侧称"道冠古今"，喻儒家之学可通古今。这两座牌楼一方面协助棂星门烘托气氛，另一方面用作文庙出入口的标志。

### 大成门

过棂星门，见到处于绿树丛中的大成门，它是大成殿的殿前之门，如同故宫太和殿前的太和门。这座门平时不开，只有在春秋祭孔时才打开，平时人们走两侧卷棚顶的掖门。

大成门采用单檐庑殿顶，前后有白石台基，上做汉白玉栏杆，中间有三路九级踏跺，中路有石雕的二龙戏珠御路。门上安门钉，分九路，每路九个，等级较高。檐下有斗栱，额枋上做旋子彩画。屋面用黄琉璃瓦。

图 5-6-5　万仞宫墙（来源：王赫智 摄）

图 5-6-6　棂星门（来源：王赫智 摄）

图5-6-7　大成殿（来源：王赫智 摄）

**大成殿**

大成殿是文庙的主殿，在空间序列上也是高潮所在，所以采用中国传统建筑中最高等级，重檐庑殿顶、面阔11开间、黄色琉璃瓦、和玺彩画。四周的台基之上做汉白玉栏杆，殿前的露台宽阔，供祭祀仪式所用（图5-6-7）。

**书厅**

位于大成殿后，是文庙的最后一栋建筑，也是空间序列的尾声，单檐歇山顶、旋子彩画、黄色琉璃瓦。

文庙在建筑等级上极高。全部主轴线上的建筑都用斗栱，饰殿式彩画，可同故宫相媲美，尤其是大成殿的屋顶和面阔开间与故宫太和殿相同，高于曲阜孔庙的大成殿，同极乐寺一样，由于是民国期间建造的，因此才有此特色（图5-6-8）。

## （三）道教建筑

道教建筑在黑龙江地区较少，普遍集中于哈尔滨市，且其建筑类型多为道观的形式。屋顶多采用硬山屋顶，多为砖木结构，建筑规模普遍较小，而且屋脊上往往有鸱吻和走兽，其中代表性的建筑有慈云观、龙王庙、武圣庙和圣清观，较大规模的为慈云观。

**慈云观**

又称正善宫，位于哈尔滨市香坊区安埠小区内，建于1900年，建筑主体为木结构，其修建标志道教开始传入哈尔滨市内。建筑为三开间，硬山屋顶，搏风与墀头处还有很多装饰线脚，正脊两端有正吻。山墙有六角窗（图5-6-9）。

图5-6-8　书厅（来源：王赫智 摄）

图 5-6-9　慈云观正面（来源：王赫智 摄）

## 二、宗教建筑的传承特征

### （一）特异性

由于黑龙江宗教建筑的营造时期普遍处于清末或民国初期，此时清朝处于统治末期，无力保持对传统等级规章制度的要求，加之在营造的过程中，受到西方文化尤其是俄国文化较深的影响，因此相比于正常的传统宗教建筑出现了许多有自身特色之处，以下主要从两个方面论述这些特色。

#### 1. 屋顶等级的乱序性

在这一时期建造的宗教建筑单体中，普遍以硬山顶为主，比如说哈尔滨的龙王庙、武圣庙、地藏寺等，但是还有很多建筑屋顶出现了等级混乱的现象，一些较为重要的建筑单体用的是低等级的屋顶，而一些不重要的却采用了较高等级的屋顶。在哈尔滨极乐寺中几个主体建筑的屋顶等级中就采用了很多硬山顶形式，这种屋顶形制在中国传统建筑中是最低等级的，一般用在配殿之上，而极乐寺中在大雄宝殿采用这种形制毫无疑问显得等级过低而较少见。在呼兰文庙中，其屋顶也是硬山顶，同样在文庙中采用这种等级的屋顶毫无疑问是不太适合的，而在阿城文庙中屋顶为卷棚歇山顶，这种屋顶为同样等级较低且很不严肃，常出现在园林建筑中，出现在文庙中的情况非常少。相反在哈尔滨道外区的

道教的长青寺，规模很小，建筑破旧地湮没在一片民房中，采用的却是庑殿顶，并且屋脊上有双龙戏珠的脊兽和仙人走兽及鸱吻这些高等级的装饰。哈尔滨文庙的大成殿采用的是重檐庑殿顶，这种屋顶等级最高，常见于皇家建筑，用在哈尔滨文庙里也是不符合常规等级制度的，可见在近代黑龙江地区宗教建筑的建造过程中对屋顶等级顺序不太重视。

#### 2. 布局与装饰构造的随意性

在我国传统建筑的布局和装饰构造的营造中，也是有着严格的等级制度要求，像某些色彩装饰等通常用在皇家建筑或官式建筑中，对其在民间建筑的使用有着严格的限制。然而在近代黑龙江地区的宗教建筑，出现了许多不符合传统建筑等级制度要求的情况。哈尔滨的极乐寺就在某些建筑上采用了较高等级的装饰，如黄色的琉璃瓦，正脊之上做有行龙的装饰图案，藏经楼的额枋上有旋子彩画等，也出现了诸如屋后出抱厦、采用新艺术运动的曲线形窗棂等现象。在哈尔滨文庙出现了万仞宫墙在轴线上无正门的特点，同时大成殿作为文庙的主殿，其面阔11开间，上铺黄色琉璃瓦，采用和玺彩画，整个布局装饰相当于故宫太和殿的等级，这种布局装饰一般见于皇家建筑中较为重要的建筑，出现在哈尔滨文庙中是与传统要求不符的。

#### 3. 精神底线的坚持性

相比于公共与商业建筑在形式和内涵上跟随外来文化，居住建筑在形式上受到外来文化影响，而内涵上仍保持传统文化的内涵，黑龙江近代宗教建筑在形式与内涵上都顽强地根植在传统文化的土壤中，牢牢地坚守着精神层面的底线，并没有因为外来文化做出改变。前两者更多地是注重其在物质文化方面的要求，而宗教建筑更多是体现其精神价值所在，传统文化对其的影响非常大。这不仅仅体现在精神层面上保持了传统文化的本来面目，在物质层面上同样没有对外来的强势文化妥协，两者都保持了传统文化的风格与内涵，其形式、风格、装饰等皆是传统文化的要素，建筑内在的逻辑内涵也是传统文化中的内容。建筑在布局上仍遵循传统的

中轴对称布局，将主体建筑布置在中轴线上，附属建筑布置在两侧中轴对称。在整体建筑等级上尽管出现了一定的不合常理，但仍是在主体建筑上等级较高，附属建筑等级较低。同时其内在的核心精神仍是传统的儒家建筑思想，佛教建筑在本土化后，其空间布局也受到儒家文化的影响有所改变。

## （二）特异性形成的原因

### 1. 建造年代的更迭

一般而言传统宗教建筑都是在封建王朝统治时期建造，那时对建筑的等级要求非常严格，不能出现违制现象。而黑龙江地区的宗教建筑普遍建于近代清末民初时期，此时清朝统治力下降，对国家的掌控监管能力不足，因此工匠们可以根据自己的想法来发挥、自己的喜好来建造，大胆使用皇家独用的装饰等级也就无人问罪了。

### 2. 建造者身份的不同

传统的封建王朝皇家建筑一般都是由相对专业的匠师，甚至是匠师世家设计建造，而建造黑龙江近代宗教建筑的匠师来源广泛且不同，很多就是由当地的市民组成，或者简单参与过一些施工项目，因此并不像建筑师那样有专业的知识，设计建造出来的建筑水平也参差不齐。

### 3. 受传统文化的束缚较少

黑龙江地区长期处于关外，被清王朝视为龙兴之地，在过去的几百年中原文化对其影响较小，整个地区处于多文化不断的碰撞与融合中。加之其人口大多来自各地，因此较比于中原地区受到传统的宗法礼制束缚较少，工匠们对封建的礼制等级等不是很看重，因此出现了很多属于传统文化却又有异于其的建筑特点。

因此可以总结出黑龙江的本土宗教建筑的传承与发展的特征是在继承了传统文化特点，保持传统文化在宗教建筑中继续传承的同时，也有一定的自我创新与改变，同时融合了一定的外来文化元素，呈现出自身独特的特点，在中国本土宗教建筑的传承与发展中留下了不可磨灭的地位。

# 第六章　黑龙江现当代建筑传承发展综述

新中国成立后，哈尔滨迅速恢复和发展国民经济，"一五"时期，哈尔滨是国家重点建设城市之一，当时苏联援建的156项重点建设工程，有13项设在哈尔滨，成为国家重要工业基地，也使得哈尔滨的许多新建建筑呈现出苏联式风格。20世纪80年代末以来，随着国家政策重点转向经济建设，带动了经济的快速发展，到20世纪90年代，黑龙江省迎来了建筑业的高峰期，短短的几十年时间，新生建筑文化在黑龙江省也迎来了快速发展的时期。从20世纪80年代以后，国内建筑创作开始步入新的时期，创作水平有了显著的提高，从新中国成立初期只注重从建筑的形式方面做文章，发展到从哲学、审美、文化、社会心理及建筑空间、形式等多方面、多层次、多角度探索传统文化与现代建筑创新之间的联系。近些年流行的现代建筑文化在黑龙江省形成了广泛而持久的影响力，相应的作品数量也快速增长，占据了这段时期建设量的主要部分。新生文化建筑正在被广泛接受，并得到快速的发展。但无论新生建筑如何发展，黑龙江由于自身传统文化的存在，许多现代建筑还是在风格形式等诸多方面保留了对传统建筑的传承。

这一章主要讨论的就是现代建筑对传统建筑风格的传承与探索，在时间跨度上以新中国成立初期到20世纪90年代为主。

# 第一节　新中国发展初期

## 一、传统的"大屋顶"建筑

　　新中国成立之初"社会主义内容和民族形式"的文化口号推动了新中国初期的建筑向纪念性、形式主义方向发展，由于人民当家作主的自豪感激发了强烈的民族意识，第一代新中国建筑师开始探索民族形式的建筑，激发了以"大屋顶"建筑为代表的传统民族形式的复兴，北京友谊宾馆等民族大屋顶形式的建筑很快得到政府和人民的认可，从而在各地得到推广。受此影响，当时黑龙江省的一些重要建筑也采用了这一建筑形式，并成为黑龙江省新生建筑的重要组成。在黑龙江省的传统大屋顶建筑虽然数量不多，却都比较经

图 6-1-3　哈尔滨工程大学教学楼（来源：程龙飞 摄）

典。代表作当属国家地震局工程力学研究所（图6-1-1）、1954年建造的哈尔滨医科大学（图6-1-2）、1953年创建的哈尔滨军事工程学院（现哈尔滨工程大学）的几座主体建筑（图6-1-3）等。由于当时苏联建筑对中国的全方位影响，大屋顶建筑和苏联式建筑在空间和技术上的特征非常相近，其差别主要体现在形象与环境方面。

图 6-1-1　国家地震局工程力学研究所（来源：徐洪澎 提供）

### （一）振奋人心的大屋顶形象

　　在现代建筑体量上建一个传统的大屋顶是这类建筑最为主要的特征，这种刻意表现民族元素的做法完全是出于形式的需要。这些大屋顶多是用混凝土塑形后再贴上琉璃

图 6-1-2　哈尔滨医科大学（来源：程龙飞 摄）

图 6-1-4　哈尔滨工程大学新主楼（来源：程龙飞 摄）

瓦等饰面材料而成，其比例推敲到位，不但自身比例优雅，而且整体关系和谐。为了使屋顶与整体建筑更加有机，在建筑外墙与屋面的交接处都作了处理，或加入了斗栱样式的构件，或整个连接层做凹入或虚化的处理。有些建筑在墙身上还采用了一些中国的传统建筑符号，比如，中苏友谊宫的外墙上就做了一些传统式样的阳台。为了实现这些大屋顶良好的视觉形象，屋顶的绝对尺度都非常巨大，中国人民解放军军事工程学院主教学楼的屋顶的高度有近两层楼之高，可见为追求这一形式所造成的空间和材料上的耗费是很巨大的。此外，建筑被处理成对称的布局，这样与对称的传统屋面形成视觉上的统一。同时，在形体上也是采用矩形使屋面与建筑的组合更加有机，这些都是大屋顶建筑的局限所在。

### （二）作为建筑环境中的主体而存在

这几栋建筑都具有一定的规模，属于当时的大型建筑和重要建筑。它们或单独矗立，或几栋聚在一起，大屋顶的形象强化了建筑的标志性地位，使它们全部作为区域小环境中的主体建筑而存在。至今，尽管在这些建筑的周边建起了很多新建筑，但是新建筑多是尊重和延续这些建筑的风格，比如，在哈尔滨工程大学的校园加建中，众多新建建筑也采用了现代建筑风格结合大屋顶的形式（图6-1-4）。

## 二、协调的"苏联式"建筑

黑龙江省苏联式的代表建筑主要包括援建项目中的工业建筑及其附属建筑，比如，哈尔滨量具刃具股份有限公司主楼及其厂房等，还包括防洪纪念塔（图6-1-5）、哈尔滨工业大学主楼及建筑馆、齐齐哈尔火车站等一些市政建筑，这些建筑的主要建筑特征表现如下。

### （一）相对现代的空间

由于当时的苏联建筑已经接受了现代主义形式服从功能的思想，决定了当时"苏联式"建筑的功能适应性更强，可

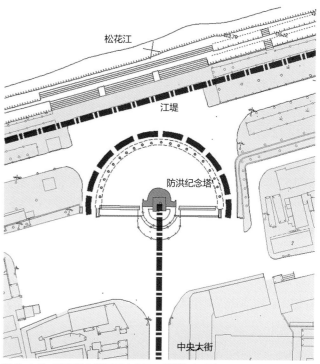

图6-1-5　防洪纪念塔平面（来源：徐洪澎 提供）

以广泛适用于各类民用建筑和工业建筑。这极为符合当时的国家建设需求，也是这类建筑大量存在并具有广泛影响力的原因之一。虽然在20世纪50至60年代国际上已经出现了极具前卫特色的新建筑思想，比如密斯的极简主义等，但是在空间上，这时的"苏联式"建筑仍然保持着传统建筑完形、规整等主要特征，空间的变化还不丰富，所不同的是空间的组合根据功能的需要而更加灵活。这些建筑层高都在4米左右，交通空间的尺度也很大，比现在建筑的层高标准高很多，因此空间感觉比较宽阔、舒适。比如，作为学校建筑的哈尔滨工业大学建筑馆建造于1953年，由苏联建筑师斯维利朵夫等设计，这栋建筑走廊宽度达到4米多，加上4米多的层高，空间非常宽敞，使这里成为很好的多功能空间，展览以及一些学生活动都可以在这里举行，成为学校建筑的一大优势特色。

### （二）更加简化的形象

相对于传统建筑，这些建筑依然延续了黑龙江省近代外

来建筑形体规整、比例精确、尺度亲切，以及以砖石材料和暖色调为主的建筑特征，但在细部形式上却更加简化，适应了现代建筑的发展。这些做法使其与近代外来建筑形成了非常和谐的关系，在延续和发展区域建筑文化内涵，协调区域整体建筑环境方面作了非常成功的示范。哈尔滨防洪纪念塔是1959年为纪念抗洪胜利而建造的，它是由苏联建筑师巴吉奇和黑龙江省著名建筑师李光耀等人合作创作完成，自建成起便成为了哈尔滨的地标式建筑，其建筑形象由塔和围廊两部分组成，构成简单而清晰，一横一竖，形成了明确的构图关系；建筑的尺度与比例推敲非常到位，无论是塔的高细比和竖向划分，还是廊的高度和廊间距都显得恰到好处；建筑色彩以石材本色点缀黑绿色调，具有典雅、沉稳、庄重的感觉，既具有很强的纪念性，又与环境非常和谐；建筑细部繁简得当，尤其加入了一些古典柱式等建筑符号，使其表达出很强的地域建筑特征。1959年建造的哈尔滨工业大学主楼是由当时的哈尔滨建筑工程学院邓林翰教授与苏联专家等人设计完成，这是一座具有明显苏联现代建筑特征的建筑，比如立面点式开窗并以竖向线条划分，建筑檐口采用强烈的横线条，以及应用简化了的传统符号等。尽管这栋建筑绝对尺度比较高大，至今仍是区域中的主体建筑，但却不失亲切的感觉，这源于建筑立面的小尺度划分和经典的比例关系。"苏联式"在建筑的细部处理上更加简化，多是在窗间墙和檐口等部位作简单的线角或贴花处理，有些拼画将中西图式较好的融合在一起，其中也有建筑通过砖墙面和水泥线角的对比来丰富建筑形象信息，建筑形象简洁而有层次。

## （三）广泛适用的技术

多数建筑采用了砖混结构，从建筑的层数来看，这是最适合的选择。砖墙的厚度大，外墙都超过半米，如哈尔滨工业大学建筑馆的一层外墙厚度达到1.5米，使内部空间冬暖夏凉，非常舒适，这是与当时国内其他地区同类建筑最明显的区别。此外，立面窗、墙面积比也小于其他地区，这些区别都是源于黑龙江省严寒气候的影响。在施工

方面无论是用料还是做工都十分到位，这反映了当时人们对建筑的重视以及极为认真的工作态度。此外，为了适应大量住宅建设的需要和降低成本，苏联建筑工业化的建筑体系被大规模引入。这一体系的基本特征是标准化设计、批量生产以及系统化建造。标准化是指居住单元或模块由构件组成，通过这些单元的不同组合而形成建筑单体，再将建筑单体合理布局形成居住区。在1953年全国34%的住宅都采用了这一体系。由于这一体系的试点工作就是在东北地区完成，因此，黑龙江也建造了一些这类住宅。这些建筑大多3层或3层以上，形体是混凝土或砖、石的长方形盒子，入口沿长向布置。

## （四）整体规划的环境

"苏联式"建筑十分注重环境的整体性，无论是单栋建筑还是建筑群都进行了整体的规划，形成有强烈秩序感的建筑环境。哈尔滨防洪纪念塔建造于中央大街的端部，而中央大街与松花江的角度并不是垂直关系，这为纪念塔的摆放制造了难题。创作者通过采用半圆形的围廊，不但为纪念塔增加了一个背景层次，而且缓解了不确定的轴线秩序之间的矛盾，与环境形成了很好的协调关系，同时，传统符号的使用延续了中央大街古典的环境氛围。国家第一个五年计划的实施，推动了哈尔滨"三大动力"的发展建设，使动力区形成了一片非常有特色的生活、工业混合区。这里的规划整体有序，功能分区明确，建筑秩序井然。居住小区具有典型的"苏联式"特征。小区与城市公共区域用围墙隔开，小区中有自成体系的内部道路和庭院，住宅布置具有明显的轴线，公共设施一般被安排在小区的中心部位。这种规划模式很长时间影响了黑龙江省的住宅建设。由于建筑环境非常整体，建筑形象又具有相当统一的特色，现在动力区已经成为哈尔滨市一个重要的建筑历史文化区。

工业建筑中，东北轻合金加工厂和哈尔滨量具刃具厂两座工厂的主楼是苏联援建项目，最能够体现协调的苏联式建筑风格。哈尔滨量具刃具厂主楼建于1953年，于1954年竣工（图6-1-6），平面呈直线分布，东西两侧为长方形平

面，西高东低，正面窗扇成纵向紧密分布，檐口较薄；中部为高耸的中央塔楼，每面开有半圆形窗扇，底部设入口处，横向设有四根爱奥尼柱式，擎起门廊；东北轻合金加工厂东西两楼呈直线构图，宏伟的中央塔楼设在东楼，两楼之间为厂区入口，入口处有四个高大的墙柱，以铁门连接而成；屋面为两坡顶，檐部宽大，入口侧面形成三角形山花；东西楼主体为清水红砖，白色装饰线脚，整体色调鲜艳夺目，对比强烈；中央塔楼顶部为双层空廊，一层为方形，有12个方形立柱制成，上层为圆形，有8个方形立柱支撑，尖塔顶部为弯月烘托的五角星（图6-1-7）。

图6-1-6　哈尔滨量具刃具厂主楼（来源：徐洪澎 提供）

图6-1-7　哈尔滨量具刃具厂厂房（来源：徐洪澎 提供）

文教建筑中，东北农学院和林学院可谓姊妹校，是解放后在哈尔滨兴建的首批高等院校。东北农学院的主楼平面呈T形，中央为高耸的原型平面塔楼，塔身两层，渐次收分；下层小塔楼较扁平，上层则高耸，塔尖顶部饰有麦穗和五角星；建筑檐部墙面饰以麦穗花环和飘带；塔基为圆形，由12根柱子支撑，形成开阔的大厅空间；底层向前伸出较长的矩形门廊，其下设有四根等距方柱，柱头设有科林斯式花纹；门廊由通高的2~4根壁柱撑起，前为半圆形后为长方形，柱头处亦有科林斯式花纹，与最上层塔楼壁柱相呼应。东北林学院主楼平面呈凹字形，中央部分为四层"婚礼蛋糕"式造型，高出两侧屋顶；中部主体上方饰以麦穗花环和飘带，四角有四个塔楼，与中央塔楼相呼应，塔尖顶部配有弯月烘托的五角星；门廊由12根方形科林斯柱式支撑，前后两列，气势宏伟。

20世纪五六十年代，苏联国内的现代主义建筑发展历程是在传统建筑的基础上逐步演变而来，与传统建筑的传承关系非常明显。由于近代黑龙江省的历史建筑很大一部分是受到外来建筑文化的影响，而其中俄罗斯的影响又最为重要，因此解放后的"苏联式"建筑与原有城市建筑风格形成了极好的协调关系，尤其在哈尔滨这样历史建筑环境氛围浓郁的城市，这些建筑的建造既符合当时的时代发展需要，同时又在保持城市整体建筑风格的前提下，增加了地域建筑特色。所以说，"苏联式"建筑是黑龙江省解放后的建筑探索中十分成功的实践。尽管全国范围内都受到苏联建筑文化的影响，但是"苏联式"建筑对于黑龙江省来说具有更为重要的价值和意义。

## 三、俭省的"方盒子"建筑

在黑龙江从20世纪60年代一直到20世纪80年代末所建造的建筑，尤其是住宅建筑，多数都是这种"方盒子"建筑。

这类建筑的各项指标和50年代受苏联影响的建筑标准比较起来大大降低。墙体的厚度、建筑的层高、建筑的投资

图6-1-8　哈尔滨某20世纪70年代"方盒子"住宅
（来源：徐洪澎 提供）

都以最低限为标准。在形式上方盒子建筑几乎没有任何追求，最多在入口处做一些处理。住宅是"方盒子"建筑的主要功能类型，"方盒子"住宅多为行列式单元住宅，几乎是清一色的5～7层的多层建筑（图6-1-8），除了立面开窗和入口定位，整个建筑形象谈不上特色。布局延续了苏联式住宅的模式，多采用南北向，楼间距保持1.5倍于楼高的日照间距。

"方盒子"建筑的大量出现是国情发展的必然，有效解决了当时的建筑需求，说明它的存在是有价值的，也为改革开放后国内现代主义建筑的发现奠定了一定的基础。然而，"方盒子"建筑也带来了很多副作用：大量的"方盒子"建筑降低了区域的建筑品味，尤其一些在当时发展起来的县、镇几乎都是这类建筑，导致地域建筑特色的缺失。此外，"方盒子"建筑较低的标准导致建筑的寿命很短，如今这种建筑已经被淘汰或正在面临淘汰。据统计中国建筑的平均使用寿命远低于国际水平，其中新中国成立后建造的大量"方盒子"建筑是降低国内建筑使用寿命的主要因素。

# 第二节　改革开放以后建筑发展

## 一、追求复古取向

20世纪80年代以后的新生文化建筑有多种形式和风格，建筑形象丰富多彩。每一建筑都表达了不同的审美思想。有的表达现代主义建筑追求整体中的变化、形式与功能统一美学思想，有的表达后现代主义建筑复杂、矛盾、冲突的美学思想，表达的方式也各种各样，有的表达形式美，有的表达技术美，有的表达生态美，有的表达材料美。无论表达何种思想，采用何种方式，都是为了满足不同的审美需求，实现不同的审美取向。

古风风格建筑是追求复古取向这一审美取向的结果。这一类复古建筑不同于仿古建筑对古建筑样式的全权效仿，而是突出模仿传统屋顶建筑，比如哈医大二院门诊楼（图6-2-1）、哈尔滨医科大学教学楼（图6-2-2）、齐齐哈尔博物馆（图6-2-3）等等。哈尔滨医科大学公共卫生学院主入口部分运用的是重檐歇山顶，主入口也采用歇山顶处理，屋顶材料为绿色琉璃瓦。建筑主体部分二到五层为凹入式处理，并设有通高四层的两根方形立柱。建筑屋檐下装饰为绿色仿木构架装饰物，建筑开窗模式为现代样式规整的方形窗。建筑形象对称庄重。而齐齐哈尔博物馆屋顶为四角攒

图6-2-1　哈医大二院门诊楼（来源：程龙飞 摄）

尖顶，黄色琉璃瓦，檐下有明清装饰，并附加斗栱来丰富立面。主体采用重檐的处理方式，两边为单檐。建筑开窗为方形窗与拱形窗相结合，主入口依旧是门廊式处理，白色立柱还运用传统木构架中的雀替做装饰。整个建筑形象现代与古风相结合，沉稳大气。而这一时期追求"欧式"复古取向的案例还有黑龙江省出版社（图6-2-4）、大庆交通银行（图6-2-5）。

图 6-2-2　哈医科大学教学楼（来源：程龙飞 摄）

图 6-2-4　黑龙江省人民出版社（来源：《文脉·传承·创新，新世纪初哈尔滨建筑设计作品选》）

图 6-2-3　齐齐哈尔博物馆（来源：郭励萍 提供）

图 6-2-5　大庆交通银行（来源：周亭余 提供）

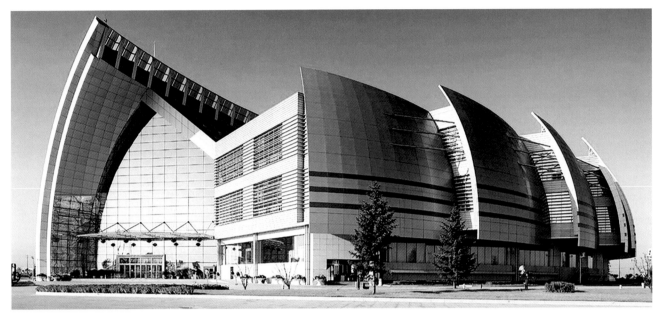

图6-2-6　黑龙江省科技馆（来源：徐洪澎 提供）

## 二、追求创新取向

现代风格建筑就是追求这一审美取向的结果。在黑龙江，当今这一风格建筑最为流行，一方面，是因为这是当今国内和国际流行建筑思潮的主流。进入20世纪80年代以后，国内在吸取国际先进建筑理论的营养后，建筑创作的重心已经由以前只做形式文章转向对建筑文化和内涵的深层挖掘，由此决定了国际新潮的建筑思想不断被引入，具有时代感的新建筑形象广为流行，比如，高技术倾向的黑龙江省科技馆（图6-2-6）、哈尔滨奥维斯大厦（图6-2-7）、黑龙江省电力调度中心（图6-2-8）、生态倾向的哈尔滨新加坡水上乐园、哈尔滨极地馆等。另一方面，大众对此有很强的审美需求。由于现代建筑功能的需要和地方的经济实力等因素，使得现代主义建筑成为新时代最为适合的建筑类型，经过多年的发展，人们对这种现代风格已经广为接受。同时，这一风格建筑最能体现时代特征、符合人们渴望进步、追求现代生活的思想观念。黑龙江省由于经济实力和创作水平等原因，虽然真正的高技术和生态建筑并不多见，但是创造时代感现代风格建筑的尝试却越发踊跃。

图6-2-7　哈尔滨奥维斯大厦（来源：周亭余 摄）

图6-2-8　黑龙江电力调度中心（来源：周立军 摄）　图6-2-9　大庆市工商银行（来源：徐洪澎 提供）　图6-2-10　哈尔滨商业银行办公楼（来源：徐洪澎 提供）

## 三、追求折衷取向

新折衷风格建筑就是追求这一审美取向的结果，在黑龙江省为数不少，无论是公共建筑，还是住宅都比较常见，比如，大庆市工商银行（图6-2-9）、哈尔滨商业银行办公楼（图6-2-10）、哈尔滨世纪广场（图6-2-11）等。追求折衷审美取向的出现正是对以上两种审美取向的折衷，以全面满足大众的审美需求。如今黑龙江省"欧式"建筑已无法满足大众审美需求，且存在许多问题。一是带来新旧混杂的问题。新的"欧式"建筑在建筑特征上与历史建筑十分相似，造成区域建筑时代的混乱和建筑发展脉络的不清，不仅削弱了历史建筑的价值，而且也是建筑发展的倒退；二是带来品质下降的问题。近代外来文化建筑是在西方有几千年的发展基础，已经非常成熟，甚至开始走上僵化，因此，西方很快出现现代建筑将其取代，又因为当今的建筑师接受传统建筑的教育不足，由此决定了现在的"欧式"建筑是难以超越前者的，很多"欧式"建筑在比例、尺度、细部的推敲处理上极不得体，失去了历史建筑的精华与内涵；三是带来环境混乱的问题，到处流行的"欧式"建筑常常不顾环境背景，在很多新区环境中也采用"欧式"风格就会造成建筑环境的混乱。正是上述原因，出现了大量折衷风格的建筑，即能满足追求复古的需求，又能达到人们追求创新的时尚。

从其他的视角，黑龙建省新生物文化建筑的审美取向还有追求政治时尚的审美取向，追求财富时尚的审美取向和追求文化时尚的审美取向等，足以说明其建筑形象审美取向的多元特色。

图6-2-11　哈尔滨世纪广场（来源：周立军 摄）

# 第七章  传统建筑气候适应性在现当代的传承特征

　　建筑是时代的产物，是特定时期、特定社会环境下，生产技术、经济水平与实际自然环境合理结合的结果。在早期，由于人类社会的生产力水平低下，自然条件在建筑的形成过程中起着决定性的作用，因而，建筑在选址、用材以致针对特定环境和材料而产生的建造技术等方面都具有明显的自然属性。自然地理环境的差异是传统地域建筑特征形成的初始条件，不同的地域因为自然地理环境的差异以及人利用、改造自然环境，建设人类文明的时间、方式、程度的不同，产生了不同的地域文化和建筑特色。黑龙江省的极端气候环境，造就了黑龙江地区传统建筑浓郁的地域特色，并衍生了特殊的地域文化。现当代建筑在对传统建筑传承实践的过程中，对极端气候进行了适应性的传承，并对极端气候衍生出的独特的地域文化——冰雪文化进行了建筑隐喻，是地域文化传承的时代新发展。

# 第一节　极端气候衍生的地域文化——冰雪文化

冰雪文化是东北地区独特的城市景观，是自然与人文景观中重要的组成部分。冰雪在漫长冬季里让建筑充满生机和雕塑气质的魅力特色，"冰雪主题"也成为了建筑创作的一个重要命题，成为了建筑师们有意识经营的一种主题文化，甚至可以说是冰雪文化已经成为东北地区的一种产业。冰雪文化不仅仅在冬季盛行，它同时也成为一种创作灵感的源泉和构思原型，成为了一种设计倾向和思路，无形中对建筑创作的引导起到了必要的作用。近些年创作的大型文化艺术类公共建筑往往从冰雪文化方面寻找建筑意向，不仅契合哈尔滨的地域文化特色，也因冰雪的自然特性而符合建筑美学效果。

## 一、冰雪文化的形成原因

冰雪文化的形成是由严寒地区的极端气候所带来的，人们在极端气候下产生了与之相适应的各个方面的人类活动，随着社会的发展而逐渐形成文化。黑龙江省冬季寒冷而漫长，并且长年被冰雪覆盖，人们长期生活在寒冷天气里总结出了与冰雪环境相适应的生产方式和生活习俗，其中，绝大多数是源自最初的生产和生活需要，如冬季凿河开冰捕鱼、森林捕猎、伐林木取暖或造房，随之产生了狗、马拉爬犁、滑雪等交通方式。人们在生产、生活之余还利用冰雪进行艺术创作，如制作冰灯庆祝节日、制作冰雕、雪雕装点生活等。随着社会生产力的发展，这种与冰雪环境相适应而产生的人类活动逐渐由以实用为目的演化为休闲娱乐活动，并且升华为艺术，直至成为重要的经济形式，由此，冰雪文化产生。

## 二、冰雪文化的形态提炼

着眼冰雪文化的形态来说，包括从冰雪精神到制度再到

物质的多重文化因子，其中所谓的精神层面主要就是指精神文化层面的一些内容，诸如艺术、信仰、文学乃至宗教等，在冰雪的精神文化领域之中存在着极强的地域本土风格，包含围绕冰雪展开的艺术、运动、文学、旅游以及休闲娱乐活动等方面。冰雪文化制度主要指追随者人们的思维定势而最终产生的民间伦理道德、风俗习惯，以及一些规范制度等诸多文化行为模式以及相关配属情境因素等。这一方面又主要包含围绕冰雪的风情、民俗等。所谓冰雪物质主要指的是诸如服饰、饮食、建筑以及相关器物层面的因素。

## 三、冰雪建筑文化

冰雪建筑文化是冰雪文化中独特而不可或缺的一部分。冰雪建筑是始于地下的。东北的古代勿吉人为了在冰雪自然环境中生存，"常为穴居，以深为贵。"用九节梯子下到洞穴之中，在其中生一盆火，周围铺着树枝、柴草或皮张，用"豕膏涂身，厚数分，以御风寒"。还有"筑城穴居"，或"冬则入山，居土穴中"。尽管非一日之冰，可冻三尺圭深，而人居九尺地下，又燃一火，则可以御寒，如有山洞，其深更远，再有火燃，就更适于人居了。所以远古的人们在落后的生产力条件下，所居住的地方是地下。但由于地下采光和通风条件差，加上人们可以利用木材，这样就使人从深地下走上浅地下。赫哲族早期居住名曰"希日兔克"，即地窖子，就是这种情况。再后来，内燃火使人在冬季从地下走向地面，从赫哲族的马架子中也可以看到这一点。地上马架子是源于昨时住地的"尖状窝棚"（提罗安口）和"圆顶窝棚"（昆布如安口中）的。这些窝棚有些用毛草制成，有些用柳条制作。为了采光，又怕漏风，先人们把墙壁开了一个洞，赫哲人曾用云鳞的"鲢鱼皮"做窗户封材，后用窗纸糊窗户。而辽代女真人从穴居转变为筑室居住，"其居多依山谷林为栅，或复以板与栏目以如墙壁，变以木为之。穿土为床，温火其下，而寝食起居其上。厚毛为衣，非入室不撤衣"。

谈冰雪建筑文化时，不能不谈到炕。在我国，有"南人习床，北人尚炕"的习俗。炕是北方人的"暖床"。尽管现

在北方城市楼房中，大部分已没有炕而只有床了，但床的出现却比炕要早很多。据张国庆在他的"'北人尚炕'习俗的由来"一文考证，《新唐书·高丽传》载："（其人）冬月皆作长炕，下燃温火"。据此断定，高句丽人发明了炕，他进一步说明，在隋、唐之际，生活在冬季寒冷的东北地区的高句丽人，受"床"和"炉灶"的启发，将二者合二为一，双经过改造国工而产生为炕。并传至东北各民族之中，后又传至黄河至秦岭以北。

我国东北鄂伦春族人在冬季外出狩猎也筑雪屋过夜休息。采用半覆雪与简易木构架相结合的构筑模式，具体做法是在积雪较深的地方先挖出一个雪坑，以雪坑的四壁作为建筑顶界面，四周插木杆作为支撑结构，由简易木构架搭成屋顶，上覆兽皮，形成一个完整的"雪屋"建筑。这种构筑方式利用了积雪的易塑性和木构架的易加工性达到快速建构的效果，利用积雪本身的保温性和不透风性保证了建筑野外的保暖性能，体现出鄂伦春族冬季渔猎文化特色（图7-1-1）。

现代黑龙江人继承了祖先建造冰屋雪屋的传统技艺，并且不断发展，成为建筑教育的重要题材，在黑龙江冬季展现建筑教育特色。哈尔滨工业大学建筑学院在冬季组织学生进行冰雪建造和冰屋建造活动，让学生增进知识的同时也给市民创造了观赏传统冰屋、了解冰雪建筑文化的机会（图7-1-2～图7-1-4）。

图7-1-2　哈尔滨工业大学建筑学院雪屋（来源：刘一臻 摄）

图7-1-3　哈尔滨工业大学冰雕（来源：刘一臻 摄）

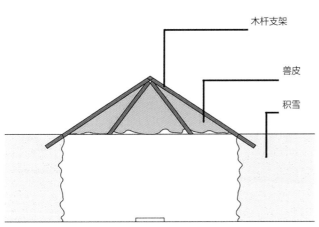

图7-1-1　东北鄂伦春族雪屋简图（来源：《东北三个少数民族传统文化的建筑表达研究》）

图7-1-4　哈尔滨工业大学雪雕（来源：刘一臻 摄）

## 四、冰雪文化的建筑隐喻

冰雪文化的建筑隐喻往往从建筑的形态和符号方面入手，将冰雪自然景观与人文景观隐喻其中，人们看到建筑的形态或者符号就可以联想到冰天雪地的自然景观和冰雪活动等人文景观。黑龙江省冬天时间漫长降雪丰富，建筑被冰雪覆盖，形成极具特色的地域自然景观，一些地方如雪乡也因此而成为著名的旅游景点，自古有之的冰雪休闲娱乐与艺术创作的活动也是地域文化的重要体现。冰雪文化隐喻的建筑在地域特征上十分明显，在人们的心理上容易产生认同感（图7-1-5、图7-1-6）。

图7-1-5  雪乡（来源：周立军 提供）

图7-1-6  哈尔滨大剧院形似"雪堆"（来源：网络）

## （一）建筑形态隐喻

哈尔滨大剧院坐落于松花江北岸江畔，设计灵感源自周围的湿地自然风光与北国冰封的地貌特征，建筑外立面采用白色铝质板包裹在与周边自然景观协调的建筑形体上，从远处看，建筑形态神似被白雪覆盖的山峰。建筑师表示："我们希望作为城市文化中心的哈尔滨大剧院，在拥有巨大表演艺术空场地和城市公共空间的同时，也成为一处人文、艺术、自然相互融合的大地景观。整体建筑不仅要在外形上贴合周边城市景观，更是希望能最大限度地与这座城市接触，成为一处人们愿意来此休闲玩乐的公共空间。它在设计路径上允许市民能够从四面八方自由抵达，在这里休憩或是运动，而不仅仅是来这里看一场话剧或是听一场音乐会。"

哈尔滨音乐厅是将冰雪艺术隐喻于建筑形态的又一力作。哈尔滨人每到冬季都会在松花江上开冰取冰用于制作冰雕，取出的冰块晶莹剔透，与取冰工人劳动的场景交相辉映。音乐厅的设计概念为"浮游冰晶"，使人联想到冬季松花江取冰制作冰雕和冰灯的场景。整个建筑仿佛一个经过精心雕琢的冰块矗立在广场中央。建筑底层采用玻璃幕墙虚化"冰块"的支座，建筑体量上采用切削的手法塑造"冰块"的形态，广场景观方面设计了浅水池，从远处看仿佛一个巨大的冰块漂浮在水面上，整体形象非常符合其"浮游"的概念。到了夜晚，广场上白色的灯柱如同冰凌直冲蔚蓝的天空，草坪里的地灯如同晶莹的冰晶点点闪耀，"浮游冰晶"晶莹剔透，仿佛一个巨大的冰雕与城市环境相融合（图7-1-7、图7-1-8）。

图7-1-7  哈尔滨新音乐厅（来源：周立军 提供）

图7-1-8　工人取冰场景（来源：网络）

图7-1-9　新音乐厅室内（来源：周立军 摄）

## （二）建筑符号隐喻

建筑的冰雪符号隐喻往往体现在建筑的局部，以近人尺度体现出冰城建筑的浪漫主义情怀。冰雪哈尔滨新音乐厅大剧院室内灯具采用纸片灯的形式，配合演出熠熠生辉，仿佛无数冰凌挂在空中，又如片片雪花飘洒而落（图7-1-9、图7-1-10）。

哈尔滨万达文华酒店位于哈尔滨松北区，其外立面设计运用冰雪文化符号。建筑表皮采用了珠光色、白灰色、浅灰色、中灰色四种不同颜色的铝板，用斜向拼接的方式，从远处看，仿佛雪花飘落的形态。建筑立面玻璃窗采用宽窄不一的竖向铝板分隔，仿佛冬日晶莹剔透的冰凌挂在空中。哈西万达的建筑外立面采用白色板材，使用三角形折板的表现形式，表现出类似雪雕切割的造型。表皮白色板材采用像素化的三角形元素凹凸变化，随意开启的小窗仿佛冰晶闪烁。入口玻璃幕墙同样采用三角形元素，表现冰晶晶莹剔透的光彩（图7-1-11、图7-1-12）。

哈尔滨西站候车大厅屋面桁架下部吊顶采用微孔铝板密缝拼接，在天窗正下方采用模数化三角形开孔铝板，神似雪花冰晶的抽象形式。建筑符号的冰雪文化隐喻一般都体现在建筑的外立面或者室内装饰上，这种对冰雪文化的隐喻性相对薄弱，但是仍然从近人的尺度体现冰雪文化，得到人们心理的认同。

图7-1-10　哈尔滨新音乐厅室内（来源：光影视界网）

图7-1-11　哈尔滨文华酒店（来源：北京赫斯科建筑设计咨询有限公司）

图7-1-12　哈尔滨西站室内（来源：中国建筑报道网）

## 第二节　现当代建筑极端气候适应性

　　黑龙江省地处中国东北部，一年中有半数时间处于极其严寒的冬季，因此对建筑的抗寒防风及保暖性能要求较高。建筑对极端气候的适应性是一个持续不断地话题，早在远古时期就有少数民族为了抵御严寒而穴居。建筑由于适应极端气候而产生的形体空间变化已经成为一种风格，并且经过长时间的发展而传承下来。原始的地域差异随地域文化的发展而强化，并逐渐形成地域性建筑各要素之间独特的联系方式、组织秩序和时空表现形式。建筑与自然地理环境相适应，原本就是各地人民建设自己的生活环境的普遍原则之一。如何与自然地理环境特征相适应，既是人类建筑活动最古老的一个课题，也是现代建筑创作最重要的一个方面。

## 一、黑龙江省的极端地理气候特征

　　黑龙江省是中国最东北的省份，面积为46万多平方公里，黑龙江省位于东经121°11′～135°05′，北纬43°25′～53°33′，亚欧大陆东部高纬度地带，具有温带大陆性气候的基本特征。

### （一）气温

　　黑龙江省是全国气温最低的省份。一月平均气温-30.9℃～

-14.7℃，极端最低气温，漠河曾达到-52.3℃，为全国最低纪录。夏季普遍高温，平均气温在18℃左右，极端最高气温达41.6℃。年平均气温平原高于山地，南部高于北部。气温特点以冬季严寒为特点，且气候寒冷时间占全年时间比重较大，从10月起到次年5月都处于气温较低的状态。

### （二）降水与湿度

　　黑龙江省的降水表现出明显的季风性特征。夏季受东南季风的影响，降水充沛，占全年降水量的65%左右；冬季在干冷西北风控制下，干燥少雪，仅占全年降水量的5%，春秋分别占13%和17%左右，1月份最少，7月份最多。年平均降水量等值线大致与经线平行，这说明南北降水量差异不明显，东西差异明显。降水量从西向东增加。全省年平均相对湿度为60%～70%，其空间分布与降水量相似，呈经向分布。中、东部山地最大，在70%以上，西南部最小，多不足65%。冬季干燥，夏季空气较为舒适。

### （三）气压和风

　　黑龙江省年平均气压为970～1000hPa。受地形影响，山区气压较低，平原、河流沿岸气压较高。三江平原、松花江和黑龙江中、下游沿岸地带多在1000hPa以上，松嫩平原次之，兴安岭北部不足970hPa。一年内冬季气压较高，夏季气压偏低。黑龙江省内全年盛行偏西风，松花江右岸地区盛行西南风，西部与北部盛行西北风。冬季多西北风，控制时间长达9个月（9月到翌年5月），属于西北季风；夏季南部多南风，属于东南季风，控制时间5月至9月；东北部盛行东北风，属东北季风，控制时间6月至8月。春秋风向相似，南部与中部多西南风，北部多西北风。

### （四）云量、日照、蒸发

　　黑龙江省年平均总云量在4.5～5.5之间。松嫩平原较少，小兴安岭南端和东南山地较多，北部漠河一带最多。一年中冬季最少，夏季最多，春、秋季居中。全省年可照时数为4443～4470小时，年实照时数在2300～2900小时之间，为可照时数的55%～70%。夏季日照时数在700小时以上，为全年最高季节，冬季日照时数是一年中最小的季节，绝大多数地区在500小时以上；春秋界于冬夏之间，春季大于秋季。全省年平均蒸发量在900～1800毫米，由南向北递减，最大蒸发量在松嫩平原南部，大于1600毫米。全年以冬季蒸发量最小，1月份仅3～22毫米。春季各地气温迅速升高，风力增大，蒸发量较大，全省在80～370毫米之间。春季由于风大，气温高，其蒸发量远远超过秋季。夏季气温高，是全年蒸发量最大的季节。

四季分明，冬季漫长而寒冷，并且长时间被冰雪覆盖，相反，夏季短暂而高温，春秋两季时间非常短，温度升降变化迅速，全年温差变化较大，平原地区多风，夏季以东南风为主，冬季西北风盛行，太阳辐射量较为充足等等，这些都是黑龙江地区气候的主要特点。气候作为一种不可抗拒的自然现象制约着建筑的形式与发展，古代劳动人民经过长期实践探索出适应北方寒冷地区气候的冬暖夏凉的传统建筑，为抵御寒冷气候的不利影响，东北寒地建筑的形态构成以厚重、敦实、规整为主，规划布局争取更多阳光，空间组织避免寒风侵袭。在建筑单体形式上也具有寒地极端气候传承性。极端气候的适应性也对屋顶、外墙提出了要求，墙体相对要厚实，不透风以保暖。黑龙江省的传统建筑具有寒地气候适应性的特征并反映在建筑设计布局、形体、空间、材料等各个方面。

## 二、建筑极端气候适应性的一般策略

### （一）建筑布局策略

#### 1. 朝向

建筑的朝向指的是建筑主要房间所处的方位，通常情况下影响建筑朝向的主要气候因素是太阳辐射和风。东北严寒地区冬季对日照的要求最高，日照时间的长短，不仅仅影响到采光问题，更重要的是可以提升室内的温度，进而降低冬季里能源的消耗，因此，黑龙江农村建筑几乎全是正南正北朝向，并且采用双层窗，开大窗，最大量的汲取太阳的辐射。

#### 2. 间距

黑龙江地区平原居多，地势平缓，东西向的街道较长，南北向的道路较短，民居间的距离较大。这样的建筑布局方式有利于争取更多的南北向的建筑。此外，为了尽量争取更多的日照，在保持建筑布局紧凑的同时，尽可能扩大建筑之间的间距，以实现日照面积和时间的最大化。

#### 3. 单体布局

东北大院式住宅院落占地面积大，空间宽敞，建筑间距较宽。这种布局形式是为了使建筑互相错开，争取更多的日照。哈尔滨友谊宫从建筑布局上轴线对称的建筑形式，建筑主界面为南向。配套空间及弱采光要求用房布置在东西向，中间和北侧为采光要求低的会议大厅和配套房间（图7-2-1）。

#### 4. 群体布局

建筑群体布局对环境微气候起到了重要的影响作用，合理的建筑群体布局能够降低寒冷气候的不利影响，最大限度地创造舒适的微气候环境。对于寒冷地区，传统建筑群体布局主要以提升室外空间热环境和改善风环境为目标，其原则

图7-2-1　哈尔滨友谊宫（来源：程龙飞 摄）

是"挡风但不挡光、避寒且通风"。

在寒地建筑群体组合方面，为抵御冬季的北风和西风，常常采用围合式的群体布局。四面围合式的布局形式可以抵挡来自各个方向的风，并能够在建筑群落中形成较大的开敞空间，随着风向的变化，开敞空间的不同角部会形成挡风区。但这种布局形式势必带来一些东西向朝向的建筑，在设计中常通过功能组合，将对采光与采暖要求较弱的空间布置与此。黑龙江省建筑大多采用这种围合式布局，建筑沿地段周边排列而形成一系列的空间院落。在传统民居群体布局形式上，大多采取行列式布局，其特点是绝大部分建筑物可以获得良好的朝向，从而有利于建筑争取良好的日照、采光和通风条件。而且黑龙江地区地广人稀，土地资源相对丰富也是采用行列式布局的原因之一。有些传统民居群体在行列式布局的同时故意错开了一个角度，构成错列式布局，这样可以改善夏季的通风效果。因为通风效果与当地主导风向的入射角度有很大的关系，当行列式布局与主导风向垂直时，由于前排建筑的遮挡，后排建筑的通风效果不理想，为了获得较好的通风效果，只有加大前后排之间的间距。当主导风向的夹角为30°时，其效果实际上是在气流的方向上增加了建筑的间距。这种布局能更好地将风引向建筑群内部。

哈尔滨松北财政局小区的设计方案就是通过基地北向连续的板式高层住宅，将居住院落内部的开敞空间、公共设施、儿童游戏场地以及其他层数较低的住宅布置在基地南向的背风区域（图7-2-2），另外，也可以借助景观要素如挡风墙和挡风树在建筑群体空间中的灵活组合，改善风环境，调整气候状况。

哈尔滨梧桐花园小区采用三面围合的院落式布局，前高后低，便于整个小区采光。南向敞开作为小区入口，中间布置了中国传统园林景观，有效阻挡了冬季西北风，而在春夏季节小区中的传统园林景观仿佛让人置身温暖的南方，营造出舒适的微气候环境（图7-2-3）。

哈尔滨某小区多栋"L"性板式高层围合构成六个组团，这种周边围合式布局是哈尔滨高层住宅区的适宜形式，

有利于冬季防风、减少涡流、改善小区微气候，同时形成阳光充足、免受寒风侵袭的组团中央院落，主力户型为80平方米以下，布局紧凑（图7-2-4）。

图7-2-2　哈尔滨松北财政局小区（来源：周立军 提供）

图7-2-3　哈尔滨梧桐花园小区（来源：殷青 提供）

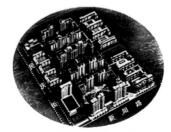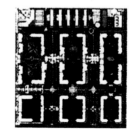

图7-2-4　哈尔滨某小区（来源：殷青 提供）

## （二）建筑形体策略

在寒冷气候的影响下，传统寒地建筑形态多以封闭抵御为主，一方面体现在减少建筑的体形系数以避免过多的热量散失，另一方面体现在通过建筑形体的有效调整阻挡寒风、排除积雪、减少遮挡。

在寒地建筑单体形态设计中面临的最大问题是冬季外围护结构的能量散失。为了减少这种消耗，最有效的方法是尽量减少建筑与室外大气接触的表面积。对于同样体积的建筑，在外围护结构传热系数相同时，表面积越小，传热量就越少，外表面积与能量消耗成正比关系。因此在传统寒地建筑形态设计中，多采用集中、紧凑的平面形式，减少不必要的形体变化，避免复杂的轮廓线，少采用架空或者体块穿插等手法，将体形系数控制在0.4以下。此外，由于我国大部分寒地城镇冬季日照辐射充足，南向和东西向的外界面在散热的同时也可以接受太阳辐射，尤其是南向，冬季得热量要大于散热量，因此在传统寒地建筑形态设计中，常加大进深并增加开间数量来扩大南向受热面，建筑形态多以规整、简洁并且长轴垂直于南北向的矩形为主。

为了抵御寒冷气候的不利影响，提升建筑室外空间的舒适度，传统寒地建筑常在确保形态简洁规整的基础上，做出具有针对性的调整，通过形态的变形达到防风御寒的目的。最常见的方法是对建筑形态进行转折处理，当L形建筑的转角正对主导风向时，可以形成最大的挡风区域，寒地冬季的光照主要来自南向，而风主要从西北方向吹来，半围合的建筑与南北轴正交放置，既保证了足够的南向得热面，也有效的阻挡了冬季寒风。对于U形建筑，当开口一侧面向下风向时挡风面积最大；四面围合的庭院式建筑在西风盛行时北侧一面会形成掩蔽的挡风区，有效阻挡了冬季寒风，同时阳光射入庭院能够在一定时间内驻留，具有气候缓冲作用，大大提升了寒地建筑室外空间的舒适度（图7-2-5）。

哈尔滨工程大学图书馆建筑屋顶为坡屋顶，有利于冬天防雪，建筑形式比较简朴端庄，显示出北方传统建筑的大气、厚重。建筑形体集中简约，体形系数小起到冬季抗寒的

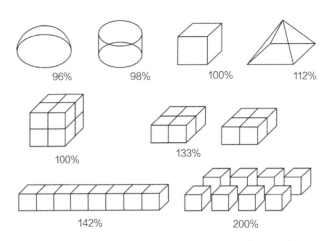

图7-2-5　相同体积在外表面不同时体形系数的差异（来源：《中国传统民居建筑文化的自然地理背景》）

图7-2-6　哈尔滨工程大学图书馆（来源：程龙飞 摄）

作用。中轴对称式布局和围合式庭院的形态，传承了黑龙江传统公共建筑的特点（图7-2-6）。

## （三）建筑空间策略

### 1. 太阳光能的利用

为了最大限度地利用太阳光能，在传统寒地建筑中多采用南向阳光房来聚集能量；南向封闭阳台在冬季可以吸收大量太阳辐射，有效地提升冬季室内温度；建筑在朝阳一面

图7-2-7　黑龙江农户冬季封门窗防寒（来源：邢凯 提供）

图7-2-8　哈尔滨工业大学农村生态屋实验房（来源：邢凯 提供）

开大窗，争取更多的受光面积和受光时间，提高室内温度。因为特殊的地理环境，黑龙江农村有些地方采用阳光房来延长保温效果。以前到了冬天，家家户户会将窗户缝、门缝用塑料膜贴在表面，东北俗称"封窗户"，这样做的目的是为了抵御冬天的大风。现在建筑师在对严寒地区民居进行的一些抗寒实验中发现，在实验房的墙面开洞一侧加建"阳光间"，不仅可以做到防风，而且利用玻璃的温室效应可以起到保温的效果。这种做法可以提高农村住宅热舒适水平，并降低采暖能耗，节约能源。此外，在传统寒地公共建筑中也经常利用中庭或边庭等空间调节室内热环境。中庭的作用主要是在冬季吸收阳光，利用温室效应形成良好的储热空间，因此中庭设置在南向。边庭主要起到阻隔的作用，通常设置在北向与西向（图7-2-7）。

黑龙江省冬季寒冷而漫长，人的室外休闲娱乐活动经常受到气候的影响，建筑师们创造性地开创了新的空间类型以解决这一问题，如形态各异的景观中庭、阳光大厅和室内商业步行街等空间类型；如室内的温泉中心，采用大跨结构玻璃屋顶，充分吸收阳光，营造温室舒适的室内环境，即使在室外零下几十度的环境下，人们还可以在室内泡温泉。现在像这样的空间类型已经深入到办公建筑、教学楼、商业综合体等建筑类型当中，成为建筑的亮点空间和人们舒适的室内休憩场所。哈尔滨工业大学二校区教学楼主楼内设计了一个

2000平方米的三层共享中庭，把阳光、绿色引进室内，尤其是在寒冷的冬季，宛如春天般的室内环境很受师生们的欢迎（图7-2-8）。

哈尔滨梦幻乐园是哈尔滨冬季室内娱乐项目，是一座充满南国海滨情调的室内戏水建筑，总建筑面积3.8万平方米。哈尔滨梦幻乐园由戏水大厅、保龄球等娱乐厅和餐饮服务三部分组成，其中，戏水大厅是梦幻乐园的主体，它能将室内温度和水温常年保持在28℃和30℃，建筑面积近8000平方米，以游泳、嬉水为主，含造浪泳池、水滑梯、漫流河、儿童戏水及日光浴等设施，水面近4000平方米。室内空间室外化是梦幻乐园的主题，戏水大厅选取变异的扇形平面，具有开阔宽敞的视觉效果。这种平面具有明显的扩展趋势，站在泳池边面对大厅开口，其视角可达100°，是矩形平面的两倍左右。戏水大厅采用玻璃屋面，既可引入明媚阳光，也可延伸视线至广袤的天空，获得天然情趣，让人心旷神怡。设计选用中空玻璃夹有一层透明金属薄膜，形成双空气层，其热传导系数与一砖半墙相当，在个别月份室内外温差过大时，则用热风幕隔绝湿空气同玻璃底面的接触。此外，为防止屋盖结构变形过大挤碎玻璃，采用刚度大的三层平板网架（图7-2-9）。

## 2. 地下空间的利用

黑龙江省气候严寒，冬季低温时间长，不利于居民户外

图7-2-9　哈尔滨梦幻乐园（来源：罗鹏 提供）

活动，地下空间由于其冬暖夏凉的特点，给予城市居民一个"全天候"的公共活动空间，有利于寒地城市冬季户外交往活动，扩大了城市的公共发展空间。寒地城市地下空间多为商业用途，地下商业空间有着得天独厚的小气候优势，这里是冬季人们活动和满足各种需求的场所。

　　哈尔滨红博广场地下商业街位于南岗区商业中心，结合周边的商业建筑，形成了环线放射型平面和现状平面结合的平面布局模式。以位于红博广场的中央大型阳光中庭为中心，周围采用双层环线放射状的步行商业路线。中央阳光大厅为地下商业空间增添了活力，有助于改善地下空间过于封闭和景观缺失的缺点。在地下空间出入口的保温、防风、防滑的设计方面，红博广场入口处采用多次转折的空间形式，并在门口配备多层棉门帘，具有较好的保温、防风效果。

### 3. 设置热缓冲空间

　　热缓冲空间指的是通过建筑界面层次处理在室内气候与自然气候之间构筑一个可以调节的缓冲区域，既可以在一定程度上防止恶劣气候的不利影响，又可以通过热缓冲层的设置，在舒适度要求较高的室内空间与外界气候之间，形成缓冲区域，减弱气温冲突，提升建筑室内空间的热舒适度。

　　入口空间是寒地建筑保温的薄弱环节。为避免冬季冷气灌入，在传统寒地建筑中，常将入口设置在南向，并通过提

升入口高度来减少冷空气的进入。提高入口高度不仅体现在室外台阶的增多，也体现在室内门厅的高度划分。在寒地建筑门厅的处理中，常通过地面水平高度的变化将门厅划分为两个层次，门厅内的台阶设置将建筑一层与入口的高差扩大到1米左右，吹入的冷空气大部分下降在近地空间，入口台阶将其阻挡，因此难以到达主门厅，层层提高的空间层次有效地化解了冷空气的长驱直入。此外，为加强入口空间的保温性能，传统寒地建筑多设置双层门斗或加设门廊。门廊不仅可以提示入口位置，也有助于阻挡风雪进入门厅，在入口处形成气流缓冲区，从而减小室内外的环境差异。由于用地条件的限制，对于不能将入口设置在南向的建筑，一般通过设置突出的门斗或将入口空间向内凹进的方式将入口进行转向，避免入口直接开向北侧或西侧，以阻挡冬季北风或西北风的进入（图7-2-10，图7-2-11）。

图7-2-10　商业中心入口热缓冲空间（来源：刘一臻 摄）

商业空间的入口空间设计常常设置热缓冲层来保证室内空间的热舒适。哈尔滨凯德广场入口空间设计了一个尺度适宜的玻璃通高空间，在室内外形成一个热缓冲空间。利用玻璃空间的温室效应，该空间内气温上升，使刚从寒冷的室外环境进入缓冲空间的人们感到温度适宜；面积宽敞的热缓冲空间还起到对进入商场的人流的缓冲作用；入口处设置有咖啡店，咖啡店的橱窗面对热缓冲空间，提高了商业空间对人流的吸引力（图7-2-12）。

### 4. 避免烟囱效应

烟囱效应，是指户内空气沿着有垂直坡度的空间上升或下降，造成空气加强对流的现象。在黑龙江省寒冷的冬季，室内外温差极大，造成空气的容重差，建筑物底层渗入的冷空气将室内热空气沿竖向交通向上挤压，然后由高层部分的缝隙排出室外。并且室内外温差越大，建筑物越高，热压作用越明显。为了避免这种烟囱效应的负面影响，建筑内部的空间组织应有针对性的处理方式。哈尔滨的新加坡大酒店的设计采用门厅、大堂和塔楼竖向交通和散落分布的方式，体现了应对气候特点的空间组织智慧（图7-2-13、图7-2-14）。

图7-2-11　哈尔滨工业大学二校区主楼阳光大厅（来源：崔馨心 摄）

图7-2-12　哈尔滨工业大学建筑设计研究院中庭（来源：崔馨心 摄）

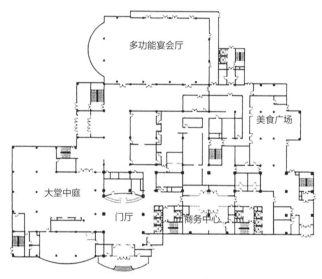
图7-2-13　哈尔滨的新加坡大酒店一层平面（来源：哈尔滨工业大学建筑设计研究院）

图7-2-14　哈尔滨的新加坡大酒店（来源：哈尔滨工业大学建筑设计研究院）

## （四）建筑界面策略

### 1. 界面的材料与颜色

19世纪以前，受生产工具及技术水平的限制，人类在构建居住的容器时，只能从当地寻求最易得到的原生材料和最切实可行的建造方法。于黑龙江省地域而言，最易得的天然建筑材料主要为农作物纤维材料、土、石材、木材等。随着建造技术的发展，出现了由天然材料加工而成的砖、瓦等，后来逐渐出现了玻璃、钢、水泥等现代建造材料。进入21世纪，传统材料不仅极大浪费自然资源，在外观上也越来越不能满足现代建筑的发展，原来单一的材料界面也逐步被富于变化的复合界面所取代并迅速发展。许多年代久远的居住建筑在进行界面的材料更新改造，为居住者提供更加舒适的居住环境。现代建筑在建筑材料的选择上更加注重地域性和气候适应性。哈尔滨工业大学寒地研究中心在建筑外墙面的材料上，就地取材，将传统木料进行200℃左右的高温与高压长时间热解处理，得到新材料碳化木。碳化木可以提高木材的抗裂性能、防腐蚀防虫性能，提升了耐久性和抗冻性，且在颜色和材质上给人以温暖而又淳朴的感觉，适应东北地区寒冷的自然气候。

城市建筑界面的色彩可以决定一个城市给人的整体印象，也可以直接影响建筑吸收太阳热辐射的多少。界面的颜色一方面影响着建筑的美感，另一方面也由于其吸热性的不同影响着室内的温度。黑龙江省一年中有大半年是寒冷的冬季，建筑的色彩的选择上尤其要注意以下几个方面：第一，要考虑与城市主题色彩的融合，如哈尔滨的城市整体色彩为暖色调，多暖黄色、白色、淡绿色这样的浅色系；第二，颜色与材料的关系密切，同样的色彩不同的材料会显示出不同的界面形态，如同样是灰色调，铝板和涂料所展现出的形态给人的心理感受是完全不同的；第三，与周边建筑色彩环境相协调。在历史街区的更新改造中，新建建筑的色彩选择应与老建筑相协调，达到新旧统一、整体和谐的效果。

### 2. 界面的厚度与层数

界面的厚度与层数直接影响界面的御寒性能以及室内的热舒适度，界面厚度越厚，保温层数越多，地域寒气的能力就越强，例如双层玻璃幕墙，200毫米的双层玻璃幕墙间距不会使空气层内及玻璃表面产生明显的温差，而300毫米与400毫米之间则可以出现明显的温度差别，500毫米则会造成浪费，因此若选用双层墙体界面其空气间层厚度设定为400毫米左右为宜。界面的厚度对建筑的御寒性影响也非常大，哈尔滨工业大学建筑学院土木楼是由时任哈工大土木建筑系教授的俄国建筑师建造的，其外墙面达到1米多的厚度，使土木楼成为一个冬暖夏凉的教学空间，给师生提供了一个舒适的教学科研环境。

### 3. 界面的大小与比例

除了界面的材料、厚度及层数，界面开窗的大小和比例也是界面御寒性的一个重要方面。虚体界面如玻璃的保温隔热性能比建筑实体界面差好多，控制好建筑开窗的大小和界面虚实比例，对建筑热量流失可以起到控制的作用。

哈尔滨银行总部大楼建筑群包含一座156米的高层和三座裙房，其高层和裙房均为椭圆形平面，总平面采用四个椭圆形四面围合的院落式布局。哈尔滨银行裙房立面采用石材边框加竖条玻璃的构造，随着建筑朝向的改变，竖条玻璃的宽度也在改变。玻璃宽度从北到南依次增大，可以使建筑最大程度的吸收阳光，同时减小热量损耗，获得良好的室内热舒适度（图7-2-15）。

图7-2-15　哈尔滨银行立面（来源：刘一臻 摄）

# 第八章　传统建筑文化多元性在现当代的传承特征

　　由于远离中原主流文化的影响，东北地区的建筑形态具有一种"边缘文化"的特征。在漫长的封建社会，东北地区的传统建筑逐渐形成区别于中原地区地域特征。近代史上的政治因素，又使得东北地区建筑带有明显的西方殖民文化色彩，而在新中国成立后，东北地区作为全国最重要的工业基地之一，大量的工业建筑形态又形成城市另一具有标识性的地域景观特色。在多元的历史文化背景下，哈尔滨的建筑也呈现多元融合的风格特点，给现代地域建筑带来更加多元的传承模式。

# 第一节 中国传统建筑的符号化传承

传统符号是一种文化的象征，传统的文化包括隐形符号和显性符号两部分，隐形符号更多地表现在思想和文化上，而显性符号则是文字、图画形式，数字系统、色彩构图等。现代建筑对传统建筑符号化的表现是体现在建筑的形态、材质、装饰物、颜色、空间、布局等方面。这种表现和传承通常体现在建筑的一些细部、构件、材料上等，这类建筑给人带来的视觉和空间感受是现代的，但仔细研究观摩其细部却能发现传统建筑的样式和细节，例如哈尔滨量具刃具厂住宅、哈尔滨工业大学机械楼、黑龙江大学主楼等。

哈尔滨量具刃具厂整体建筑风格是苏联式的，建筑运用凸起的体量突出了主入口空间，同时入口处体块层高较高，屋顶上建有两层苏联风格的八边亭。该建筑体量较长，虽然建筑体块风格以及开窗处理等都是苏联式的手法，但在屋檐、女儿墙处的装饰手法仿照了我国传统建筑的设计手段，是对传统建筑装饰的符号化体现（图8-1-1）。

哈尔滨工业大学机械楼是砖混结构，折衷主义建筑风格，带有苏联民族建筑风格。整个建筑的形态较为对称，体量较长，其立面拱形窗与长条窗结合，屋檐设有层叠的挑檐，建筑虽然整体是苏联风格，而其主入口的空间处理却包含着诸多传统建筑的符号，例如主入口上的古建筑栏杆样式的装饰物，同样柱头栏板等构件一应俱全。入口檐口处也是中式的装饰花纹，突出的壁柱上有雀替状的装饰物，墙面开窗形式是仿照传统园林中景窗式样的六边形窗。而红色窗框的加入也更加突出了里面中的中式元素符号（图8-1-2）。

黑龙江大学奠基于1959年，其主楼建筑风格为折衷式，融合了苏联民族风格的基本框架和中国建筑的装饰，是哈尔滨近现代建筑中的代表。按照老校长赵洵的意见，要建造出"站起来的中国人的形象"，因此融入了很多中国元素，这是与其他这种风格建筑最不同的地方，其建筑体量较大，与诸多苏联风格的建筑类似，体形较为对称，中间体量高耸突出。黑龙江大学主楼屋檐处的装饰也与前两个所提及的建筑类似，为汉白玉材质的栏杆，其样式更接近于清式栏杆

做法，"柱头"、"栏板"、"地栿"、"撮顶"等构件齐（图8-1-3、图8-1-4）。雕刻十分精细，有中式传统的祥云状装饰，墙壁上也有汉白玉芙蓉雕塑等，使得该建筑顶部传统建筑风味十足，而另一侧入口更是有中式柱子作为支撑结构和雀替样式的装饰，同时还设计有中式突出的汉白玉清式阳台，柱头雕刻精美。该建筑整体形象庄重典雅，细节中

图8-1-1 某仿照哈尔滨量具刃具厂的苏联式建筑（来源：殷青 提供）

图8-1-2 哈工大机械楼细部（来源：程龙飞 摄）

图8-1-3 黑龙江大学主楼细节（来源：殷青 提供）

充满中式处理的手法（图8-1-5）。

中共哈尔滨市委的办公楼（图8-1-6），在立面上加入了传统符号。该建筑立面对称，中轴明确，整体风格较为简约，采用了歇山样式的屋顶，屋檐下有斗栱样构件，斗栱下为青绿彩画装饰。该建筑中式符号体现在建筑墙面上：墙面

加入了传统装饰图案和符号（图8-1-7），红色半凸起式立柱之间的白色装饰，是古建筑中常见的祥云图案，也是对古典装饰的一种传承。同时建筑屋顶两侧的绘画的装饰纹样也是中式传统图案。同样融合了中式传统符号的还有哈尔滨市第三中学，采用传统大屋顶和中轴对称的立面形式，檐口的彩绘装饰十分精致（图8-1-8）。

现代建筑对传统建筑的传承不仅表现在建筑外部的形式和细部装饰上，在建筑室内空间的处理和装修上也有所体现，例如在哈尔滨工业大学机械楼室内中，就运用的古建筑中的装饰手法：顶棚的处理类似于传统木建筑中的平棊天花，运用大小均等的方格来增加室内上空空间的层次感，同时施以彩绘，其内容也是中式花纹，色彩以鹅黄嫩绿色为主。柱子之间设有额枋，上面同样是中国韵味十足的图案，内容形式与璇子彩画相近。枋心凸起有枋心线，并留白处理。柱子与梁枋之间的雀替上还绘有祥云。除了室内顶棚的

图8-1-4  黑龙江大学主楼（来源：殷青 提供）

图8-1-5  黑龙江大学主楼次入口（来源：程龙飞 摄）

图8-1-7  中共哈尔滨市委办公楼细部（来源：程龙飞 摄）

图8-1-6  中共哈尔滨市委办公楼（来源：程龙飞 摄）

图8-1-8  哈尔滨市第三中学（来源：周立军 摄）

中国元素，机械楼墙面上还添加了黄色回字文作为墙裙上的装饰（图8-1-9~图8-1-11）。哈尔滨中医药大学附属医院门诊室的大门上方采用中国传统民居四合院的"垂花门"的形式，坡屋顶、檐下有木雕；门厅中使用通高的大影壁和一对大红柱，影壁和红柱之间使用镂空的碎冰纹木刻影壁，灯饰也采用中国古代灯笼的样式，都是对中国传统建筑的传承（图8-1-12、图8-1-13）。同时现代居住小区的新中式风格也体现了对中国传统建筑符号的传承，表达了当代人们对中国传统建筑符号记忆的延续（图8-1-14、图8-1-15）。

图8-1-12  哈尔滨中医药大学附属医院门诊大厅（来源：程龙飞 摄）

图8-1-9  哈尔滨工业大学机械楼顶棚（来源：程龙飞 摄）

图8-1-10  哈尔滨工业大学机械楼梁柱（来源：程龙飞 摄）

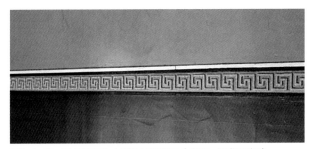

图8-1-11  哈尔滨工业大学机械楼墙面（来源：程龙飞 摄）

图8-1-13  哈尔滨中医药大学附属医院门诊室大门（来源：程龙飞 摄）

图8-1-14 澜悦东方住宅小区（来源：程龙飞 摄）

图8-1-15 齐齐哈尔锦湖雅居纯水岸居住小区（来源：周立军 提供）

# 第二节 多元历史文化的延续性传承

## 一、关道遗址的景观建筑修复

哈尔滨关道于1905年由清政府批准设立，选址于当年的傅家甸地区今道外区。初建时滨江道蜀的建筑风格，结合了中国传统的北方官式建筑和东北地方建筑的建筑手法，具有很高的历史价值。该建筑坐北朝南，高墙深院，前院主体建筑是公堂，大堂内除设有公案外，书有"肃静"、"回避"的头牌，刑杖等一应俱全。建筑是具有中国传统建筑特色的青砖青瓦四合院，砌有3米高的青砖院墙，正门为一门楼，迎

图8-2-1 哈尔滨关道历史文化公园鸟瞰（来源：网络）

门是一座高约3米、宽约4～5米的影壁，上面绘有亭榭、竹子等图案。影壁后有一条青砖铺成的甬路通向高大雄伟的大堂，大堂、二堂、三堂（上房），依次整齐排列在建筑中轴线上，是办理政务的地方。大堂正门之上悬挂"东北长城"四字木匾。两侧有厢房、耳房、兵营和马厩等建筑。哈尔滨关道历史文化公园总用地面积25659.9平方米，总建筑面积2228.46平方米，其中李老师遗存建筑修复面积527.1平方米，历史重建面积1701.36平方米，绿地面积12644.5平方米（图8-2-1）。建筑群的主入口位于南部，人们可以通过东西两侧的台阶下到前广场，并有南门进入。整个园区的主入口位于西侧，设计有小型广场、临时停车带及停车场。建筑群的东侧则以整片园林景观为主，为市民提供宜人的休闲场所。园区内的下沉空间使整个园区的景观变得立体化。突出了历史建筑原有的庄重、严谨和朴素气氛。青砖铺就的甬道、复古式园林灯、石狮、环路、座椅等，为人们提供了一个从上部欣赏古建筑群的观览空间。

## 二、道外建筑的现代材料运用

哈尔滨老道外历史街区改造中，个别院落空间加建玻璃顶，形成了阳光室内街，在冬季充分利用太阳光，以适应东北地区的严寒气候。在现代感的玻璃屋顶的笼罩下，老

图8-2-2　哈尔滨老道外历史街区室内街（来源：《哈尔滨道外区南二——南三道街院落空间的复兴研究》）

道外的院落空间围合感增强，传统建筑青砖墙加外廊的建筑立面在现代材料的衬托下更加显现出其特色。人们行走在室内街，仿佛可以回到当年道外热闹繁华的场景中。在历史建筑中使用现代材料，既可以保留历史建筑的历史信息和场景感，又可以增强建筑的现代感，使历史建筑与时代相融合（图8-2-2）。

## 三、金元文化的建筑形态隐喻

哈尔滨阿城区是历史上金朝女真人的发祥地，金朝都城遗址会宁府就位于哈尔滨市阿城区内。金上京博物馆是为展示金朝文化所建设的博物馆，其入口空间以斜向交叉的混凝土柱整齐排列，形成一个稳定的三角形入口空间，引导人流通向建筑群体院落内部。这一入口空间的形象上类似东北少数民族传统民居"马架子"，又让人联想到古代金朝大帐前行列的执刀武士。"马架子"从远处看上去像一匹趴着的马，从前面看是三角形，侧面看是长方形，南面的土著山墙开门和小窗，屋顶上搭产于东北本地的"洋草"，冬暖夏凉，搭建简单易行，是过去东北常见的一种民居建筑。在金朝文化中，进取性占有很重要的地位，金朝女真人志向远大、积极上进、粗犷豪迈、崇尚武力，在文化的各个方面影

响了满族人。这一入口空间的设计既是对东北地区狩猎渔牧文化的传承，又是对金朝崇尚武力的历史文化的隐喻（图8-2-3、图8-2-4）。大庆铁人纪念馆在建筑形态上也使用了三角形这一几何元素，三角形元素既是金元文化的象征，又体现了坚持不懈、埋头苦干的铁人精神（图8-2-5）。同样，索伦村的博物馆也体现出深刻的受到金元文化影响的痕迹。

图8-2-3　马架子（来源：高萌 提供）

图8-2-4　金上京博物馆入口（来源：周立军 摄）

图8-2-5　大庆铁人纪念馆（来源：周立军 摄）

图8-2-6　索伦村博物馆（来源：周立军 提供）

　　哈尔滨市群力新区龙江艺术展览中心是历史文化建筑隐喻的另一实例。这座建筑为一座覆土建筑，建筑从地面上慢慢隆起形成一个锥形，屋面以草地和小灌木覆盖，建筑仿佛生长在基地上，表现出了"林海雪原"的设计主题，同时延续了广场景观设计中代表金源文化的锥形母题。在广场景观设计中，设计者加入了代表金源文化的雕塑和建筑群，吸引人们参观体验，从而引发了人们对金源文化的关注。整座雕塑和建筑园名为"钦徽二帝坐井观天园"，描述了钦徽二帝被囚禁于五国头城的历史。五国头城是公元10世纪，居住在松花江下游两岸至乌苏里江的女真人建立的五大部落之一，史称"女真五国部"。园中有两座与真实建筑等比例的民居模型，展示的是宋徽宗和宋钦宗囚居的场景（图8-2-7）。

（a）

（b）

（c）

（d）

图8-2-7　哈尔滨龙江艺术中心广场景观（来源：刘一臻 摄）

## 四、工业文化的现代建筑传承

### （一）老工业建筑改造成社区景观中心

哈尔滨爱建新城社区是在哈尔滨车辆厂的基址上重新规划，形成的一个集商业、文教、金融、居住、娱乐于一体的综合性社区。哈尔滨车辆厂的前身是中东铁路哈尔滨附属厂，为铁路货车制造及客货车修理工厂，是国内特种长大货车和工矿车辆的主导设计厂和定点制造厂，于1898年建成，距今已逾百年，见证了哈尔滨近现代的历史以及城市的工业发展。老车辆厂于2001年正式搬迁，保留下来了珍贵老工业建筑、部分设施以及大量绿化。这些保留下来的建筑及景观经过重新设计形成供人们休闲娱乐的景观园区，作为爱建新城社区的文化景观中心回归人们视野。主题公园内部，四座1903年建成的老厂房和一座办公楼被保留下来，通过修缮和改造，重新加以利用，其中，铸铁车间被改造成"工业博物馆"，将厂区内保留下来的机器设备进行集中展示，也是对车辆厂的历史和哈尔滨工业发展史的记忆。景观方面，老厂区保留下来水塔被改造成了观景塔，形成了中心景观区的制高点（图8-2-8）。利用水塔原有的垂直交通，人们可以登塔眺望整个社区乃至城市，形成开阔的视野。场地内保留了较为密集的可以反映厂区场地肌理的火车轨道，老火车头和火车轨道让整个中心景观区保留了工业气氛，唤醒了人们的情感记忆（图8-2-9）。

图8-2-9   哈尔滨爱建新城社区老火车头（来源：网络）

### （二）老工业建筑改造成文化会展基地

红场当代艺术中心位于哈尔滨哈西新区核心地段，与哈尔滨新的交通枢纽——哈尔滨西客站直线距离仅500米。红场艺术中心是在哈尔滨机联机械厂原址上建造的，对原有机械厂进行了更新改造设计。原工业遗址留存4幢包豪斯风格的老厂房是哈尔滨在新中国成立后工业发展的历史见证，也是红博·西城红场一笔最宝贵的财富（图8-2-10）。红场当代艺术中心是由红场美术馆领衔的融合当代艺术和其他门类的国际艺术交流集群，主要由艺术体验馆、艺术生活馆、艺术品交易中心、艺术画廊、工业文化博览长廊组成。红场1号为品质文化区，提供商业交流及信息传播平台，不定期举行商务活动、讲座、论坛等。红场2号为演艺文化区，陆续举办了多场演出、名车名品发布会等高端的时尚文化活动。未来的红场2号将建立冰城印象剧场。此外，红场2号还汇集

图8-2-8   哈尔滨爱建新城社区水塔（来源：网络）

图8-2-10   哈尔滨红场当代艺术中心鸟瞰（来源：网络）

国际品牌旗舰店、西式简餐、动漫娱乐城等商业板块。红场3号为创意文化区，将建成面积达2000平方米国内最大的T台秀场，并配备国际最先进的声光电等设备，众多品牌可以于此即刻进行的发布与展示（图8-2-11）。红场4号为体验文化区，分为两层，首层为大型户外用品商城，集合优质运动、旅游品牌，吸引户外发烧友补充、升级装备。二层为儿童早教中心、手工学坊。工业文化博览长廊，长约200米，将老厂房与新商业连接，是红博·西城红场重要的纽带。工业博览长廊展出实物、模型、图板、照片以及车、钳、铣、刨等工业设备，成为工业文化的集中展示基地和教育基地。现阶段工业文化博览长廊经常举办一些文化艺术类的活动（图8-2-10），如举办儿童风筝绘画比赛、老年人模特大赛等，借助工厂建筑层高比较高、场地比较大的特点，各种活动都可以在场地内举办。二层部分是一个艺术画廊，游人可以在长廊上作画、学习、阅读（图8-2-11）。工业博览长廊与西城红场商业综合体相连，可以有效地吸引参与文化活动的人群进入商场活动，商场内部也可以看到文化长廊内部人们参与文化活动的场景，从而进入长廊参与或观看文化活动。可以说，西城红场将文化和商业充分融合，起到了相互带动的作用。景观方面，西城红场保留了原有数百棵50年树龄的大树及部分原生植被，并对地上停车场进行了绿化。红场对机械厂保留下来的设施也进行了改造和再利用，如大型龙门吊改造成为大型高清LED显示屏，用以播放时讯新闻、体育赛事等；工业水塔经过改造成为兼具观赏性和实用性的整点报时钟；工业烟囱在其外部环绕LED显示屏形成全息激光柱，成为西客站区域标志性建筑。

图8-2-11  红场当代艺术中心（来源：刘一臻 摄）

## （三）老工业基地改造成旅游景观廊道

哈尔滨香坊区是哈尔滨重要的工业聚集带，历史上曾被称为"中国的动力之乡"，香坊区老工业基地正在搬迁改造中，搬迁过后将打造成为哈尔滨的旅游景观廊道。香坊区保留着多处百年以上的老工业建筑，如哈轴集团、哈啤集团、木材厂和电碳厂等，搬迁之后，哈啤集团原址上将建成啤酒广场，用以旅游、休闲以及啤酒展销，并将建设啤酒博物馆，展示哈尔滨夏季啤酒文化。原哈轴集团区域内，依托轴承文化宫将建设哈尔滨工业文化展示中心，依托哈轴厂区内民族工业遗存原天兴福第二制粉厂火磨楼将建设中国轴承工业博物馆。原电碳厂区域规划建设近代工业遗址公园，并将建设东北工业博物馆、工业遗产主题公园等项目（图8-2-12、图8-2-13）。

图8-2-12  红场当代艺术中心工业博览长廊（来源：刘一臻 摄）

图8-2-13  哈尔滨红场当代艺术中心鸟瞰（来源：网络）

## 五、传统建筑的空间格局呼应

金上京博物馆在设计上有很多独到之处，其在对历史建筑空间格局的呼应尤其出色。在空间格局的设计上，金上京博物馆呼应了金朝历史文化遗址。博物馆位于哈尔滨阿城区金会宁府遗址附近，其不远处还有金太祖完颜阿骨打的墓冢。处于历史文化遗址附近这一地理区位，如何使博物馆与会宁府遗址和阿骨打墓取得空间结构上的联系是设计者需要重点考虑的问题。按照历史上金朝的体制，建筑的入口应朝向东方，场地东边是一条公路，正好将建筑主入口布置在东面。建筑采用四合院的形式，在西南角打开缺口，设置阿骨打墓到内院的轴线，从建筑内院即可眺望到远处的阿骨打墓从而步行前往。建筑的平面组织在院落中间设置了一个方形主厅，其建筑高度为12米，低于阿骨打墓，同时避开墓冢到内院的轴线，体现了对历史文化遗址的尊重。院落的建筑布

局形式也是对中国传统建筑的传承，在博物馆整体的空间序列上也有明显的优势（图8-2-14、图8-2-15）。

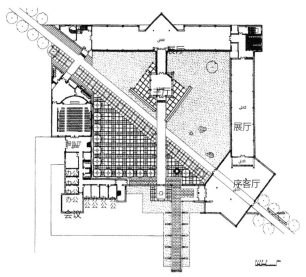

图8-2-15　金上京博物馆一层平面图（来源：《创作设计的定位记哈尔滨阿城金上京历史博物馆创作设计》）

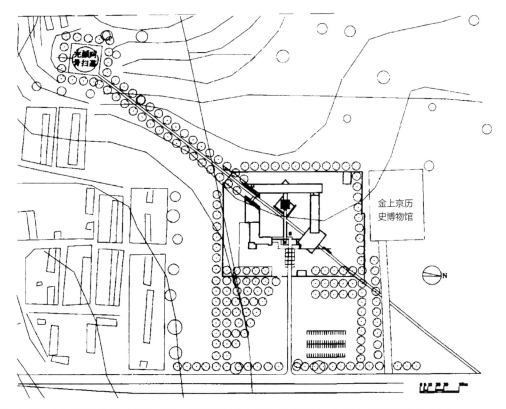

图8-2-14　金上京博物馆总平面图（来源：《创作设计的定位记哈尔滨阿城金上京历史博物馆创作设计》）

黑龙江历史纪念馆位于一块由于城市道路转向而形成的角落空间，紧靠其西边是历史保护建筑东省特别区图书馆。为了体现对历史建筑的尊重，新建筑后退二三十米，使后墙与老建筑拉齐，同时在入口处留出一个三角形场地作为入口广场。这种退让历史建筑的空间处理手法不仅使历史建筑在城市道路视野上更加突出，同时入口广场缓解了城市道路的交通压力，一举两得（图8-2-16）。哈尔滨工程大学主楼的设计，不仅因为当时大屋顶形式风行，更重要的是考虑到与周围现存的历史保护建筑极乐寺和文庙建筑和谐共处，传承历史文脉，因此形成了哈尔滨工程大学校园新中式建筑风格（图8-2-17、图8-2-18）。

图8-2-18　哈尔滨工程大学主楼（来源：程龙飞 摄）

## 六、历史街区的现代更新改造

### （一）历史街区的斑块更新

哈尔滨道外历史街区是一个商住混合型文化历史建筑群，外立面仿西式巴洛克建筑或古典主义建筑，内部则保留中式合院布局，采用了"合院式楼房加外廊"的建筑形式。过去的道外商业繁荣、人来人往，分布着工商业、饮食、医药等老字号商铺，人们以同族或同乡生意伙伴为集群，居住在道外合院内。近些年道外许多历史建筑保护状况不佳，外廊和楼梯破损，院落空间杂乱不堪，亟待进行修复性保护。2007年以后，政府着力对道外历史保护街区进行分期改造，其中道二、道三的更新改造先行。

道外历史街区的街区肌理类似鱼骨状，以靖宇街为东西方向的主干道，南北方向为辅街，再内为胡同或合院（图8-2-19）。南二-南三道街区改造后由八个院落组成，八个主题院落均具有各自的规划定位，分别为：售楼处与老鼎丰、民俗博物馆、小剧院、鉴宝园、影视创作中心、俄罗斯艺术园、茶艺园、KTV酒吧休闲场所。每个院落在沿街一侧均设置了一个黑色大铁门，通过铁门人们可以贯穿南二和南三道街，增加了院落和街道空间的商业活力。建筑立面上采用了中式和西式建筑相串联的形式；清水灰墙、清水红墙、红砖、西式白色立面。整个片区在规划层面上，采用了有机更新理论，即顺应道外原有的街区肌理，拆除棚户及老旧危房，保留有价值的建筑外墙，新建符合现代需求的建筑（图8-2-20、图8-2-

图8-2-16　黑龙江历史纪念馆区位（来源：刘一臻 提供）

图8-2-17　哈尔滨工程大学区位（来源：程龙飞 提供）

图8-2-19　哈尔滨道外历史街区肌理（来源：《历史街区院落空间的肌理组织及保护利用研究》）

21）。在建筑层面上，采用了现代的建造手法，结构体系采用框架体系；建筑的局部为三层，在沿街方向上仍保留两层，在保持原有的街道宽高比例的同时提高了片区的经济价值。

## （二）历史街区的整体改造

哈尔滨阿城区是历史上金源文化的发源地。阿城是中国历史上金代的开国都城，史称金上京会宁府。从1115年金太祖完颜阿骨打在阿什河畔建都立国开始，历经四位皇帝，作为金朝的政治、军事、经济、文化中心长达38年之久。

延川大街作为阿城的文化轴，其北通绥满公路，南达金源故地——金上京遗址、今上京博物馆、金太祖陵墓等，它承载了阿城近千年的历史。基于其在城市中区域的特殊性，延川大街仿古街区应作为这条文化轴上重要的文化景观节点区定位。项目位置正处在临近金源故地的道路两侧。

金代建筑继承了辽代建筑的特色，采纳了宋代建筑的形制，其屋面举架平缓，出檐深远，有高大的鸱吻、硕大的斗栱等。金代建筑有大量精美、华丽的装饰构件及细部，其风格既大气、豪迈，又细致、华丽。同宋朝一样，金代的城市为"街巷制"，开放而繁华，有别于汉唐封闭的"里坊制"。此次延川大街仿古商业街的改造，通过景观营造出可休憩、停留和观赏的空间，减弱平板、单调的街道氛围。在建筑的改造方面，采用青砖、金色琉璃瓦、灰白墙身来重现金代传统建筑的风貌，唤醒时代的记忆；提炼了金源文化符号融入建筑细部，高大的鸱吻、硕大的斗栱在商业街建筑上重现风采。在景观设计上，提取历史事件的片段，营造相应的故事节点，将整体商业街分为"龙兴之地"、"继往开来"、"鹰击长空"、"百家争鸣"四个景观区，增强游人的历史事件带入感；保留了现有的牌坊，点植标志性景观构筑物，使整个商业街更具文化氛围（图8-2-22）。

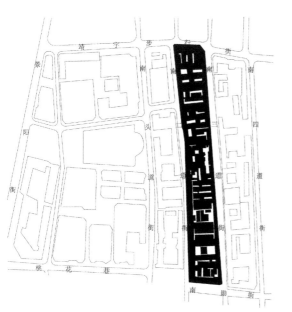

图8-2-20　南二一南三街区院落原有肌理组织（来源：《历史街区院落空间的肌理组织及保护利用研究》）

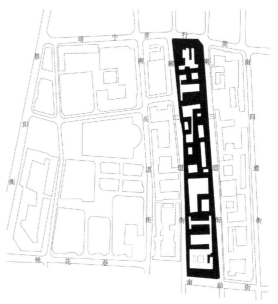

图8-2-21　南二一南三街区院落现在肌理组织（来源：《历史街区院落空间的肌理组织及保护利用研究》）

图8-2-22　延川大街仿古商业街（来源：哈尔滨方舟工程设计咨询有限公司）

## 第三节　多元文化的融合式传承

### 一、关东古巷——多元文化展览馆

　　关东古巷项目定位是以东北民俗风情为核心，打造一条风情街、充分满足游客游、玩、逛、购、吃的消费要求。为市民及游客带来一条以闯关东移民文化为主，黑龙江少数民族文化、俄罗斯舶来文化、金源文化为辅的室内特色风情街。整体氛围要求草根、亲民，体现关东特色，以中华巴洛克为主要设计元素，东北地区手工艺特色及少数民族民俗特色为辅。

　　关东古巷的平面成半月形，是相临两栋建筑的中间地带，立面造型转折复杂，是现代风格的建筑群。在此群落中表现地域传统文化、材料的融合与对比是建筑入口的关键。

关东古巷的入口设计很有特点，显示出了现代和传统的碰撞。钢和玻璃组成了极富韵律感的立面，石牌坊的入口十分显著。立面造型占整体空间的2/3体量，立面特征遵循满族居民的建筑立面划分：台基、墙身及屋面，整体感觉很敦实厚重。建筑中没有纯装饰性的构件，风格简朴。大量采用青砖灰瓦，总体色调灰暗，门窗用一些比较亮的颜色点缀，显得朴实优雅（图8-3-1）。

建筑室内展示了东北传统文化，并将传统建筑进行复刻，使参观者可以集中高效地了解东北传统文化。室内空间架构（图8-3-2）是古巷的重要表达元素，体现整体空间的情感，反映地域文化的主体。空间组合特征、营造技术和装饰艺术都是从东北民居的建筑元素中提取和抽象变形而来。

室内设计融合了东北传统民居符号和少数民族特色符号。东北传统民居建筑包括：东北汉族传统民居、东北满族传统民居、东北朝鲜族传统民居，主体选择满族民居的形式。满族民居从半地穴居发展起来，并受汉族民居的影响较大。满族民居不同于汉族的规矩，如在抬梁式木构架中融入穿斗式做法；内部为卷棚式屋顶外观却做成起脊；在硬山顶基础上加外廊，形成歇山顶形式。单体建筑平面特定有"口袋房，万字炕，烟囱立在地面上"，生动形象地概括了满族房屋的基本形象。关东古巷的立面造型占整体空间的2/3体量，立面特征遵循满族居民的建筑立面划分：台基、墙身及屋面，整体感觉很敦实厚重。建筑中没有纯装饰性的构件，风格简朴。大量采用青砖灰瓦，总体色调灰暗，门窗用一些

比较亮的颜色点缀，显得朴实优雅。"硬山"是满族民居的典型特征，屋顶材料有小青瓦和草顶。墙身主要为门窗，窗下墙使用灰色青砖。窗户为支摘窗，窗棂图案以井字形为主。关东古巷的七大风情区中，有六大区域采用满族民居的建筑风格。东北少数民族鄂温克族、鄂伦春族、赫哲族的建筑是在比较原始的地域自然环境下形成的，它们都是由简单的几何形体本身或相互叠合形成的互不相连的独立形体，呈现出单纯的几何形状特性。"斜仁柱"和"撮罗安口"为圆锥体。木刻楞、马架子、"奥伦"等都是由水平向的三棱柱与长方体上下叠合而成。建筑高度一般在2～5米，边长或直径在1.5～7米的范围内。开窗很少。少数民族民居特点是运用自然材料建造，主要是桦树、圆木等，外表皮用驯鹿皮、白桦树皮和草泥等，关东古巷少数民族风情区充分提取了这些建筑符号。

## 二、现当代"新折中主义"建筑

现当代建筑中有把不同风格的建筑语言自由组合，形成类似近代建筑"折中主义"风格的建筑，被称为"新折中主义"建筑。新折中主义的建筑在黑龙江省极为常见，尤其体现在住宅楼盘上。哈尔滨某商住楼盘位于松花江边，古典风格的裙房回应了城市历史文脉，而在高层塔楼则使用简洁的现代主义手法，满足沿江城市天际线的轮廓要求（图8-3-3）。

图8-3-1　哈尔滨关东古巷大门
（来源：刘一臻 摄）

图8-3-2　哈尔滨关东古巷室内
（来源：王健伟 摄）

图8-3-3　哈尔滨某商业楼盘（来源：网络）

# 第九章　传统建筑材料创新性在现当代的传承特征

　　建筑材料是建筑学的一个基本问题，一方面它是建筑学科自身建设的重要课题，另一方面，它对具体的建筑设计有着重要和根本性的影响。早期对建筑材料的实践注重地方性的语言，面临着传统手工匠作与现代机器生产的突出矛盾，材料更多显现的只是符号性的意义。而如今，科技的进步为材料的表现提供了依托，这也激发了建筑师通过对材料的表达来强化自己的设计意图。在建筑创作中的材料表现如何在注重表层知觉的同时又不沦陷为"图像化"的拼贴，如何在追求材料"结构理性"的同时，又不至于落入"技术至上"的偏执之中，是值得我们深刻思考的。

# 第一节　中国传统建筑材料概述

## 一、传统材料的属性特征

中国传统建筑的特点之一就是以土、木为建材，这也决定了中国传统建筑的结构类型，形成了中国传统建筑独特的形式特征。除了土、木以外，我国传统建筑材料还包括石、砖、瓦等。传统材料源于自然，体现着人与自然之间最质朴亲和的关系，其天然的属性与人而言是最适宜的。探索传统材料在现代建筑中的运用，在传承传统文化的同时也能协调建筑与自然的关系，使建筑与自然和谐共处。

### （一）土

土是最古老的建筑材料，也最容易从自然中获取。土在遇水之后变成泥，泥土具有良好的可塑性和粘结性，可以成为良好的建筑材料。黑龙江传统民居中，常运用草和土混合成泥作为墙体材料。土的热工性能好，对热量的传导性能低，厚实的土墙可以保证民居中冬暖夏凉，因此在黑龙江农村地区土的运用相当广泛。

### （二）木

木作为建筑材料的时间也非常悠久，在中国传统建筑体系中，木材是最主要的建筑语言。木材具有良好的力学性能，因此常被用作建筑的结构材料。在黑龙江传统建筑中，木材多用作建筑的骨架，同时在泥草混合的围护结构中也加入木板或者木棍，加强围护结构的强度。由于具有天然质感和自然肌理，木材除了用作建筑的结构材料还被用作装饰材料。

### （三）砖

砖的出现是建筑材料和建造工艺进步的表现。砖由泥土烧制而成，砖块具有相同的形状与规格，通过不同的砌筑方式产生不同的建筑局部。砖材虽然易碎并且不抗拉，但是砖材具有优质的抗压性能，使其成为绝佳的墙体材料。和木材一样，砖材也有凹凸不平的特殊肌理，这使传统建筑具有了独特的色彩和质感（图9-1-1）。

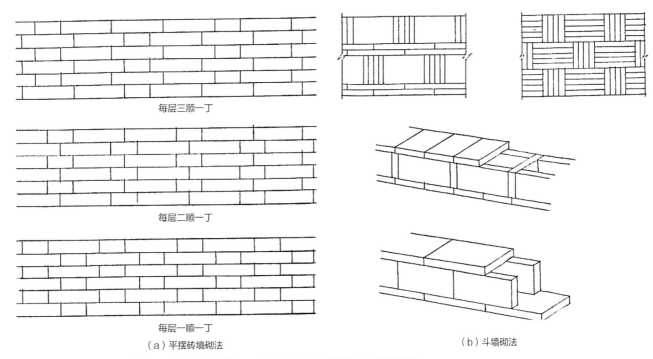

每层三顺一丁

每层二顺一丁

每层一顺一丁

（a）平摆砖墙砌法

（b）斗墙砌法

图9-1-1　砖砌筑方式（来源：《从传统到现代——中国当代本土建筑的材料表达研究》）

## （四）石

石材同木材一样，也是天然材料，其自重较大，坚硬耐久。石材的抗压性能极为优异，因此是良好的承重材料。传统建筑常将石材作为建筑的台基和栏杆，而在民居中也将石材作为墙体的砌筑材料。除此以外，石材和砖材均可以用作制作石雕和砖雕，在传统建筑中起到装饰的效果。

## （五）瓦

瓦和砖一样，也是由泥土烧制而成的。瓦材代替茅草作为屋顶的覆盖材料，可以增强房屋抗风雨雪恶劣天气的性能。青砖青瓦的传统建筑不仅在黑龙江出现，在中国传统建筑中也占有极大的比例和重要的地位。

中国传统建筑材料分析见表9-1-1。

中国传统建筑材料分析　　　　　　　　　　　　　表9-1-1

| 传统材料类型 | 知觉感受 | 情感联想 |
| --- | --- | --- |
| 土 | 粗糙、质朴，来自自然，不同区域的土呈现不同的色彩 | 地域性，来自大地，传统乡土建筑的质朴性 |
| 木 | 朴素，多为暖色，自然的纹理，木材的弹性触感 | 回归自然，木材的清香，引发对传统建筑的联想 |
| 砖 | 多为青灰色，有泥土的朴实，凹凸不平构成特殊的肌理 | 传统建筑特有的色彩和质感 |
| 石 | 因品种差异色彩种类繁多，质感丰富，不同的工艺赋予石材或光洁或粗糙的表面效果 | 高贵如汉白玉，象征皇家建筑的至高无上，未经雕琢的石材带来原始的粗犷感 |
| 瓦 | 来自泥土，有精致光亮的琉璃瓦，也有朴素的小青瓦，组成错落有致的层次 | 南方民居粉墙黛瓦的雅致，故宫金黄琉璃瓦的辉煌 |

（来源：《中国传统建筑材料在现代建筑设计中的传承与创新》。）

## 二、传统材料的现代表现形式

### （一）传统建筑材料的色彩表现

材料的色彩包括固有色和人工色两种。固有色是材料的天然色彩属性，木、石、砖、瓦等材料取自自然，使这些材料天生带有地域印记。而人工色指的是材料经过加工所具备的色彩，与最初的固有色有所不同，如砖在经过不同方式烧制后，就有了青灰色和红褐色之别。传统材料源于自然，受到地理、气候等方面因素影响，其固有色就有了千变万化的差异，与人工材料的一致性有很大的差别。材料的固有色是建筑创作中宝贵的因素，保留并充分表现其固有色，尽量避免人为因素减弱固有色的美感。在建筑创作中，采用对比的设计方式去突出材料的天然色彩，充分展现其艺术表现力。

### （二）传统建筑材料的形态表现

建筑材料的形态指的是它的尺度、形状、比例以及各种组合方式。建筑材料的自然属性和力学性质存在差异，决定了其自身的尺度受到限制。恰当的比例和尺度才能体现建筑材料的最佳刚度、强度和韧性，更好地发挥其作用。传统建筑材料包括自然和人工两种形态。自然形态是材料在自然中存在的天然形态，在古典园林建筑中就常采用不加修饰或精加修饰的天然材料，表现材料的自然美。人工形态指的是建筑经过人为的加工或者排列组合，形成富有艺术感的形态。例如民居中常见的木雕、砖雕，或者将砖瓦按照席纹、人字纹等组合成地面铺装，都是材料的人工形态。

### （三）传统建筑材料的质感表现

质感是指物质表面的材质、质量带给人的感受。建筑材料的质感包括其表面光滑度、纹理、反射度等，同时质感的表现也受到光线和色彩的影响。材料的质感也有自然质感和人工质感之分。自然质感指材料在自然形成过程中自身结构的凹凸、纹理等外在表现，如木材、石材的表面天然形成的纹理。人工质感指在原有材料的表面经过加工，形成新的外表特征，如对石材进行抛光、雕刻等处理。

　　材料有着不同的组织结构，或粗糙，或平滑，或疏松，或致密，带给人们不同的视觉和心理感受。粗糙的材质体现朴实、厚重感；光洁的材质给人纯净精致的感受等。而传统建筑材料土、木、砖、瓦、石，表面通常是粗糙的，会产生漫反射，其质感特征往往给人亲切、自然、质朴的印象。将传统建筑材料的特有质感应用到现代建筑设计中，可以使建筑作品具有浓郁的传统韵味和返璞归真的自然风貌。

图9-2-1　哈尔滨凯斯纽荷兰机械展厅（来源：加拿大木业协会）

## 第二节　传统材料在现代建筑中的创新运用

　　建筑不仅要承受严寒、酷热、降雨、日晒等气候条件，还要面临自然灾害所造成的威胁，结构上也同样逃不开重力、风雨的作用，因此，建造一个遮风雨、御寒暑的庇护场所通常需要适宜的建筑材料和合理的构造方式。《考工记》有文："天有时，地有气，材有美，工有巧，合此四者，然后可以为良。"可见，材料的合理使用表现在对材料选择的因地制宜，对材料加工的物尽其用，以及与其相应的构造方式对材料特性的充分发挥之中。传统建筑材料通常来自大自然，能够体现人和自然最简单、最和谐的关系。将传统材料运用到现代建筑中，既能够继承传统文化，又能够协调自然和建筑之间的关系，使二者和谐共处。我们认识传统的建筑材料，除了参考它的外观的物理性，还要了解其所包含的深刻意义，这些都有助于传统建筑文化的情感联想。现当代建筑传承使用了传统建筑材料，但是在建构手法上进行了创新，材料自身也由于技术的进步而增强自身性能，更加易于使用。

### 一、木材

　　木材作为一种中国传统建筑材料，给人质朴温暖的感觉，具有自然的纹理，同时也具有广泛的地域性，东北地区林业资源丰富，木材品质较好且取材比较容易，黑龙江省

又具有松花江的地域优势，水路交通发达，木材运输比较方便，因此木材也是黑龙江省松花江沿岸城市现当代建筑的重要材料。木材在传统建筑上一般作为建筑的结构材料来使用的，装配式模数化是一个重要特点。现代的建筑技术改善了木材的材料属性，体现在木材粘合技术，既通过各种方式将薄木片、木块或木条粘合起来制成大型复合木构件技术。这使其在建筑上的应用更加广泛，木材可以运用于更大跨度的建筑结构中，可以作为建筑表皮带给人们温暖舒适的感觉，可以用于室内空间改善环境气氛等。

　　装配式木结构体系使用新型木质材料、木制品、新型连接材料与连接技术，现代的加工、制造、施工方法等为主要特点，其类型包含原木结构、新型木结构、胶合木结构、正交胶合木等。现代木结构建筑满足节能、节地、节水、节材和环境保护等绿色建筑要求，并符合标准化设计、工厂化生产、装配化施工。哈尔滨凯斯纽荷兰机械展厅于2014年建造完成，是钢木混合结构形式，屋盖采用美国花旗松胶合木结构，柱子为钢结构，跨度达到38米（图9-2-1）。

　　哈尔滨工业大学寒地建筑研究中心表皮材料采用了色彩温暖的碳化木。碳化木是传统木材经过了200℃左右的高温高压处理形成的。这种木材与普通木材相比含水率更低，提高了木材的抗开裂性能。这种做法不仅可以保持木材原有的质感肌理，也增强了材料的耐久、耐冻性能，在施工中以3米分割材料，避免了因材料过长而导致变形开裂。针对材料的特有属性，并直接将碳化木作为外墙材料，而是与混凝土

图9-2-2　哈尔滨工业大学寒地建筑研究中心（来源：陈剑飞 提供）

墙体形成了双层表皮，充分发挥了各种材料的优势属性。在室内设计中，结合门厅、过厅等共享空间，运用了未经加工的木材、石材等寒地原生材料作为内饰面，一方面隐喻了寒地粗放的自然环境以及厚重、质朴的文化底蕴，另一方面，这些未经雕琢的材料也给在寒地研究中心进行试验研究的学生以启发和灵感。两栋建筑连接的平台上，木材则用于地面铺装以及植物景观小品，给使用者们创造了适宜冬季短时间活动的户外空间，由于其材质自身的亲和力，给人以温暖舒适的感觉，吸引使用者对空间的使用（图9-2-2）。

哈西新区办公楼是传统材料创新建构的又一实例。建筑的主立面由曲面玻璃幕墙和一排纤细轻盈的白色石柱组成。白色圆柱与玻璃幕墙之间相距3米宽，形成一条宽阔的室外展览人行通道。人们即使不进入建筑内部也可以欣赏到门厅的展品。

同时，白色石柱韵律感极强，其光影效果也使建筑更加有魅力。该建筑物的北立面和西立面设计得非常简单，却又令人印象深刻，以满足立面后方空间的各种功能需求，譬如遮光、采光等。材料与几何形式的选择为建筑后侧带来另外一大亮点。倾斜的木质体量为体育馆与健身房提供了所需的净空，倾斜面在这里沿屋顶而下，为即将建造的室外露台提供了一处适当的场所。室内空间采用暖色石材和木材混合使用，并采用玻璃栏板和钢结构玻璃天窗，使整个室内空间既现代又温馨。哈尔滨银行总部大楼同样使用玻璃、木材和石材组合创造出舒适宜人的室内空间。建筑的外表皮设计旨在营造多层次的材料变化，如石材、玻璃和木头。变化的外部照明系统让建筑展现富有层次和深度，也彰显了建筑材料的多样化（图9-2-3）。

金龙山公园游客服务中心（图9-2-4）和大庆市温泉度

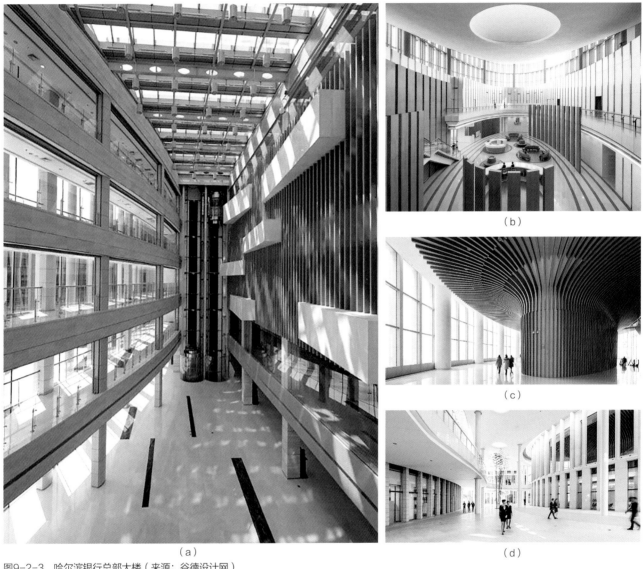

（a）                    （b）

（c）

（d）

图9-2-3  哈尔滨银行总部大楼（来源：谷德设计网）

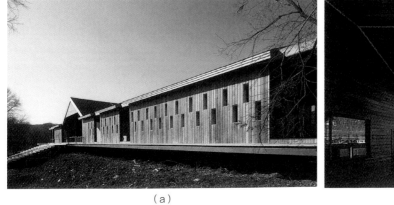

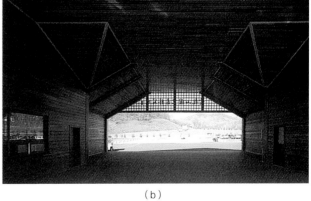

（a）                                （b）

图9-2-4  金龙山公园游客服务中心（来源：哈尔滨工业大学建筑设计研究院）

图9-2-5　现代木建筑大庆市温泉度假木屋（来源：徐洪澎 提供）

假木屋（图9-2-5）均使用全木结构，将传统材料创新运用在现代建筑中，在寒冷的天气中营造出了温暖的氛围，为游客带来了舒适的体验感受。

## 二、砖

砖是传统建筑常用的建筑砌筑材料，具有独特的肌理和色彩，可塑性强，可起拱、发券，可打磨成圆柱也可做成砖雕，可充分发挥手工艺的特色。将砖挑出或退入墙表面，用单块或成组的手法，可以造成浅浮雕式图案。各种图案都可以用现成的砖方便地完成。同时，利用砖作为装饰材料可以使寒地建筑在外形上显得愈发厚重，很好地凸显了寒地建筑的特色。

黑龙江省哈尔滨地处平原地区，土地资源极其丰富，所以砖在哈尔滨近代建筑中得到了广泛的应用，比如哈尔滨道外的建筑多用红砖或青砖砌筑，而且它的生产工艺比较简单，价格较低，保温性能也较好。最为常见的是砖墙，一般采用砂浆将黏土按一定规律及技术要求砌筑而成。它利用砂浆填满砌体的缝隙，减少了砌体的空气渗透，加之砖本身的保温性能，提高了墙体的保温隔热能力，反映出了建筑材料对于寒冷气候的适应特征。

李向群雕塑艺术馆位于哈尔滨太阳岛内，是一个3层高废弃建筑的改造项目。设计利用连续精确、相互呼应穿插的建筑体块来控制改建后的建筑形象。整体来看，建筑如同

从一块巨大的灰色花岗岩中切割处来一般，而在表面材质和细部处理方面更有耐人寻味之处。灰色花岗岩突破其固有特性如同薄纸般包裹建筑整体，所有切口和构件都要处理得轮廓鲜明。为了避免改建建筑细部可能存在的附加感，设计以灰色石材统一改建后的建筑立面，材料随着体量的变化而折叠，四个立面被完整纯净的表皮所覆盖，细节处理体现在突出物、洞口边缘的抹斜等局部体块的变化——故意缺失的材料细节实际上在视觉上带来了更多而不是更少。室内保留了原有的红砖墙，呈现出戏剧化的空间效果；当人们由室外进入室内后，室内外材质上的转变泄露了外墙材质真实的重量感。粗糙而带有凿痕的红砖墙面会增强室内空间的雕塑感，清晰地告诉人们这个建筑本身经历了由废置到再利用的新生过程（图9-2-6）。

在传统建筑修复中，青砖发挥着重要的作用。哈尔滨道台府建筑是具有中国传统建筑特色的青砖青瓦四合院，砌有3米高的青砖院墙。呼兰城隍庙坐落在呼兰城南大街西胡同，分前、中、后三殿，每殿3楹，是旧时祭祀城隍的场所。呼兰的老房子是青色的，一如《呼兰河传》里描写的样子，给人的感觉是灰蒙蒙的。呼兰城隍庙修复更新中，采用青砖青

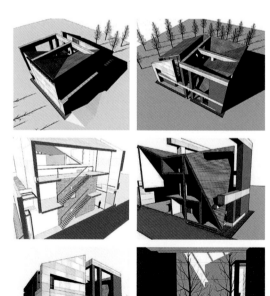

图9-2-6　李向群雕塑艺术馆（来源：周亭余 提供）

图9-2-7　呼兰城隍庙（来源：网络）

瓦，与呼兰老房子相呼应（图9-2-7）。

　　现代建筑中，有些纪念建筑为了体现出传统大屋顶建筑的形式，使用砖材和石材贴面，虽然建筑结构已经转变为现代的建筑结构方式，但是通过材质的运用同样可以做出传统建筑的效果（图9-2-8）。除此之外，在现代店面装修中，有时会将砖材作为传统文化符号使用，凸显其店面主题，与周围店铺区别开来，引起行人对店铺更多的关注。

## 三、石材

　　石材是中国传统建筑材料之一，具有防水、抗压、耐磨、耐久性好的自然品质。在传统建筑中，石材主要运用于围护材料和基础材料。它作为墙体时，坚固耐久，相对于土坯墙和砖墙而言不易返潮而至破坏；作为外饰面时，多用于建筑的一层或者台基的位置，可以防止在地处徘徊的冷空气侵袭建筑内部，起到防寒保温的作用。现当代建筑中，石材一般运用于行政办公类建筑中，给人以厚重、威严的感觉。

由于建筑材料和技术的进步，石材已经很少作为承重材料使用，但是由于其具有独特的纹理和质感，石材继续发挥着它的艺术价值，常常用于建筑墙、地面等。

　　黑龙江黑河市基督教堂的空间根据功能和形象的需要，西南角高高升起，屋顶坡折，外形仿佛一只将要展翅上腾的鸽子。圣经中鸽子寓意圣灵降下，带来了平安喜乐，此时教堂成为了与神同在的空间，置身其中以满足灵魂憩息的需求。立面上，教堂的设计中融合了耶路撒冷教堂的黄色石墙、拱券和古典柱式组成的窗洞以及玫瑰花窗等传统信息，使得这个当代新建的教堂形象与其宗教文化背景以及所在城市的殖民历史发生关联。教堂西侧为一个景观公园和一个湖区，故在教堂西面公共空间使用双层玻璃墙完全打开，使得西侧景观面视线通透，将景观引入到教堂聚会厅内部。教堂的内部空间尽可能满足聚会空间的最大化，以便能够容纳教会的大量聚会人群及今后会增加的人群（图9-2-9～图9-2-12）。

图9-2-9　黑河市爱辉区基督教堂侧立面（来源：在库言库网）

图9-2-8　马骏纪念馆（来源：程龙飞 摄）

图9-2-10　黑河市爱辉区基督教堂内部（来源：在库言库网）

图9-2-11　黑河市爱辉区基督教堂鸟瞰（来源：在库言库网）

图9-2-12　黑河市爱辉区基督教堂正立面（来源：在库言库网）

## 第三节　传统材料在现代建筑中的人文表达

### 一、质感表达

传统材料的质感主要通过视觉和触觉传达，可以分为天然质感和人工质感两种类型。天然质感指的是传统材料的自然属性呈现的质感，人工质感指的是传统材料经过现代技术加工之后使材料属性发生变化，从而产生特殊的质感。

渤海国上京龙泉府遗址，是我国盛唐时期地面建筑遗存保留最丰富、布局最完整的一处古都遗址，遗址的规划和还

原，完整再现了古渤海国的城市选址、布局、建造方式、建筑艺术等唐代最高建筑艺术成就。建筑材料运用了涂料、原木、产自当地的玄武石等朴素的材质，将这些材质搭配在一起形成生动的建筑语言。建筑屋檐和窗檐的大面积白色涂料强调了界面的连续性和匀质性，淡化了建筑于自然环境中表露的人工痕迹。建筑立面大量使用当地盛产的玄武岩石材，由于渤海国上京龙泉府遗址保留的一段城墙是用玄武石建造的，在博物馆立面上，大量使用这种玄武石也是对历史的一种尊重。建筑立面保留了玄武石这种材质表面特有的由于火山喷发岩形成的气孔，使建筑立面呈现出一种特有的粗糙质朴的自然质感，体现了对材料的创新性运用。博物馆展馆的展陈空间使用了上京遗址中使用较多的玄武石、土坯、木材等天然材料，展馆中将当地盛产的玄武岩石材大量应用于主要墙面、地面及雕刻构件上，与遗址产生直观的联系。序厅夹道两侧的墙体采用堆砌成的土坯墙面形成历史的对话关系（图9-3-1、图9-3-2）。

图9-3-1　渤海国上京遗址博物馆（来源：程龙飞 摄）

图9-3-2　渤海国上京遗址博物馆屋檐细部（来源：程龙飞 摄）

## 二、肌理表达

　　传统材料的肌理是指材料的肌体特征和表面纹理结构，在光照的作用下反映出材料的独特感官效果，从而给人留下不同的印象。在建筑中，人们感受到的肌理主要是由建筑表皮不同的构造方式和材料的自然肌理共同决定的。对传统建筑材料来说，根据材料不同的属性，肌理的创造手法主要是对木材的编织、对砖石的砌筑以及对土材的夯筑等。

　　随着现代材料技术的发展，砖已经不仅限制于作为建筑的围护结构材料来使用了，更多的时候可以作为建筑立面的装饰材料来使用。砖作为建筑材料时肌理分为两种，一种是砌筑肌理，一种是贴面肌理。相比于砌筑肌理，贴面肌理要简单容易的多，而且给人的效果和感受也不如砌筑肌理。传统建筑中，砖的砌筑方式有一顺一丁、三顺一丁、梅花丁等，在现代建筑中，建筑师还采用了更多砌筑方式，从而表现出更多的质感。在西城红场中，老厂房的外墙是由红砖砌筑的，在建筑改建的过程中，将建筑的入口及窗口处红砖以点阵的方式排列砌筑，形成与红砖墙面不同的墙面肌理，强调建筑的入口空间，丰富建筑立面层次（图9-3-3）。

## 三、色彩表达

　　传统建筑材料的色彩表达是建筑人文特征表达的重要方面，符合当地人文特征的色彩表现能够激发人们对建筑的归属感与认同感。传统材料的色彩表达主要包括多色彩表达和单一色彩表达。

　　多色彩的表达是以多种材料色彩进行组合，以色彩表达唤醒人们对传统建筑文化的印象，一般采用对比或者调和的处理手法，形成相应的表皮色彩和视觉效果。在关东古巷的

图9-3-3　哈尔滨西城红场红砖墙面（来源：刘一臻 摄）

图9-3-4　哈尔滨关东古巷室内（来源：王建伟 摄）

建筑室内，采用了多种传统材料，如石材、木材、砖材等，不同材料的色彩相互搭配，创造出让人印象深刻的传统建筑空间，行走其中，可以很好地体会黑龙江传统建筑文化的魅力（图9-3-4）。

　　单一色彩的材料表达纯粹简约，可以很好地体现建筑的一致性和完整性。采用单一色彩的建筑类型往往是大型公共建筑，可以通过主要材料色彩的运用体现出建筑的主题特征。黑龙江哈尔滨市群力新区龙江艺术展览中心，大面积采用红色真石漆，用现代材料来表现传统材料的质感。大面积的红色与石材的粗犷质感相结合，运用在以锥形为母题的建筑形体上，共同体现出了金源文化背景下的建筑文化特色（图9-3-5）。

图9-3-5　哈尔滨龙江艺术展览中心立面图（来源：哈尔滨工业大学建筑设计院）

# 第十章　结语

梁思成先生曾指出："建筑之始，产生于实际需要，受制于自然物理，非着意与创新形式，更无所谓派别。其结构之系统及形制之派别，乃其材料环境所形成。"在面对建筑全球化的大趋势下，中国传统的建筑文化在逐渐地融入到世界潮流中，其建筑形式与风格日渐趋同。吴良镛先生也曾指出："技术和生产方式的全球化，带来了人与传统地域空间的分离，地域文化的特色渐趋衰微；标准化的商品生产，致使建筑环境趋同、设计平庸、建筑文化的多样性遭到扼杀"。从全国范围来看，到处可见西方欧式的建筑风格作品，"欧陆风情"似乎成了中国大城市的很多建筑在设计时的不二选择。反之，对传统的、地域的、根植于我们文化传承中的建筑风格却关注甚少。这种情况导致中国许多地区地域特色在逐渐消失，地域特征在弱化。

我们在设计时应根植于本地区地域文化特点，有意识地从所在地域的建筑文化中汲取其精华并进行转型。这种转型可以从过往的历史中汲取经验，分析并思考在历史的变迁中什么是我们保留下来的和为什么能保留下来这两个问题。

# 第一节　渔猎游牧文化到农耕文化的建筑转型

黑龙江地区在远古时期主要以渔猎文化为主，在出现了游牧民族后出现了畜牧文化，春秋战国时期已有部分民族的祖先定居在黑龙江地区。在公元前3世纪左右，以渔猎游牧为主的扶余权已经出现在今黑龙江南部地区。自秦朝以来，先后有多个民族生活在这片土地上。

根据史料记载和考古发现，渔猎建筑文化作为黑龙江最早出现的建筑文化，是隋唐之前该地区的主要建筑文化。渔猎建筑文化重要特点就是以巢居和穴居为主，在汉代时期扶余国的建立，使黑龙江地区的渔猎文化得到快速发展。相比于中原地区的农耕建筑文化，渔猎建筑文化有着相当大的流动性和不稳定性，其作为黑龙江建筑文化的主导地位在数千年时间中一直延续下来，直到靺鞨人在隋唐时期建立渤海国。

## 一、建筑形态变化

渔猎游牧建筑的形成过程中往往具有鲜明的民族特色，其中"木刻楞"、"撮罗子"和"马架子"这三种类型作为黑龙江古代地区较为常见的渔猎建筑，具有鲜明的渔猎建筑特征，一般将这些类型统称为"斜仁柱"类建筑。这种以"斜仁柱"类建筑为主的渔猎建筑文化直到靺鞨人建立渤海国时一直占据强势地位。然而随着渤海国开始向唐朝学习并引入大量中原技术文化之后，其强势地位开始下降，农耕建筑文化的地位开始上升并最终在未来占据主导地位。相比于中原农耕建筑文化，同时期的黑龙江渔猎建筑文化毫无疑问是落后的，这时就产生了黑龙江地区地域建筑的第一次转型。

在转型过程中，渔猎建筑文化中被更为先进合适的农耕建筑文化所取代，但这种取代不是完全的摒弃前者的一切。新形成的建筑风格在外观形式上大体采用农耕建筑文化的同时在屋顶的形态上却是传承了渔猎建筑文化的特点，相比于中原传统农耕建筑文化中抬梁式的木构架形式，新形成的黑龙江农耕建筑文化中屋面木构架并不是像抬梁式中梁上承矮柱，柱上架梁层叠而上的方式，而是沿用了渔猎建筑文化中山墙侧结构以一面完整的墙体作为结构的支撑；同样尽管与中原农耕建筑文化中同样为双坡面屋顶，但不同的是黑龙江转型后的建筑中屋面下的结构并不像前者采用大量斗栱梁枋结构那么复杂，其建造方式更为简单，即在屋面结构上沿用了"马架子"和"木刻楞"的建造方式，仅仅是以两个屋面斜向支撑起坡屋顶，屋架下面是用单薄的一根柱子和一根梁支撑。这种屋面的建造方式相对简单方便，但缺点就是在结构稳定性上不如成熟的中原农耕建筑。在现存的部分案例中，有的住户在屋架下面三角形的空间区域设置夹层，有的在屋架下山墙侧用木板挡住，在外面看去里面有屋架结构，实际上里面就是空的，还有的下方什么都没布置直接就是空的。

## 二、"弱势于外，强势于内"的传承特征

在黑龙江地域建筑第一次转型中，其特点可以概括为"弱势于外，强势于内"。

也就是说弱势的渔猎建筑文化在新形成的建筑文化的外部形态上体现出其自身的特点，而强势的农耕建筑文化在新形成的建筑文化的内部形态中则占据主体地位。这次转型是体现在生活方式上的转型，意味着从移居到定居的生活方式的变化，本质上是内在的转型。这意味着外来输入的农耕建筑文化在新形成的建筑文化中占据主体地位，旧的渔猎建筑文化的内在思想和设计理念已经被新的建筑文化所同化转变，这本质上是一种进步的表现。

造成这种情况的原因是此时的营造技艺没有发生本质的变化，基于当地条件的营造水平没有得到明显的提高，因此在建造房屋时，受限制于营造技艺的不足，对复杂的屋顶结构的做法进行了简化，最终呈现出的外部形态就是屋顶采用渔猎建筑文化中"马架子"的方式，其余部分则是农耕建筑文化中的方式。

# 第二节　近代中原文化大规模传播期

随着鸦片战争的失败，清政府逐渐意识到边疆安危与否在很大程度上取决于当地的人口和文化，作为清王朝的"龙兴禁地"，黑龙江地区在相当长一段时间内处于地广人稀的状态，人口数量非常少。据估算，19世纪初黑龙江地区仅有20余万人口。20世纪初，才达到200万。随着清政府允许开荒放垦，大量"闯关东"的关内人口才逐渐迁移至黑龙江地区，极大地充实了当地的人口。这些"闯关东"的移民多来自中原或华北地区，深受传统汉族文化影响，而黑龙江的原住民，则以满族、汉族以及多个少数民族杂居为主，其中满族处于统治地位，其文化有较大的影响力。建筑文化是民族文化的具体体现，特定民族的建筑文化必然受到其本民族固有的思想背景、民俗习惯和宗教要素等方面的影响，可以说此时黑龙江地区的建筑文化是满族建筑文化。因此当来自内地的汉族建筑文化与黑龙江当地的满族建筑文化发生相遇并碰撞后，产生了黑龙江地域建筑的第二次转型。

## 一、建筑形态变化

在第二次转型中，两种建筑文化同属于农耕建筑文化，来自关内的汉族建筑文化处于强势地位，满族建筑文化处于弱势地位。传统的汉族建筑文化中受儒家文化影响较深，以四合院为例，强调宗法制下的秩序、道德观念和风水讲究，同时强调中轴对称，尊卑有序，建筑布局"以东为贵"，长辈住东屋，晚辈或下人住西屋。而在满族建筑文化中，则"以西为尊，以南为大"，崇尚西屋。建造时先建西厢房，后建东厢房，西屋一般是长辈的住处，同时西屋的西炕更是敬祭祖先神明之处；同时其基本格局中正房功能发生改变，由厅堂改为灶间，不具起居功能。灶间除锅灶外还有水缸、碗柜等杂物，相当于半个储藏空间。相对于满族建筑文化，来自关内的汉族建筑文化是一种入侵文化，这种入侵的结果并不是强势的后者取代弱势的前者，而是两者互相交融，最终出现了涵化现象。这里的涵化现象指的是汉族的建筑文化

接触引起原有的满族的建筑文化模式的变化。此处汉族和满族的人口在黑龙江地区有明显的支配与从属区别，彼此长期直接接触而使各自建筑文化发生规模变迁。

在转型后的建筑文化中，由于汉族建筑文化在黑龙江地区处于支配地位，体现在汉族建筑文化占主要部分，其建筑平面布局、立面以及屋顶样式等都是沿用了汉族的建筑方式。然而在屋内却是采用了满族文化中尚西的风俗，以西屋作为上屋。同时室内的大火炕也沿用了满族文化的传统，以西炕为尊。这是在生活风俗的内部空间的传承。在这次的转型中，涵化的特征体现的较为明显。第一个原因是其发生在清政府为巩固边疆开放禁令而使大量"闯关东"的汉族移民涌入，当此时黑龙江本地的民族面临较大的外部压力；第二个原因是在相互接触的群体中，汉族明显占据支配地位，转型后的建筑文化从汉族建筑文化中借用的文化元素更多。

## 二、"强势于外，弱势于内"的传承特征

在黑龙江地域建筑第二次转型中，其特点可以概括为"强势于外，弱势于内"。本质是一种外表的转型，其内在的生活方式、文化内涵并没有被强势文化所改变，相反却反过来影响了强势的汉族建筑文化。这是黑龙江地区第一次在弱势的建筑文化面对强势的建筑文化输入时并没有被同化，反而从内在改变了强势的建筑文化，弱势的建筑文化仅仅是吸收了强势的建筑文化中对建筑外表、结构、装饰等的做法，其内在思想或内在设计理念，仍是本民族建筑文化内涵中的内容。

造成这种情况的原因是在内部空间呈现出的状态更多是适应本地风俗，而外部形态上此时营造技艺已经得到大幅发展，传入的汉族建筑文化中复杂的结构能够建造出来，因此中原的汉族建筑文化得以在外部形态上占据主体地位。

# 第三节　外来文化植入期

在清朝甲午战争失败后，外来强势的西方建筑文化大举

进入中国。黑龙江地区面对的主要是来自俄国的建筑文化。俄国建筑文化的进入是伴随着中东铁路的修建而来的。1896年6月3日清政府和俄国签订了《御敌互相援助条约》，即《中俄密约》。该密约使俄国取得了在中国东北修筑中东铁路和开设华俄道胜银行等特权，紧接着双方又签订了一系列条约，这些条约为中东铁路在东北的修筑扫平了一切障碍。1897年8月28日中东铁路建设局在绥芬河右岸三岔口附近举行了开工典礼。1898年6月9日，中东铁路建设局机关迁到了哈尔滨，中东铁路全线开工。这一活动标志着外来的俄国建筑文化开始大规模进入黑龙江地区。

相对于当时中国本土的建筑文化，外来的俄国建筑文化毫无疑问是处于强势地位，这种强势地位的产生有三种原因：第一是当时俄国建筑文化一直深受西方建筑文化影响，其本身是一种基于工业文明基础上的建筑文化，而黑龙江地区则是基于农耕文明基础上的建筑文化，这种先天土壤上的差异性导致本土的建筑文化存在先天不足；第二是当时清政府国际地位下降，对国家的掌控力不足，加之民族自信心下降，无力从上层层面提出有效的措施来抵御俄国建筑文化对黑龙江这种边疆地区的入侵；第三是当时的黑龙江地区相对而言仍是处于地广人稀的状态，尤其是城市人口更少，大部分人口都是农村人口，而外来的俄国人大多居于城市中，这进一步导致了城市中中国人口并不占绝对的多数，在哈尔滨、齐齐哈尔、牡丹江等大城市中，外国人口能占到10%～30%。同时俄国人往往享有一定的特权，其地位较高。以上这些原因促成了俄国建筑文化在黑龙江地区的强势地位。这种强势的外来建筑文化同弱势的本地建筑文化的碰撞产生了黑龙江地域建筑的第三次转型。

## 一、建筑形态变化

在这次转型中，俄国建筑文化的影响是广泛而全面的，从公共商业建筑到居住建筑再到宗教建筑都能看到俄国文化影响的痕迹。这种影响同时也是不同的，公共商业建筑是受到影响最多，宗教建筑受到的影响最少，居住建筑则介于两者之间。故这次转型也分为公共商业建筑、居住建筑和宗教建筑三个部分论述。

### （一）公共商业建筑

公共商业建筑在转型过程中，呈现出以俄国建筑文化为主、中国本土建筑文化为辅的特点。整体上其对俄国建筑文化是包容接受的态度，在对外形态上更多的是采用外来元素，尤其是俄国元素。表现在建筑的立面上受到俄国文化影响较大，外立面整体采用欧式风格，部分是中式符号；建筑平面同样受到西方文化影响较大，更多地考虑到了商业的便捷性，因此在设计时常常尽可能扩大店铺面积，同时将居住与商业紧邻，方便店员伙计上班。

在建设的过程中，不同地区的公共商业建筑设计方式是不同的。以哈尔滨为例，在道里、南岗等受俄国文化影响较大的地区，一般是由来自俄国的建筑设计师设计或者直接照搬本国原有的图纸在哈尔滨建造，通常这类建筑在施工时会雇佣大批的中国匠人或匠师，其建筑本质上是由建筑师或者设计师设计的；相对应的在哈尔滨市道外区，一般是由在道里、南岗等参与过施工的匠师来设计建造，这类匠师一般是出身市民、民族工商业者或匠师，他们受到过西方文化的影响，对西方文化是一种接受的态度，同时也比较了解本土文化。因此在建设的过程中，往往在采用了西方建筑元素的同时也大量采用了中式符号，如在山花与柱式上加葡萄、葫芦、莲花、喜鹊等象征美好寓意的元素，再比如在黑河市爱辉镇瑷珲海关旧址中，两栋欧式风格建筑中间立一个中式牌楼，象征着海关入口等。

### （二）居住建筑

在俄国文化传入黑龙江之前，传统文化中世代相传的土地是一个家庭几代人安身立命的根本，其生活、生产资料均取之与此。传统家庭中几世同堂居于一宅，几代人共处于一个屋檐下。人们出于对土地的依赖和传统伦理观，很难脱离大家庭束缚去独自经营小家庭。

俄国文化的输入打破了传统的基于农耕文明产生的伦理

观，使中国长期的宗法专制体系逐步瓦解。这种瓦解与近代社会的政治、思维、文化等冲击密切相关。在这种冲击下，传统聚居结构顽强地保持了自己的核心不变，又在一定程度的外在形式上对新文化做出了迎合和妥协，以及居住建筑的转型。这种转型对居住建筑影响最大的就是传统社会聚居结构内在思想发生改变。促进了近代社会结构的改变。传统四合院是对外封闭、对内开放的布局，而在哈尔滨道外区的里院则更为开放，其通常分为两层，一层对外开放，二层对内开放，这种对内对外开放性的变化是一种对传统四合院空间内涵上的传承。

中国传统社会聚居结构在外来文化的冲击下，在保留居住观念中聚居结构的内在核心，在其思想本质没有发生改变的前提下，外在形式上做出了改变，一定程度上呼应了时代的影响。这种改变指其底线的改变，即其是否接受新的思想，接受多少新的思想，这自然而然在这段时期产生了一段时间的矛盾期。在这段时期内，是本土的传统文化与外来俄国文化的博弈与斗争。正是在这种情况下，黑龙江地区的居住建筑开始了其艰难的转型之路，这种转型呈现一种看似转型很多但其实并未有很多转型的"似转非转"的状态，并最终形成了现在黑龙江地区居住建筑聚居结构的模式。

### （三）宗教建筑

黑龙江宗教建筑的营造时期普遍处于清末或民国初期，此时清朝处于统治末期，无力保持对传统等级规章制度的要求。尽管如此，在面对大举输入的俄国文化，其受到的影响微乎其微，仍顽强地保留了传统本土建筑文化的内涵，牢牢地坚守着精神层面的底线，像哈尔滨极乐寺、哈尔滨文庙、呼兰文庙、阿城文庙、慈云观等儒家和佛教道教的建筑从平面布局、立面和装饰等仍是传统风格样式。

相比于公共商业和居住建筑更多注重在物质方面的要求，宗教建筑更多是体现其精神价值所在。其不仅在精神层面上保持了传统文化的本来面目，在物质层面上同样没有对外来的强势文化妥协，两者都保持了传统文化的风格与内涵。其从形式、风格、装饰等皆是传统文化的要素，建筑内

在的逻辑内涵也是传统文化中的内容。建筑在布局上仍遵循传统的中轴对称布局，将主体建筑布置在中轴线上，附属建筑布置在两侧中轴对称，其内在的核心精神仍是传统的本土建筑文化。

## 二、"强势于外，弱势于内"的传承特征

在第三次转型中，其特点同样可以概括为"强势于外，弱势于内"。此处是指强势的外来文化更多的是体现在建筑的外部形态或与人的外部物质世界联系比较多的建筑类型中，而弱势的本土文化则在建筑内涵上与人的内心世界联系紧密的建筑类型中占据主体地位。尽管不同类型的建筑对强势的俄国建筑文化的接受程度不同，但最能体现弱势的本土建筑文化精神领域的宗教建筑却顽强地保持不变。在建筑外部形态中，更多的是以新材料新技术所形成的"中西合璧"式的门脸。这种门脸体现了很多西方元素，受到外来文化的影响比较大。而在内部，其内院式的生活方式没有发生变化，传统中内在的文化特征并没有被改变。

这次第二次弱势建筑文化在面对强势建筑文化的输入时没有被消灭反而保持了其本身的建筑文化内涵。而且相对于第二次转型中建筑外表的全面转型，第三次转型中仅仅是公共商业建筑和居住建筑采用了强势建筑文化的元素，宗教建筑的外表还是弱势建筑文化的元素，第三次转型从整体上来说从外到内都不是一次全面的转型。比较第二次和第三次转型可以发现，总体上来说转型转的是形式，不转的是信仰。转的是外，不转的是内。两次转型的结果都是在转型后形成的新的建筑文化中，强势文化更多地体现在建筑外表上，弱势文化则更多地体现在建筑内在上。

## 第四节　从工业到现代文明的建筑转型

新中国成立之后，"一五"计划提出了实现社会主义工业化的发展目标，至今我国工业化已经走过了半个多世纪，

使我国由一个落后的农业大国发展成为一个独立完整、具有相当规模的工业大国。黑龙江省尤其是哈尔滨市作为国家最早重点发展重工业的区域，有着"共和国长子"的称号，工业化对其影响是悠久而深远的。区别于农耕时代以手工技艺为主的建造方式，工业化直接导致了建筑材料和建造技术的飞速发展。由于生产力的发展、建造方式的进步，这一时期的建筑风格也更容易受到其他工业强国的影响，黑龙江省在这一时期受苏联建筑风格的影响极为深厚。随着工业化在我国的发展，城市化进程不断加快，现代主义建筑思想随之而来，改革开放扩大了这一思想在国内的传播，城市中的建筑似乎在以更加简洁高效的方式建造，受到多元文化影响的黑龙江省也在文化的交融碰撞中摸索前进。

## 一、建筑形态变化

新中国成立以来的六十余年间，受到工业化带来的建造技术进步的影响，黑龙江省建筑形态丰富而多变，共经历了几个时期的发展变化。

### （一）传统"大屋顶"时期

新中国成立初期黑龙江省建筑受到国家政策影响追求复古形式，在城市重要公共建筑的屋顶使用中国传统大屋顶形式，是新中国成立之初体现民族文化自信的一种方式，并不能反映城市整体建筑传承特征。

### （二）"苏联式"建筑时期

当时苏联作为工业强国，加之地理上与黑龙江省接壤，深刻影响了黑龙江地区的建筑风格，奠定了城市建筑风貌，致使苏联式风格在很长一段时间内占据着黑龙江城市建筑的主要特征。这一时期苏联已经早先受到了现代主义形式服从功能的影响，拥有相对现代的空间、简化的形象和广泛适用的技术。

### （三）"方盒子"建筑时期

黑龙江省20世纪60到80年代特别是住宅建筑，多数都是"方盒子"建筑。这类建筑的各项指标和20世纪50年代受苏联影响的建筑标准比较起来大大降低。墙体的厚度、建筑的层高、建筑的投资都以最低限为标准。这一时期的建筑开始受到现代主义思想的影响，在一定程度上满足了国情的需要，但随之而来的是建筑地域性的缺失，也是黑龙江省建筑大量受到外来影响、传统特征缺失的开始。

### （四）"片段化"传承时期

改革开放后现代主义建筑思想占据强势地位，简洁、快速、高效成为建筑建造的标准。现代主义建筑思想适应了人口的急剧增长和城市化的飞速发展，建筑层数越来越多，建筑越建越高，人们也逐渐适应了建筑形式变化带来的生活方式的改变。人们同样适应的还有建筑外部形态的"片段化"传承，工业化带给人简洁、快速、高效的同时也让人失去耐性，人们将传统建筑的某个片段或符号复制在现代建筑的屋顶或立面，以为传承了地域建筑文化特征，实则已经由内而外地改变了传统建筑的特征。

## 二、"强势于外，强势于内"的传承特征

在第四次转型中，其特点可以概括为"强势于外，强势于内"。现代主义建筑文化的强势进入，导致了黑龙江省建筑形态的一再改变，现代化科技提高了社会生产力，生产力的提高带来了建筑构件及材料加工的快速高效。建筑建造越来越趋于模式化，建筑的生产也愈加迅速。现代科技还带给人们舒适的生活方式和便利的生活条件，这也是现代主义的强势文化能够迅速占领人心的原因。人们适应了现代都市快节奏的生活方式，建筑外部形态的拼贴和复制以及内部功能空间至上的做法也变得可以接受。现代建筑不仅在外部形态上失去了传统建筑的地域特征，更在内部空间上丢失了中国传统建筑"留白"的思想。

我们无法了解现代建筑的形态特征是否反映了社会发

展的必然趋势，但是可以知道的是社会生产力和人的生活行为方式必然对建筑的下次转型产生深刻影响。地域文化是不断发展变化的一个动态的过程，社会生产力带动人的生活行为方式必然会在一定时期内影响地域文化发展，从而反映在建筑形态的转型之中。因此，转型中的建筑形态只要反映了位于特定历史时期的发展变化的地域文化就是好的建筑形态转型。

黑龙江地域建筑在不同时期的转型有着其独有的特点，其文化传承有一定的连贯性和特殊性。本章通过探讨其特征并分析其原因，希望能够引起读者对不同地域建筑转型期文化传承的重视，从地域建筑中发掘我们的设计思想的根源，在我们的设计中更多地体现属于我们的特色元素。同时我们也应该注意到，在第四次转型中，传统建筑文化中的内涵已经丢失很多，我们希望在相关设计中更多地挖掘内在元素而不仅是停留在对表面的复制，让我们传统的建筑文化得以重回"强势于内"的地位，找回我们传统建筑设计的本源。

# 附　录

## Appendix

黑龙江省代表性传统古建筑一览表

| 序号 | 类型 | 名称 | 位置 | 建造年代 | 现存建筑 | 备注 |
|---|---|---|---|---|---|---|
| 1 | 宫殿 | 渤海上京城龙泉府 | 宁安市 | 公元 8 世纪 | 寝殿、烟道、台基等 | 全国重点文物保护单位 |
| 2 | | 金上京宫殿 | 哈尔滨市 | 12 世纪 | 城墙、宫殿台基、护城壕 | 全国重点文物保护单位 |
| 3 | | 宁古塔城遗址 | 宁安市 | 1666 年 | 将军府遗址、望江楼等 | 省级文物保护单位 |
| 4 | 衙署 | 滨江道台府 | 哈尔滨市 | 1907 年 | 大堂、仪门、照壁等 | 省级文物保护单位 |
| 5 | | 齐齐哈尔将军府 | 齐齐哈尔市 | 1683 年 | 三进四合院 | 省级文物保护单位 |
| 6 | | 钦差大臣吴大澂府院 | 宁安市 | 1882 年 | 望江楼 | 省级文物保护单位 |
| 7 | | 齐齐哈尔藏书阁 | 齐齐哈尔市 | 1906 年 | 保存完整 | 省级文物保护单位 |
| 8 | | 齐齐哈尔寿公祠 | 齐齐哈尔市 | 1926 年 | 保存完整 | 省级文物保护单位 |
| 9 | | 瑷珲海关旧址 | 黑河市瑷珲县 | 1909 年 | 保存完整 | 省级文物保护单位 |
| 10 | 寺庙 | 卜奎清真寺 | 齐齐哈尔市 | 1684 年 | 保存完整 | 全国重点文物保护单位 |
| 11 | | 阿城清真寺 | 哈尔滨市 | 1777 年 | 保存完整 | 全国重点文物保护单位 |
| 12 | | 呼兰清真寺 | 哈尔滨市 | 1810 年 | 保存完整 | 省级文物保护单位 |
| 13 | | 渤海兴隆寺 | 宁安市 | 1713 年 | 马殿、关圣殿、天王殿、大雄宝殿、三圣殿 | 省级文物保护单位 |
| 14 | | 肇源衍福寺双塔 | 大庆市肇源县 | 1649 年 | 双塔、影壁 | 省级文物保护单位 |
| 15 | | 阿城文庙 | 哈尔滨市 | 1827 年 | 保存完整 | 省级文物保护单位 |
| 16 | | 呼兰文庙 | 哈尔滨市 | 1927 年 | 保存完整 | 省级文物保护单位 |
| 17 | | 黑河清真寺 | 黑河市 | 1843 年 | 大殿、讲堂、沐浴室 | 省级文物保护单位 |
| 18 | | 极乐寺 | 哈尔滨市 | 1923 年 | 保存完整 | 省级文物保护单位 |
| 19 | | 哈尔滨文庙 | 哈尔滨市 | 1926 年 | 保存完整 | 全国重点文物保护单位 |
| 20 | | 慈云观 | 哈尔滨市 | 1900 年 | 后殿 | |

续表

| 序号 | 类型 | 名称 | 位置 | 建造年代 | 现存建筑 | 备注 |
|------|------|------|------|----------|----------|------|
| 21 | 传统民居 | 齐齐哈尔市郊王宅 | 齐齐哈尔市 | 20世纪50年代 | 碱土平房，正房、耳房、西厢房各两间 | |
| 22 | | 尚志市亚布力镇宝石村张宅 | 尚志市 | 20世纪50年代 | 井干式民居，正房、仓库 | |
| 23 | | 依兰县赵氏满族老宅 | 哈尔滨市 | 1900年 | 瓦房合院式民居，三合院布局、正房、东西厢房 | 县一级文物保护单位 |
| 24 | | 宁安四合院（张闻天工作室） | 宁安市 | 20世纪40年代 | 四合院 | 省级爱国主义教育基地 |
| 25 | | 萧红故居 | 哈尔滨市 | 1908年 | 八旗式宅院 | 省级文物保护单位 |
| 26 | | 哈尔滨市道外区北二道街18号 | 哈尔滨市 | 19世纪末 | 大进深宽院 | |
| 27 | | 哈尔滨市道外区北大六道街5号 | 哈尔滨市 | 19世纪末 | 小进深方院 | |
| 28 | | 哈尔滨市道外区北九道街16号 | 哈尔滨市 | 19世纪末 | 大进深窄院 | |
| 29 | | 哈尔滨市道外区靖宇街39号胡家大院 | 哈尔滨市 | 19世纪末 | 二进院，前院窄、后院宽 | |

黑龙江省代表性近代建筑一览表　　　　　　　附表 2

| 序号 | 类型 | 名称 | 位置 | 建造年代 | 现存建筑 | 备注 |
|---|---|---|---|---|---|---|
| 1 | 新艺术运动 | 哈尔滨火车站 | 哈尔滨市 | 1899 年 | 无 | |
| 2 | | 中东铁路管理局 | 哈尔滨市 | 1902 年 | 保存完整 | 省级文物保护单位 |
| 3 | 折中主义 | 东北烈士纪念馆 | 哈尔滨市 | 1928 年 | 保存完整 | 全国重点文物保护单位 |
| 4 | | 哈尔滨市教育书店（原松浦洋行） | 哈尔滨市 | 1906 年 | 保存完整 | 全国重点文物保护单位 |
| 5 | 俄罗斯民族 | 圣尼古拉教堂 | 哈尔滨市 | 1900 年 | 无 | |
| 6 | | 圣索菲亚教堂 | 哈尔滨市 | 1907 年 | 保存完整 | 全国重点文物保护单位 |
| 7 | | 圣母帡幪教堂 | 哈尔滨市 | 1902 年 | 保存完整 | 市一级文物保护单位 |
| 8 | 日本近代式 | 国际饭店 | 哈尔滨市 | 1937 年 | 保存完整 | 市一级文物保护单位 |

# 参考文献

# Reference

[1] 梁思成. 中国建筑史[M]. 天津：百花文艺出版社. 2005（5）：3.

[2] 吴良镛. 世纪之交展望建筑学的未来J]. 建筑学报. 1999. 08：6.

[3] 杨星辰，杨大威，刘淑梅. 黑龙江省简史述略[J]. 边疆经济与文化. 2013. 01：6.

[4] 韦宝畏，许文芳，刘新星. 中国东北地区民居建筑文化述论[J]. 吉林建筑工程学院学报. 2010. 02：33.

[5] 徐璐思，刘捷，罗奇. 铁路影响下的近代哈尔滨城市建设初探（1896-1931）[J]. 华中建筑，2012（8）：91-95.

[6] 邹文平. 近代哈尔滨道外里院居住形态研究[D]. 哈尔滨工业大学. 2013：18.

[7] 袁泉. 哈尔滨道外区近代建筑形态的民俗性研究[D]. 哈尔滨工业大学. 2007：47-48.

[8] 周立军，李同予，曲永哲. 东北汉族传统合院式民居的空间特点解析[J]. 南方建筑，2008（5）：20-23.

[9] 周立军，于立波. 东北传统民居应对严寒气候技术措施的探讨[J]. 南方建筑，2010（6）：12-15.

[10] 周立军，杨雪薇，周天夫. 黑龙江省传统聚落布局特色的意向分析[J]. 城市建筑，2017（18）：18-23.

[11] 周立军，王艳，周天夫. 东北满族传统民居建造技术文化地理研究[J]. 城市建筑，2017（23）：14-16.

[12] 周立军，李同予. 东北汉族传统民居形态中的生态性体现[J]. 城市建筑，2011（10）：25-27.

[13] 周立军，卢迪. 东北满族民居演进中的文化涵化现象解析[C]//中国民居学术会议. 2007.

[14] 陆元鼎. 从传统民居建筑形成的规律探索民居研究的方法[J]. 建筑师，2005（3）：5-7.

[15] 陆元鼎. 建筑创作与地域文化的传承[J]. 华中建筑，2010，28（1）：1-3.

[16] 王文卿，周立军. 中国传统民居构筑形态的自然区划[J]. 建筑学报，1992（4）：12-16.

[17] 陈思，刘松茯. 中东铁路的兴建与线路遗产研究[J]. 建筑学报，2017（s1）：28-31.

[18] 刘松茯. 哈尔滨的教堂与庙宇[C]// 建筑史. 2001.

[19] 梅洪元，张向宁，朱莹. 东北寒地建筑创作的适应与适度理念[J]. 南方建筑，2012（3）：49-51.

[20] 梅洪元. 适宜与适度理念下的寒地建筑创作[J]. 城市环境设计，2012（z1）：276-279.

[21] 梅洪元，张向宁，林国海. 东北寒地建筑设计的适应性技术策略[J]. 建筑学报，2011（9）：10-12.

[22] 付本臣，黎晗，张宇. 东北严寒地区农村住宅适老化设计研究[J]. 建筑学报，2014（11）：90-95.

[23] 于娟，张子毅. 探析中西合璧的建筑典范"中华巴洛克建筑"——以哈尔滨老道外为例[J]. 艺术研究，2013（1）：10-12.

[24] 吴涛梅，洪元. 浅谈哈尔滨新艺术运动风格建筑的发展与保护[J]. 华中建筑，2008，26（7）：196-199.

[25] 刘松茯. 西方现代建筑在哈尔滨的发展轨迹[J]. 哈尔滨工业大学学报，2002，34（3）：424-429.

[26] 魏笑雨，吴疆. 黑龙江省中东铁路历史建筑保护之路[J]. 中国文化遗产，2013（1）：40-44.

[27] 刘松茯. 西方现代建筑传入中国的前哨站：谈哈尔滨新艺术运动建筑的特征和历史地位[J]. 建筑学报，1996（11）：36-39.

[28] 刘松茯，袁帅. 哈尔滨新艺术运动建筑研究[J]. 建筑师，2017（5）：106-110.

[29] 刘松茯. 哈尔滨近代建筑的艺术走向[J]. 城市建筑，2005（11）：43-47.

[30] 黄岩，刘松茯. 近代哈尔滨城市转型模式探析[J]. 城市建筑，2010（4）：113-116.

[31] 刘松茯. 近代哈尔滨城市建筑的文化结构与内涵[J]. 新建筑，2002（1）：57-59.

[32] 赵冰. 东北诸流域：哈尔滨城市空间营造[J]. 华中建筑，2015（4）：1-6.

[33] 段永富. 浅析哈尔滨开埠与城市近代化进程[J]. 世纪桥，2013（10）：65-66.

[34] 王岩，陆彤. 中国传统建筑现代转型中的"道外现象"初探[C]//中国建筑史学国际研讨会. 2007.

[35] 于志兴. 寒地气候影响下的哈尔滨近代建筑研究[D]. 哈尔滨工业大学，2007.

[36] 王巍. 哈尔滨老道外"中华巴洛克"院落空间解读[J]. 美术大观，2012（5）：97-97.

[37] 韩聪. 气候影响下的东北满族民居研究[D]. 哈尔滨工业大学，2007.

[38] 周巍. 东北地区传统民居营造技术研究[D]. 重庆大学，2006.

[39] 金虹，张伶伶. 北方传统乡土民居节能精神的延续与发展[J]. 新建筑，2002（2）：17-19.

[40] 陈莉，徐苏宁，谢略. 近代东北城市居住模式对城市形态的影响[J]. 华中建筑，2011，29（2）：134-137.

[41] 雷帅，冯娜，贺舒扬. 哈尔滨中华巴洛克建筑保护现状及应对措施[J]. 文化学刊，2016，No. 70（8）：130-132.

[42] 王禹浪，树林娜. 黑龙江流域渤海国历史遗迹遗物初步研究[J]. 哈尔滨学院学报，2008，29（9）：1-23.

[43] 张萍. 文化交融中的少数民族文化影响力——以黑龙江地区满族对汉族的文化影响力为例[J]. 中央民族大学学报（哲学社会科学版），2016（1）：98-101.

[44] 李兴盛. 黑龙江流域文明与流人文化[J]. 学习与探索，2006（2）：183-187.

[45] 徐洪澎，张伶伶. 哈尔滨冰雪文化城市空间的文化资本[J]. 时代建筑，2007（2）：104-107.

[46] 李秀莲. 女真人与黑龙江流域文明[J]. 黑龙江社会科学，2012（2）：152-154.

[47] 杨茂盛，田索菲. 白山黑水系中华——黑龙江流域的民族崛起促进了中国历史进程[J]. 北方文物，2006（3）：50-62.

[48] 舒展. 黑龙江流域民族传统文化概论[J]. 黑龙江民族丛刊，2007（3）：137-145.

[49] 王禹浪，王志洁. 黑龙江流域古代历史与文化概述[J]. 黑龙江民族丛刊，2000（4）：83-89.

[50] 王禹浪. 黑龙江流域的历史与文化（一）[J]. 哈尔滨学院学报，2006，24（1）：44-48.

[51] 金正镐. 东北地区传统民居与居住文化研究——以满族、朝鲜族、汉族民居为中心[D]. 2004.

[52] 周立军，王蕾，汤璐. 黑龙江省村落街巷空间形态的句法分析与改造策略[J]. 城市建筑，2017（29）.

[53] 王凤来，盖立新，朱飞. 黑龙江近代历史文化建筑的特点、现状与保护建议[J]. 中国文化遗产，2017（1）.

[54] 梁玮男. 哈尔滨近代建筑的奇葩——"中华巴洛克"建筑[J]. 哈尔滨建筑大学学报，2001，34（5）：98-102.

[55] 邢晓莹. 哈尔滨宗教建筑遗产的文物价值与保护[J]. 黑龙江社会科学，2006（3）：100-102.

[56] 陈雷，李燕，陈颖. "俄式建筑原型"在当代哈尔滨建筑形态塑造中的作用[J]. 沈阳建筑大学学报（社会科学版），2016（1）：19-24.

[57] 徐苏宁. "后折衷主义"——城市的文脉[J]. 哈尔滨建筑大学学报，2000，33（5）：100-103.

[58] 吴婷. 浅谈哈尔滨宗教建筑[J]. 山西建筑，2008，34（31）：36-38.

[59] 王岩，侯幼彬，陆彤. 传统建筑现代转型中的"道外模式"浅析[J]. 华中建筑，2007（6）：170-174.

[60] 颜祥林，肖箫. 黑龙江省中东铁路历史文化遗产保护与利用研究[J]. 知与行，2017（10）：123-127.

[61] 莫娜，刘勇. 哈尔滨城市边缘建筑文化特质解析[J]. 城市建筑，2008（6）：82-84.

[62] 李红，周波，陈一. 中国传统聚落营造思想解析[J]. 安徽农业科学，2010，38（11）：5973-5974.

[63] 李同予，薛滨夏，白雪. 东北汉族传统民居在历史迁徙过程中的型制转变及其启示[J]. 城市建筑，2009（5）：104-105.

[64] 周立军，陈伯超，张成龙等. 东北民居[M]. 北京：中国建筑工业出版牡，2009.

[65] 李同予. 东北汉族传统合院式民居院落空间研究[D]. 哈尔滨工业大学，2008.

[66] 王晓丽. 边缘文化视角下的黑龙江传统建筑研究[J]. 哈尔滨工业大学，2015（12）.

[67] 刘易呈. 冰雪文化的传承与发展[J]. 冰雪运动，2014，（9）：46-49.

[68] 殷青. 冰雪城市空间的认知与接受. [J]. 时代建筑，2017，（2）：107-109.

[69] 高萌. 东北三个少数民族传统文化的建筑表达研究. [D]. 哈尔滨工业大学，2008.

[70] 王宇石，王吉. 瑞雪丰年——哈尔滨万达文华酒店设计解析. [J]. 建筑与文化，2017（7）：29-30.

[71] 樊悦. 寒地城市建筑外部形态的地域化更新研究. [D]. 哈尔滨工业大学，2009.

[72] 沙润. 中国传统民居建筑文化的自然地理背景. [J]. 地理科学，1998（1）：63-69.

[73] 邢凯. 东北严寒地区农村住宅节能设计实践与实测研究. [J]. 城市建筑，2017，（4）：118-120.

[74] 梅季魁. 休闲情趣与空间氛围——哈尔滨梦幻乐园设计. [J]. 建筑学报，1997，（11）：36-39.

[75] 韩丹，姚可忆，刘春琳. 哈尔滨道外区南二-南三道街院落空间的复兴研究. [J]. 中外建筑，2012，（12）：52-54.

[76] 齐康，郑忻. 创作设计的定位记哈尔滨阿城金上京历史博物馆创作设计[J]. 华中建筑，1999（3）：75-79.

[77] 韩丹. 历史街区院落空间的肌理组织及保护利用研究——以哈尔滨道外南二-南三街区为例[D]. 哈尔滨：哈尔滨建筑大学，2013.

[78] 中建国际设计顾问有限公司. 哈尔滨西站建筑设计及广场规划[J]. 城市建筑，2010，（4）：85-88.

[79] 张冰. 哈尔滨当代建筑创作新潮性研究. [D]. 哈尔滨：哈尔滨工业大学，2010.

[80] 周润. 从传统到现代——中国当代本土建筑的材料表达研究. [D]. 郑州：河南农业大学，2016.

[81] 袁烽，林磊. 中国传统地方材料的当代建筑演绎. [J]. 城市建筑，2008，（6）：12-16.

[82] 秦首禹，徐子懿. 中国传统建筑材料在现代建筑设计中的传承与创新. [J]. 住宅与房地产，2008，（8）：108.

[83] 王祥生. 传统建筑材料表情的当代表达. [D]. 西安：西安建筑科技大学，2012.

[84] 张骏. 东北地区地域性建筑创作研究. [D]. 哈尔滨：哈尔滨工业大学，2009.

[85] 鞠叶辛，梅洪元，马维娜. 寓历史于当下，融深思于淡泊——黑龙江省安宁市渤海国上京龙泉府遗址博物馆方案设计[J]. 哈尔滨建筑大学学报，2010，（3）：65-67.

# 黑龙江省传统建筑解析与传承分析表

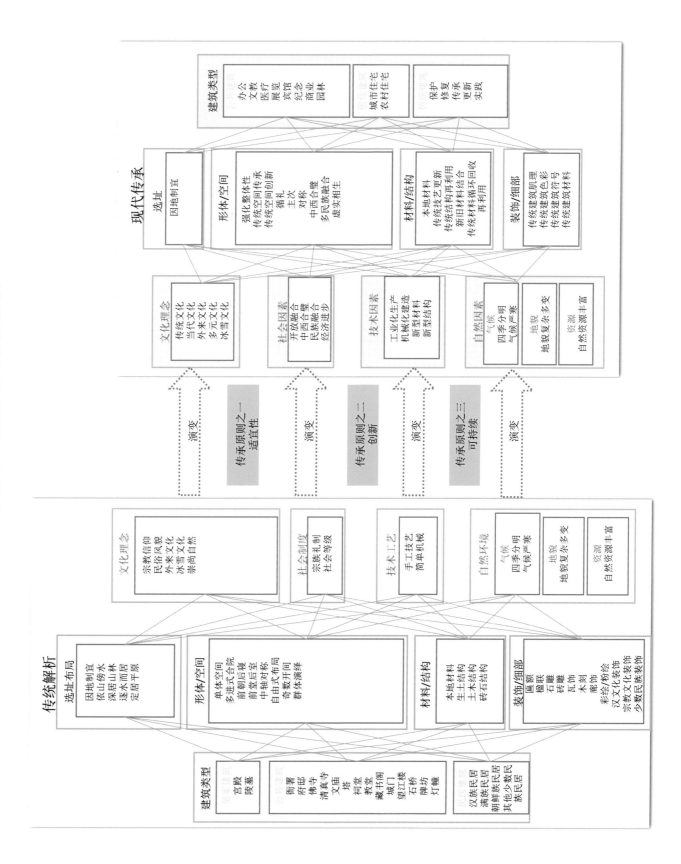

# 后 记

Postscript

　　历经四年,《中国传统建筑解析与传承 黑龙江卷》从开题、调研、编写、论证、中检和反复修改,现在终于完稿。回望整个编写过程,感触颇多。

　　这本书主要阐述的问题,一方面是收集并分析当地各类的传统建筑,并寻找其中的营造智慧,另一方面是探讨优秀的传统建筑文化传承的路径与策略,所以这是一项意义重大而又十分艰巨的任务,特别是黑龙江省传统建筑遗存较少,相关研究基础较为薄弱。因此研究工作的推进实属不易,这不仅需要调研和汇集大量的资料,而且又要从理论上进行系统的总结和分析,并提出相应的策略与方法。这项编写工作确实不是几个人能完成的,需要编写团队集体的力量与智慧,努力与付出。以下对所有参与本书编撰过程的贡献者进行总结。

　　第一,领导和专家的指导与支持。

　　这本书的编写得到了当地管理部门和设计院的大力支持。黑龙江省住房和城乡建设厅村镇处徐东峰处长、王海明副处长、王芳副处长为编写工作所提供了大量素材与资料,并为我们去各地实地调研与当地部门进行对接,甚至陪同参加调研。2016年黑龙江省住房和城乡建设厅还专门下发文件《关于征集2016年黑龙江省传统村落及传统建筑的通知》,得到全省设计院及相关部门的积极响应,收集了不少优秀案例,对本书的编写工作起到了推动作用。在本书编写过程中,西安建筑科技大学的周庆华教授、哈尔滨工业大学的刘松茯教授和赵天宇教授,都为本书提出了很好的修改建议。在最后的图片整理阶段,许多插图的补充与收集工作,都得到黑龙江省多家设计院企业的积极配合,所有领导的悉心组织和各设计院的大力支持为本书奠定了扎实的基础。

　　第二,编写团队的辛苦付出与努力。

　　本书的编写团队由哈尔滨工业大学、上海大学、齐齐哈尔大学等高校和哈尔滨工业大学建筑设计研究院、黑龙江国光建筑装饰设计院有限公司和哈尔滨唯美源装饰设计有限公司等企业的研究与设计人员构成。经认真讨论确定,总体上高校教师主要负责全书文字内容的组织和编写,设计人员负责部分优秀案例的提供和说明。在2016年完成的第一轮编写中,全书共分五章,第一章(绪论)由哈尔滨工业大学徐洪澎教授、吴健梅副教授负责完成;第二章(黑龙江省传统建筑文化及成因解析)由哈尔滨工业大学周立军教授、徐洪澎教授和上海大学周天夫博士负责完成；第三章（黑龙江省传统建筑的类型特征）由哈尔滨工业大学董健菲副教授、刘洋讲师、李同予副教授和齐齐哈尔大学马本和教授、郭丽萍副教授负责完成；第四章（黑龙江省传统建筑传承的外在表达）由哈尔滨工业大学周立军教授、徐洪澎教授和上海大学周天夫博士负责完成；第五章（黑龙江省传统建筑传承的内涵表达）由哈尔滨工业大学殷青副教授和李同予副教授负责完成。2017年项目在北京中检论证后，针对专家提出的问题，哈尔滨工业大学的硕士研究生王艳、张明、程龙飞、王蕾、杨雪薇等同学对全书各章节进行了认真全面的调整与修改。

第二轮的编写工作是在2018年初的书稿项目结题论证前完成，全书结构做了较大的调整，在原有的五章文稿的基础上，增加到十章，其中增加的第四章（黑龙江省传统建筑的特征解析）由哈尔滨工业大学周立军教授与崔馨心同学负责完成；第五章（黑龙江近代传统建筑的历史文化转型历程）由哈尔滨工业大学周立军教授和王赫智同学负责完成；第八章（传统建筑文化多元性在当代的传承特征）和第九章（传统建筑材料创新性在当代的传承特征）由哈尔滨工业大学周立军教授和刘一臻同学负责完成；第十章（结语）由哈尔滨工业大学周立军教授和王赫智同学负责完成。

哈尔滨工业大学建筑设计研究院付本臣副院长、陈剑飞副院长、哈尔滨方舟工程设计咨询有限公司刘远孝院长、黑龙江国光建筑装饰设计院有限公司王建伟总工程师等都为本书提供了许多优秀的案例。

第三，高校研究生团队的积极参与。

黑龙江传统建筑案例因前期研究相对薄弱，需要经过大量的实地调研充实素材。在大量的调研工作中，研究生团队是主要力量，在这个过程中，共有三届研究生共20余人，参加了前期的调研和后期的文字编撰和整理工作，做出了巨大的贡献。他们不辞辛苦，行车5000多公里实地调研拍照，培养了他们认真求实的研究精神和团队合作能力，在完成项目的同时，自身能力也得到了锻炼，其中有四位研究生的论文与本项目有相关性，并获得优秀研究生毕业论文奖，这也是对中国传统建筑研究的一种传承，在这里列出他们的名字：王艳、张明、王蕾、程龙飞、杨雪薇、王赫智、崔馨心、刘一臻、周天夫、张博、王钊、晏迪、徐贝尔、郎林枫、周亭余、李婵韵、李玉梁、邹文平、袁泉、高萌等。

本书的编写工作虽然已经结束，但对黑龙江省传统建筑解析与传承的研究还刚刚拉开序幕。对中国传统建筑的文化传承和地域建筑的发展是个永恒的课题，也是中国建筑发展到目前这个阶段无法回避的问题，是项应该认真总结和梳理而又有重要意义的工作。今天这本书的编写只是初步的，尚有许多不足之处，期待广大专家、学者和同行们的批评指正。